突发水污染事故查控处一体化风险管控技术及应用

闫志明　王　兴　主　编

回蕴珉　孙贻超　副主编

化学工业出版社

·北京·

内容简介

《突发水污染事故查控处一体化风险管控技术及应用》在总结突发水污染事故特点以及突发水污染事故风险管控技术现状及其需求的基础上，重点介绍风险事故现场安全侦测与快速监测技术的研发及应用、突发水污染典型事故废水应急处置技术的研发及应用、复合应急工艺与装备快速组合集成系统的构建、滨海工业带水环境风险实时管控与应急指挥系统的开发及应用、查控处一体化风险管控技术的系统化整合方案，并对突发环境污染事件的应对和挑战提出了建议。

本书可供环境监测工作人员、环境科研工作者、政府机构管理人员、高等院校环境专业师生阅读参考。

图书在版编目（CIP）数据

突发水污染事故查控处一体化风险管控技术及应用/闫志明，王兴主编；回蕴珉，孙贻超副主编.—北京：化学工业出版社，2022.10

ISBN 978-7-122-41790-9

Ⅰ.①突… Ⅱ.①闫… ②王… ③回… ④孙… Ⅲ.①水污染-突发事件-风险管理 Ⅳ.①X520.7

中国版本图书馆CIP数据核字（2022）第113988号

责任编辑：满悦芝　　文字编辑：王　琪

责任校对：宋　玮　　装帧设计：张　辉

出版发行：化学工业出版社（北京市东城区青年湖南街13号　邮政编码100011）

印　　装：大厂聚鑫印刷有限责任公司

787mm×1092mm　1/16　印张13　字数315千字　2022年10月北京第1版第1次印刷

购书咨询：010-64518888　　售后服务：010-64518899

网　　址：http://www.cip.com.cn

凡购买本书，如有缺损质量问题，本社销售中心负责调换。

定　　价：78.00元

编写人员名单

主　编：闫志明　王　兴

副主编：回蕴珉　孙贻超

参　编：谷　永　周　滨　袁蓉芳　孔令昊　冯　辉

苏志龙　魏子章　门　娟　崔红东　邢美楠

胡悦立　李　霞　崔志浩　张丽芳

PREFACE

前　言

随着全球工业化进一步深入，近年来世界各国重大环境污染事件频繁发生，对环境、人体健康及社会安全构成了威胁。我国为了应对水环境突发事故给经济与社会带来的挑战，在国家和地方层面先后启动了一批针对环境污染应急事件处理处置技术的项目，主要涵盖典型区域或行业水污染应急处理技术研究开发和应急处置技术筛选、评估等研究方向。虽然这些项目取得的研究成果大大提高了我国对突发性环境污染事故快速有效处置的能力，但上述科研项目多集中于供水水源及特定污染类别的污染应急，很少系统地将应急监测、应急管控、应急处置等进行整体研究，在关键技术、关键设备、信息化和智能化管控平台方面的融合研究还有欠缺。

笔者通过总结我国近年来区域多起水污染事故处置过程，得出现有技术及装备在应对复杂水污染应急处置能力上还存在欠缺和不足，主要体现在：①事故风险水域样品采集手段缺乏；②环境风险源基础信息库及监控体系不全；③事故废水应急处置技术体系性不强、处置设备集成度不高；④信息化、智能化地系统融合现场侦测、管控、处置的能力不足，导致应急处置在现场监测、应急处置、风险管控等方面效率不高、处置效果不好。

本书在国内外现有研究和工程实践的基础上，重点围绕水环境突发事故采样监测技术集成、事故废水处置技术及装置研发、环境风险源监控预警系统和应急管控平台建设等方面进行系统和深入的介绍。一是以风险水域多功能安全监测技术和设备为基础，集成一般现场采样、快速监测识别技术并搭建风险源及事故现场监视方案，以环境应急监测车载平台、无人化监测平台为载体，实现全方位、多角度事故现场应急调查；二是建立环境风险源基础信息库及监控预警体系，完善应急预案和应急管控流程，以水环境风险应急监管平台为载体，实现水污染应急事故平台化管控；三是以典型事故废水应急处置技术及设备为基础，集成应急处理工艺和应急处理设备并打造区域应急处置系统，以环境应急设备物资库为载体，实现体系化、模块化应急处置；四是推动应急监测、应急管控、应急处置各环节数据互联共享，系统化整合关键技术、关键设备、信息化和智能化管控平台，形成“查-控-处”一体化水环境风险管控体系，有效提升区域水污染应急处置能力。

在本书编写过程中，广泛地收集了事故废水应急监测、应急管控、应急处置等相关领域的资料，并整理归纳了“十三五”国家水体污染控制与治理重大专项“水环境风险应急监管体系与应急设备研发与示范”课题研究成果，为突发水污染事故一体化风险管控提供借鉴。由于编者水平有限，加之时间仓促，本书不足之处在所难免，敬请同行批评指正。

编　者

2022 年 8 月

目　录

第一章　概　述　1

第一节　突发水污染事故的特点 …… 1
一、发生时空的不确定性 …… 1
二、污染源的不确定性 …… 1
三、危害的严重性 …… 2
四、监测的困难性 …… 2
五、处置的艰巨性 …… 2
六、影响的长期性 …… 2
七、影响的流域性及应急主体的不确定性 …… 2
第二节　突发水污染事故的影响 …… 3
一、威胁生命和影响健康 …… 3
二、经济损失 …… 3
三、严重破坏生态环境 …… 3
第三节　我国突发水污染事故风险防控形势分析 …… 3
参考文献 …… 5

第二章　突发水污染事故风险管控技术现状及需求　6

第一节　国内外突发水污染事故应急体系能力建设现状 …… 6
一、国外突发水污染事故应急体系研究进展 …… 6
二、国内突发水污染事故应急体系研究进展 …… 11
第二节　突发水污染事故应急面临的科学问题和技术难题 …… 12
一、突发水污染事故应急面临的科学问题 …… 12
二、突发水污染事故应急面临的技术难题 …… 13
第三节　一体化水环境风险管控技术需求 …… 14

参考文献 …… 15

第三章 风险事故现场安全侦测与快速检测技术研发与应用 16

第一节 多功能现场两栖无人侦测船研发与试制 …… 16
一、设备需求及技术路线 …… 16
二、多功能现场两栖无人侦测机器人控制及通信系统设计 …… 17
三、船载水质采样、监测系统的设计 …… 18
四、平台自主航行功能系统的设计与实现 …… 21
第二节 远程遥控定深采样器研发及事故现场再现模拟技术集成研究 …… 23
一、远程遥控定深采样器研发与试制 …… 23
二、事故现场远程图像生成与现场再现模拟技术集成研究 …… 25
第三节 水体重金属、有机物及油现场快速检测方法开发 …… 27
一、事故废水污染物现场快速分析方法 …… 27
二、事故废水中污染物实验室精细分析方法 …… 41
第四节 “天-地-水”一体化环境风险应急侦测体系集成研究 …… 47
一、现场移动应急实验室研发与集成 …… 47
二、“天-地-水”一体化环境风险应急侦测体系 …… 49
参考文献 …… 50

第四章 突发水污染典型事故废水应急处置技术研发与应用 51

第一节 难降解有机物废水应急处置技术工艺研究 …… 51
一、目标有机物的确定 …… 51
二、单一药剂对难降解有机物的去除研究 …… 52
三、复合药剂对难降解有机物的去除研究 …… 57
四、复合自由基对难降解有机物去除的机制研究 …… 60
五、难降解有机物废水处理技术的应用 …… 70
第二节 重金属废水应急处置技术工艺研究 …… 79
一、典型重金属废水处理工艺与药剂 …… 79
二、重金属废水混凝-化学沉淀处理技术研究 …… 80
三、重金属废水吸附处理技术研究 …… 90
四、重金属废水去除的机理研究 …… 92
第三节 基于含油废水颗粒化快速分离装置研发 …… 98
一、颗粒化诱导凝集技术实验原理 …… 98
二、颗粒化诱导凝集技术实验装置和材料 …… 99
三、颗粒化诱导凝集技术实验内容 …… 101
四、颗粒化诱导凝集技术实验结果分析 …… 101
五、颗粒化诱导凝集技术各个填料层功能分析 …… 106
参考文献 …… 106

第五章 复合应急工艺与装备快速组合集成系统构建 108

第一节 应急处置单体设备研发 …… 108
一、模块化设备划分 …… 108
二、调节储存模块 …… 108
三、高效固液分离模块 …… 110
四、加药反应模块 …… 111
五、高效吸附过滤模块（活性炭吸附） …… 114
六、超声微电解模块 …… 116
七、药剂存储及投加模块 …… 117
八、污泥处理模块（板框式压滤机） …… 118
九、撬装式生化模块 …… 120
十、大型拼装式生化模块 …… 121
十一、高效膜分离模块 …… 123
十二、无动力油水快速分离模块（粗粒化） …… 125
十三、引气气浮油水分离模块（气浮机） …… 127
十四、高效无动力油水过滤分离模块 …… 128
第二节 复杂水质处置技术研究 …… 130
一、复杂重金属废水处置工艺研究 …… 130
二、复杂难降解有机废水处理工艺研究 …… 135
三、含油废水应急处置技术工艺方案 …… 138
第三节 应急储备管理与调用组合研究 …… 142
一、环境应急管理体系的概念及组成框架 …… 142
二、环境应急库设备物资的规范化储存规划 …… 145
三、环境应急库仓储业务管理 …… 150
第四节 应急处置关键技术及环境应急设备物资库设备的工程应用 …… 153
一、天津某工业污染渗坑应急处理工程 …… 153
二、白洋淀上游某县高浓度难降解有机废水应急处理工程 …… 154
三、天津市某生活垃圾填埋场渗滤液应急达标治理工程 …… 154
参考文献 …… 155

第六章 滨海工业带水环境风险实时管控与应急指挥系统开发与应用 156

第一节 滨海工业带风险源及处置数据库构建 …… 156
一、应急专家库 …… 156
二、应急物资库 …… 156
三、风险源数据库 …… 157
四、应急监测设备库 …… 157
五、标准方法库 …… 157

六、应急预案库 …… 157
七、应急处置方法库 …… 157
八、应急案例库 …… 157
九、应急监测人员库 …… 158
十、化学品库 …… 158
第二节　多介质在线监控系统整合技术开发与应用 …… 158
一、环境监测预警 GIS 信息系统 …… 158
二、污染源监测预警系统 …… 160
三、地表水监测预警系统 …… 164
第三节　基于警情分级和阈值报警的监测预警系统研究 …… 170
一、预警指标概述 …… 170
二、预警指标筛选 …… 173
三、天津滨海工业带突发水环境事故预警指标体系 …… 174
四、预警指标权重 …… 179
五、警情综合评估与分级方法 …… 181
参考文献 …… 185

第七章　“查-控-处”一体化风险管控技术系统化整合方案　186

第一节　突发水污染事故“查-控-处”一体化风险管控技术介绍 …… 186
第二节　突发水污染事故现场大数据集成与传输体系构建 …… 188
第三节　滨海工业带物联网平台构建与集成研究 …… 189
一、物联网设备集成 …… 189
二、搭建传输网络 …… 190
三、IoT 设备管理平台 …… 190
第四节　基于大数据的人工智能指挥辅助决策系统构建 …… 190
一、面向水污染事故类型的滨海工业带典型事故废水应急处置技术选择 …… 190
二、指挥辅助决策系统应用 …… 192
参考文献 …… 195

第八章　总结与展望　196

一、高度重视源头防控，加大风险源排查及管控力度 …… 196
二、深化强化风险管理关键技术研究，保障科技创新的高效供给 …… 196

·第一章·
概　述

突发水环境污染事故是指社会生产和生活中使用的危险品在其生产、运输、使用、储存和处置的整个生命周期中，由于自然灾害、人为疏忽或错误操作等，在短时间内有大量剧毒或高污染性的物质进入水体环境中，对水体环境造成严重污染和破坏，给人民的生命和国家财产带来巨大损失的污染事故。

目前，我国突发水环境污染事故主要是由于人类活动导致大量工业、农业和生活废水及其他有毒有害物质排放到水体中，使水体受到污染，具有起因复杂、难以判断的典型特征，损害也多样。突发水环境污染事故发生后，污染的消除极为困难，若处置不当，不但浪费大量的人力、物力、财力，还可能造成二次污染。

第一节　突发水污染事故的特点

一、发生时空的不确定性

突发水污染事故没有固定的排放方式和排放途径，具有很强的偶然性和意外性，例如公路交通事故、管道破裂、水上交通事故、企业违规或事故排污、储存容器破裂等事故。以上事件暴发的时间、规模、具体态势和影响深度，常常出乎人们的意料，不受人为控制，一旦暴发，破坏性的能量就会迅速释放，影响程度之大、扩散程度之快，无法有效地预测与控制。因此，突发性水污染事故发生的时空具有不确定性。

二、污染源的不确定性

突发性水环境污染事故包括溢油事故、爆炸污染事故、有毒有害化学品泄漏污染事故等多种类型，涉及的行业与领域众多。就某一类事故而言，造成污染的因素也众多，比如有毒有害化学物质在生产、储存、运输、使用和处置过程中都可能发生污染事故。另外，突发性水环境污染事故表现形式也多样化，污染物进入环境后还可能继续发生各种次生反应。总体来说，环境污染事故涉及的污染物质成因复杂，难以预期。

三、危害的严重性

突发性水环境污染事故发生突然，会瞬时释放大量有毒有害物质，如果事先没有采取防范措施，在很短时间内往往难以控制，不仅会打乱一定区域内的正常生活、生产秩序，还会造成人员伤亡、社会财产的巨大损失和生态环境的严重破坏，事故的生态环境影响、经济影响和社会影响都较大。

四、监测的困难性

水环境突发污染事故一旦发生，要求在最短的时间内查明污染物种类、污染程度和污染范围，为后续处置和应对提供重要指导。但是，由于突发水污染事故发生的突然性和成因的复杂性，且现场条件一般都很恶劣，加之污染物种类不明确、现场快速监测技术水平有限，因此很难在第一时间进入污染区域进行准确的勘查、采样，并对污染物进行快速定性、定量分析。因此，突发水污染事故的应急监测往往需要多种手段联合使用，比如使用无人机、无人艇进行采样，现场快速检测技术及实验室检测技术耦合等。

五、处置的艰巨性

突发性水环境污染事故涉及的污染因素众多，污染物一次排放量也较大，污染面广且发生突然，危害强度高，很难在短期内控制。加之目前人们掌握突发性事故的监测技术、处理方法有限，也给事故的应急处理、处置带来了困难。处理此类事故必须快速及时、措施得当有效，否则后果严重，因此，突发性水环境污染事故发生后的处理比一般的环境污染事故的处理复杂且艰巨得多，难度更大。

六、影响的长期性

重大的突发性水环境污染事故会对被污染地区的环境和自然生态造成严重的污染和破坏，对人体健康可能存在长期的影响，比如汞污染引起的水俣病、镉污染引起的骨痛病等，需要长期的整治和恢复，造成的损失都是不可估量的；同时，可能会对生态环境造成极大的破坏，要经过长久的时间才能恢复到事故前的状态。

七、影响的流域性及应急主体的不确定性

污染河流将危害下游一定范围内的水生生物，如鱼、虾；污染事故对所有与该流域水体有关联的环境因素都可能会造成不同程度的影响，如饮用污染河水的动物（牛、羊）、从河流引水的工农业用水单位、河流两岸的植被及该流域附近的地下水等。同时，污染物在水流中的漂流作用可能会造成多个污染区，应急单位一时难以确定，如污染事故发生在几个地区的交界处，由于事前没有严格的应急分工，应急主体不明确。

第二节 突发水污染事故的影响

由于突发水污染事故发生概率小、发生突然、污染物扩散迅速，后果往往会很严重，会在很短的时间内造成大量人员死亡、受伤和重大的经济损失，造成不良社会影响和局部地区严重的生态破坏，同时使应急监测、应急处理处置非常困难。

突发水污染事故对环境构成的种种深远的不利影响主要表现在以下几个方面。

一、威胁生命和影响健康

水污染事故给人们的身体健康及生命带来严重影响，尤其是有毒有害物质引发的突发性水污染事故，如重金属铅、镉、铬等这些不易降解且稳定性较强的污染物及农药等有毒有害物质造成的突发性水污染事故，严重影响事故现场的人们的生命和身心健康，还有可能通过其他途径对事故邻近地区的人们的身心健康造成一定影响。

二、经济损失

在经济方面，突发性水污染事故给人类带来严重损失。如 2012 年我国某地镉污染所造成的直接经济损失至少数百万元；1989 年美国发生的埃克森漏油事故中，仅捕鱼业就损失几百万美元；2004 年我国某江水污染事故给人们带来的损失上亿元；1988 年发生在我国某钼业尾矿坝被冲毁所造成的突发性水污染事故中，造成了数百万元的经济损失。所以，水污染事故不仅给人们造成巨大的直接经济损失，而且污染后生态恢复需要付出沉重的经济代价。

三、严重破坏生态环境

污染事故时往往突然外排大量有毒有害的化学物质，严重影响环境质量，瞬间造成大气、水等环境质量的严重恶化。也有很多污染事故对中长期环境质量影响巨大，如某些不易稀释降解的有毒物质发生污染事故后，由于监测手段、物质迁移转化等多种原因，当时监测数据并未显示出环境质量严重恶化的状况，但几年之后甚至几十年后，方被证明该污染事故对环境质量有严重影响。例如，美国的埃克森漏油事故，死去数十万只鸟，有多种鸟类种群锐减，有鱼类畸形，鲱鱼快要绝迹，这次事故恢复到事故前的状态至少要花费数年时间；如 2004 年某公司在技改项目投料试生产过程中，出现重大的错误即违章操作，导致大量氨氮含量高的废水直接排入 T 江，严重污染 T 江流域，造成 T 江该流域及下游部分地区生态环境系统破坏严重，据估算，环境恢复到事故前状态，需要几年甚至十几年时间。

第三节 我国突发水污染事故风险防控形势分析

习近平总书记 2018 年 5 月在全国生态环境保护大会上强调，要把生态环境风险纳入常态化管理，系统构建全过程、多层级生态环境风险防范体系，有效防范生态环境风险。在党中央、国务院的坚强领导下，在地方各级党委、政府大力支持下，各级生态环境部门履职尽责，扎实推进环境应急管理工作，近年来妥善处置了一批重大、敏感突发环境事件，有力保障了群众健康、生命安全和环境安全。“十三五”以来，全国突发环境事件数量基本降至每年300起左右，环境风险管控得到了加强。

然而，长期经济、社会快速发展和产业结构布局特点所带来环境风险防控的压力仍然较大，我国水环境风险及管控形势依然不容乐观。由于突发性水污染事件直接影响饮用水保障安全和水环境质量，一直以来受到高度关注。

分析2015—2019年生态环境部直接调度处理的突发性环境污染事件数据可以发现，从空间分布上（图1-3-1），华东、华南、西北3个区域是突发性环境污染事件高发区域，也是突发性水污染事件高发区域。从时间上看（图1-3-2），2015—2019年以上3个重点区域水污染事件和全部突发性环境污染事件并未表现出明显的变化规律，突发性污染事件压力仍然存在。从年内季度变化看（图1-3-3），突发性环境污染事件总数呈现出Ⅱ季度＞Ⅲ季度＞Ⅰ季度＞Ⅳ季度的趋势，而对于突发性水污染事件则呈现出Ⅲ季度＞Ⅱ季度＞Ⅰ季度＞Ⅳ季度的特点，可见处于汛期的第三季度水污染事件更加频发。

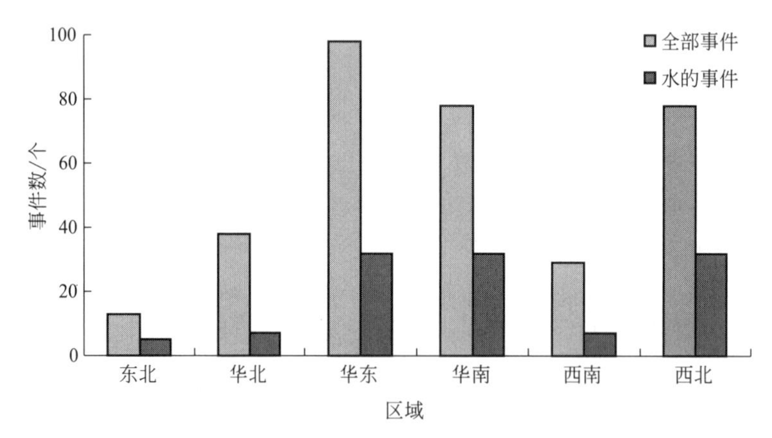

图1-3-1　2015—2019年我国突发性环境污染事件区域分布

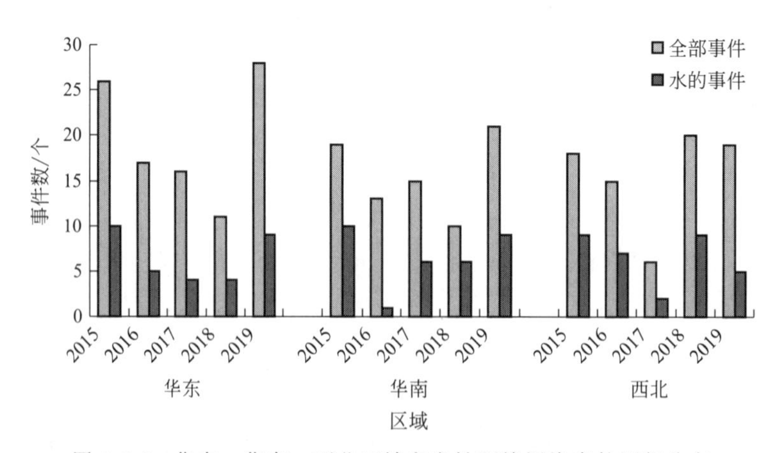

图1-3-2　华东、华南、西北区域突发性环境污染事件历年分布

另外，从事件的严重程度看，水污染事件往往是污染严重程度高的突发性环境污染事件。总结2015—2019年生态环境部直接调度处理的事件数据发现，一般、较大、重大突发性环境污染事件总数分别为305个、19个、10个，而其中相应的水污染事件分别为94个、

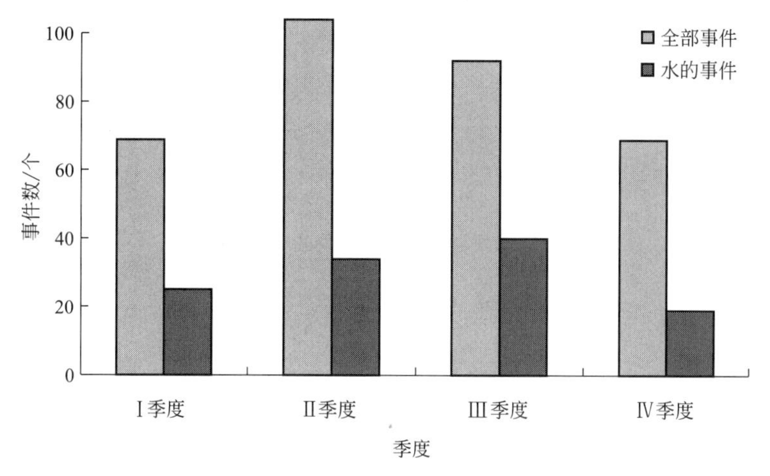

图 1-3-3 2015—2019 年我国突发性环境污染事件季度分布

15 个、10 个，占比分别为 31%、79%、100%，可见，防范重大、较大突发性水污染事件非常重要。分析导致突发性水污染事件的原因，主要有以下三个方面。

① 我国产业结构以化学制造业为主，结构性环境风险高。2010 年底，原环境保护部开展了全国重点行业企业环境风险及化学品检查，涵盖石油加工业、炼焦业、化学原料及化学制品制造业和医药制造业 4.3 万余家企业，涉及各类化学品达几万种，从企业化学品数量、风险防控设施及周边环境受体敏感性评估，重点和较大环境风险水平的企业约占总数的 40%。

② 工业园区沿江沿河布局，布局性风险增大事故危害效应。截至 2018 年，全国各类工业园区超过 2 万个；其中省级以上化工园区数量相比 2006 年增长近 40 倍，化工园区沿江沿海分布特征显著，如长江流域、环渤海区域。部分化工园区缺乏统一的科学规划、项目准入门槛低、环境监管力度有待进一步加强，以规模中小型企业为主，生产工艺水平相对落后，加之装置或设备使用年限长，一旦发生安全生产事故，很容易导致次生突发环境事件。

③ 环境风险源类型多，防控难度大。除了化学制造类企业固定风险源，尾矿库、化学品运输车辆和船舶移动源、油气管道等都可能导致严重的突发环境事件。滨海工业带是我国优先发展区域，风险源密集，近年来多起重特大事故暴露了我国在水污染应急处置能力上仍存在提高空间。另外，近年来输油管道事故也呈现上升趋势，与固定风险源不同，管道一旦发生泄漏即直接污染外环境，风险不确定性高、防控难度大，增加了应急准备和风险防控监管难度。

综上分析，我国以化学制造业为主的结构性环境风险、工业园区沿江（河）的布局性环境风险短期内难以改变，决定了我国突发性水污染事件仍可能处于高发态势，风险防控和事件应急工作十分重要。

参考文献

[1] 严晖. 突发性水污染事故应急监测体系的研究 [J]. 中国环保产业，2012，(11)：4.
[2] 陈良博. 突发环境事件应急指挥系统建设研究 [J]. 青海环境，2013，23 (4)：173-177.
[3] 董文福，傅德黔. 近年来我国环境污染事故综述 [J]. 环境科学与技术，2009，(7)：81-83.

·第二章·
突发水污染事故风险管控技术现状及需求

近年来区域多起水污染事故的发生暴露了我国现有技术及装备在应对复杂水污染应急处置能力上还存在提升空间：一是事故风险水域样品采集手段有待加强；二是环境风险源基础信息库及监控体系有待健全；三是应提高针对滨海工业带特征污染物事故的废水应急处置技术体系性和处置设备集成度；四是应提高信息化、智能化地系统融合现场侦测、管控、处置的能力，提升应急处置在现场监测、应急处置、风险管控等方面效率、增强处置效果。为了提高对突发性环境污染事故快速有效的处置能力，需要在应急监测、应急管控、应急处置方面的关键技术上有所突破。

第一节　国内外突发水污染事故应急体系能力建设现状

一、国外突发水污染事故应急体系研究进展

应急管理职能是国家公共管理职能的重要组成部分，是衡量一个国家现代化水平的重要指标。在工业化进程中，各国都非常重视应急管理工作，基本形成了具有各国特色的全方位、多层次和立体化应急管理体制。目前，国外应急管理模式主要有美国模式、日本模式、欧盟模式，三种模式各具特色，但是都包括应急准备、应急响应、应急保障和善后恢复等环节。下面以这三种模式为主来介绍国外应急管理体制发展历程。

（一）美国应急防控管理发展进程

1. 美国应急管理发展历程

美国作为西方发达国家的代表，其应急管理和应急管理支持技术的研究和实践自第二次世界大战后就已经起步，1950 年，美国国会制定了联邦救灾计划，1979 年，美国总统吉米·卡特组建美国应急管理署，统一负责突发事件应急管理职责，所有自然灾害和人为灾难的应急准备、灾难救援、应急响应和恢复重建等职责几乎都归应急管理署负责。1988 年美

国通过了《斯坦福减灾与应急救援法案》，该法案至今仍是美国应急管理署的职权依据。为更好地开展应急管理工作，美国应急管理署（FEMA）围绕减灾、应急准备、应急反应和灾后恢复重建等核心工作，大力推进应急管理技术的研究与建设，于1998年11月公布了FEMA应急信息支持系统。发展至今，FEMA应急信息支持系统已成为美国灾害事件管理系统（national incident management system），其中包括命令系统、预测预警系统、资源管理系统、演练培训系统等。应急信息支持系统在美国应急体系中起着关键作用，通过集群无线网、卫星通信等设施收集信息并加以分析观察，以起到预防在先、提前准备的作用。在调度指挥时可以做到互联互通，沟通了各系统之间的通信联系、联系高效、指挥灵活，保证了在紧急状态下应急指挥调度的效率。

2.美国应急管理体系特点

美国是应急管理体制建立较早的国家。应急管理体系由联邦、州和地方政府（市、县、社区）三个层级组成。在联邦政府层面，应急管理工作主要由国土安全部负责。国土安全部下属的联邦应急管理署（FEMA）是联邦层面应急管理的综合协调机构，在州及地方政府层面，均设有不同规模的应急管理专门机构。

作为联邦制的国家，美国应急管理体系在实际运行过程中，应急管理工作主要由州和地方政府承担，它们有着很大的自主权，依法承担着应急管理的主要责任。通过突出属地管理，美国建立了以州和地方政府为骨干和主力，以联邦政府为辅助的应急管理体制。

除了以属地管理为主外，美国应急管理体制还有两个显著的特点，即分级响应和标准化运行。分级响应是根据事件的严重程度和公众的关注程度，在同一级政府的应急响应中，根据不同的响应级别实时响应。标准化运行指的是在整个应急响应过程中，包括人员调度、物资调拨、信息共享、术语代码使用、文件记录和发布格式等，都要遵循标准化的运行程序。

3.美国突发性水污染事故应急管理法制建设

美国关于水污染的立法始于1948年的《联邦水污染控制法》，1972年美国国会通过了《联邦水污染控制法修正案》，确定了联邦政府对防治水污染的绝对权力，加大对水污染处理设施的拨款，还对水污染控制标准、排污许可制度、有效的执行机制等方面做出了详细规定。1976年美国出台了一部涵盖突发环境事件应急处置在内的《美国全国紧急状态法》，该法对突发性污染事故应急处理程序和机构职能做出了详细规定，为处理突发性水污染事故提供了周全的法律依据和及时的应急措施，适用于突发性水污染事故应急处理的各个领域。1977年，作为美国现行水污染防治法律的基础《清洁水法》出台，该法是在1972年《联邦水污染控制法修正案》基础上的一个修正案，主要监管排放到水里的有毒物质，控制污水排放，该法对美国环保署（EPA）制定和实施关于消除污染物方案、要求泄漏石油到通航水域的责任人负担高昂的清理费用等方面进行了规定。处理突发性水污染事故，需要一定的资金支持，于是，美国于1980年通过了《综合环境反应、补偿与责任法》，又称《美国超级基金法》，赋予美国环保署一旦发现突发性水污染事故就可立即用基金来支付治理、补偿等费用的权力，这为突发性水污染事故补偿机制提供了经济和法律支撑。至此，美国突发性水污染应急法制基本成形。

4.专门化的突发水污染事故应急管理机构

美国突发性水污染事故以环境行政部门（EPA）为核心指挥协调处理，但具体职能有国家和地方之分。在国家层面上，联邦紧急事务管理署统一应对突发公共事件。美国环保行政主管部门美国环保署则在联邦紧急事务管理署领导下适用法制化的应急预案具体处理突发

性水污染事故方面的应急事务。而国家应急反应中心是国家环保署下设的一个常设机构，该机构为环保署在突发性污染事故方面提供信息支持。在地方层面，设立了地方应急规划委员会，有的州还设立专门的应急服务办公室，这些机构负责组织和协调地方政府及有关人员处理突发性水污染事故。突发性水污染应急预案的制定者自行决定预案的具体内容，EPA仅通过制定应急原则向它们提供指导以及一些技术性帮助。专门的突发性水污染事故协调管理机构是美国突发性水污染事故应急处理机制能够发挥预期效果的关键所在。

5. 多元化的损害救济模式

美国突发性水污染事故应急处置措施方面也具有特色。突发性污染事故应急处理分为三个环节：准备、反应与复原。其中对于“复原”环节的设置，美国除了注重水环境的恢复、事故责任追究，还关注环境损害补偿社会化分担机制的构建，通过建立基金、环境污染责任保险等制度来实现环境损害补偿的社会化分担目标。这样，不仅为突发性水污染事故的事后处理提供了充足的资金，还使突发性水污染事故应急处理机制获得长远的物质支持。这种多元化污染损害补偿救济模式是美国突发性水污染事故应急处理机制的显著特点。

（二）日本应急防控管理发展进程

日本地处位于亚欧板块和太平洋板块的交界地带，是一个自然灾害多发的国家，因此一直以来比较注重灾害管理研究和应急管理体制、机制和技术等方面的建设，在预防和处置各类突发事件方面成效显著，已形成了一套较为完善的综合性防灾减灾应急管理机制。

1. 应急管理体制

近年来，日本逐步建立了以首相为最高指挥官、内阁官房负责整体协调和联络、通过中央防灾委员会等制定对策、突发事件牵头部门相对集中管理的中央、都道府县、市町村三级应急管理体制。在中央一级，由中央防灾委员会负责制定防灾基本计划和防灾业务计划。在地方一级，由于日本实行地方自治体制，地方根据国家防灾基本计划的要求，并结合本地区的特征，制定本地区的防灾减灾计划。当重大灾害发生时，首相首先征询中央防灾委员会意见，然后决定是否在内阁府成立紧急救灾对策总部进行统筹调度，并在灾区设立紧急救灾现场指挥部，以便就近指挥。内阁府作为应急管理中枢，承担汇总分析日常预防预警信息、制定防灾减灾政策以及中央防灾委员会日常工作的任务。各类突发公共事件的预防和处置，由各牵头部门各司其职、各负其责，实行相对集中管理。

2. 应急管理法制

在预防和应对灾害方面，日本坚持“立法先行”，建立了完善的应急管理法律体系。1946年，国家颁布了《灾害救助法》。1961年进而制定颁布了《灾害对策基本法》。该法对防灾理念、目的、防灾组织体系、防灾规划、灾害预防、灾害应急对策、灾后修复、财政金融措施、灾害紧急事态等事项做了明确规定，是日本的防灾抗灾的根本大法，也是当今日本应对灾害的基础法律。根据《灾害对策基本法》，日本还颁布了《河川法》《海岸法》《防沙法》等法律法规。目前，日本共制定应急管理（防灾救灾及紧急状态）法律法规227部。各都、道、府、县（省级）都制定了《防灾对策基本条例》等地方性法规。一系列法律法规的颁布实施，显著提高了日本依法应对各种灾害的应急管理水平。为了确保法律实施到位，日本要求各级政府针对制定具体的防灾计划（预案）、防灾基本计划、防灾业务计划和地域防灾计划，细化上下级政府、政府各部门、社会团体和公民的防灾职责、任务，明确相互之间的运行机制，并定期进行训练，不断修订完善，有效增强了应急计划的针对性和操作性。

3. 突发水污染事故应急处置法律保障

日本在环境基本法或综合性的环境保护法之中设置一些原则性的应急处理规定，并单独制定了专门的突发性水污染应急法律。有关环境应急管理的原则性规定在日本《环境基本法》的第6条、第8条、第22条、第23条等做出了规定。日本在1970年末—1971年召开国会集中审议了公害问题，修改和制定了14项环境保护法律，新制定的有《水污染防治法》《海洋污染防治法》和《公害纠纷处理法》等。继而日本政府又制定了《无过失赔偿责任法》和《公害健康被害补偿法》，明确了企业的公害责任。这些专门性法律规范为突发性水污染应急处理提供了坚实的法律保障。

4. 突发水污染事故应急联动

日本设置的"中央防灾委员会"，是全国性的综合协调机构，其下设有24个中央的省和厅作为"指定行政机关"，具体安排救灾事务以及协调管理60个被作为救灾的"指定公共机关"的包括日本银行、日本电信电话公司、运输与电力等的重要公司或事业单位，具体安排和贯彻包括突发性水污染事故在内的救灾行动计划。此外，全国47个都道府县、2000多个市町村相互签订了72小时相互援助协议。通过相互协作模式，日本联合防灾救灾和应急管理体制已经覆盖到基层组织。

（三）欧盟应急管理发展情况

1. 水污染预防和控制的法律体系的建立

1986莱茵河沿岸瑞士巴塞尔的山度士（Sandos）化工厂发生爆炸救援事件后，欧盟相关国家在深刻总结此次教训的基础上，修订了《塞维索Ⅱ法令》，签订了《巴塞尔公约》《莱茵河保护公约》，这次事件成为欧洲地区水污染控制的重要分水岭。1988年在法兰克福举行的关于水安全部长级会议，确认了改进水资源保护的优先性措施，使得欧共体在水资源方面的立法工作得到空前加强。1991年出台的《城市废水处理指令》，进一步明确了对废水处理的严格规定。1996年通过的《综合污染预防和控制指令》（IPPC），旨在控制大型工业设施造成的水污染。

欧洲理事会和欧盟议会于2000年10月23日签署了《欧盟水框架指令》（WFD），该指令作为欧盟水环境保护与管理方面的基础性法规，整合了原有的相关法规，搭建了欧盟地区水资源管理的全新框架，是欧盟在水资源领域颁布的最重要指令。同时，指令规定了监督监测、运行监测和调查监测等监测模式，其中监督监测主要承担常规监测；运行监测主要针对的是不达标或存在环境风险的水体；调查监测主要根据某一特定需求而展开。

此外，欧盟建立了财政补偿、执法费用征收等一系列配套制度。欧盟在相关的法律法规中强化了"污染者付费原则"，即在事故发生时，污染者有责任承担清理和赔偿费用。

2. 突发水污染事件预防和控制管理体系

为应对突发水污染事件，欧盟逐步建立了综合安全风险评估、应急规划、应急准备制度、信息管理系统等完整的预防和控制管理体系。具体包括以下几个方面。

① 加强综合安全风险评估能够促使企业和权威机构识别、消除或最大限度降低水污染事故风险。在欧盟范围内，企业按照其潜在的危险性进行分类，具有高危险性的企业在取得生产许可证之前必须制定重大事故及其预防对策（MAPP）和安全管理体系，识别对环境或人类安全可能造成影响的潜在的事故类型，并确定相应的应急措施；同时，开展风险评估也是制定公共安全规划和应急计划的前提。

② 制定专门的应急计划或方案。欧盟认为，制定应急计划对于确保在突发事件发生时拥有适当的资源、技术和程序十分重要。欧盟范围内的企业、地方政府、区域和国家层次都按规定编制和定期评估应急计划。企业在运行前应急计划必须获得批准，并定期对计划进行评估。一般来讲，至少每5年，或者一旦企业情况发生变化时，必须对应急计划重新进行审查。相应地，促使企业的管理者制定并采取预防和控制突发水污染事故的措施。

③ 加强应急准备工作。欧盟认为，通过加强应急准备来提升应急人员和组织机构应对水污染事故的能力非常重要，特别是专门的训练、装备器材的准备和定期演习，以及跨界的沟通交流，都是做好应急准备工作必不可少的因素。欧盟专门建立了应对水污染的应急响应模块，增强其响应的规范性和整体效率。

④ 安全管理审查制度。欧盟环境管理部门等权威机构要审查应急计划是否适当，并确保当事件超出企业控制能力时有足够的资源用于应急。这些监管机构还要对企业进行定期检查，以确定情况是否已发生变化，以及有关安排是否仍然合理，并熟悉企业的有关情况。

⑤ 建立化学品信息管理系统。欧盟通过化学品名录管理系统可追踪化学品（特别是有毒化学品）的制造和流通过程，同时清楚地标明化学品对人体和环境的影响，该系统还可为应急响应工作提供必要的信息。

3.水污染控制的协调机制

欧盟强调，“清晰的指挥和部门协作链是做出协调一致和层次分明的应急响应措施的基础，这样在事故发生时可以迅速做出评估和响应，并适时将应对行动上升到区域和国家层次”。

① 建立日常管理基础上的有效联动机制。欧盟认为，多部门和跨地区的合作是有效应对突发事件的重要组成部分。对突发水污染事件的有效应对关键在于通过众多职能部门的协调努力最大限度地采取预防措施，并在事故发生时做出及时响应。比如，欧盟内部，有的地方环境署以及卫生和安全执行局往往被指定为审批高危险场所应急计划的权威机构，以保证能识别、清除或最大限度减少所有健康、安全和环境方面的风险，并且拟订适当的计划来尽可能降低和缓解任何潜在事故所带来的影响。在事故发生时，它们必须能随时向警察局和消防部门提供技术建议，以及监测排放造成的影响。除了根据当地情况开展的地方应急措施外，还有事故升级协调制度，以确保随着事故大小和影响的不同，能在区域和国家层次上对相应的水污染应急处置进行协调。

② 建立信息沟通机制。欧盟认为，“建立公共信息系统是应对突发水污染事件的关键机制”。比如，在公众参与领域，欧盟专门制定了《奥尔胡斯协定》和《关于公众获得环境信息的指导方针》文件。2003年制定的《关于公众获得环境信息的指导方针》，进一步强化了欧盟有关环境信息公开的现有政策原则和信息沟通机制。

③ 加强流域圈的一体化的协调管理。欧盟认为，“水管理的最佳模式是根据自然地理流域和水文单元，而不是根据行政或政治边界”。在欧洲，对于穿越多个国家的河流都成立了国际性流域委员会，通常有关国家都会参与到委员会里来，共同制定各种制度来防止河流污染，同时在突发事件发生时尽早向所有国家发出预警。比如，由法国、德国、卢森堡、荷兰、瑞士和欧盟共同签署的公约赋予莱茵河委员会在监测和保护水质方面的实质性权力，避免、减少或消除污染排放以及预防工业事故，以维护和改善莱茵河水质，同时还要进行整体的、全程的、全方位的协调保护措施。

4.应急管理技术支撑系统

欧盟应急管理技术支撑系统为2000年建成的e-Risk系统。e-Risk利用卫星通信和多种通信手段来支持包括突发水污染事故在内的突发公共事件管理。考虑到救灾和处理突发紧急事件必须分秒必争，救援单位利用“伽利略”卫星定位系统，结合地面指挥调度系统和地理信息系统，对事故现场进行精确定位，在最短的时间内到达事发现场，开展救援和处置工作。配合应急管理和处置调度软件，使指挥中心、相关联动单位、专家小组和现场救援人员快速取得联系，并在短时间里解决问题。

5.应急管理资金支持

欧盟互助基金用于发生重大灾害事件时使用，它区别于其他的社会基金，它能够使社会灾难发生时快速、高效地采取行动和协助，如在紧急服务动员时，可以满足人们的迫切需要、有助于关键受损基础设施短期内恢复重建、使受灾地区生活紧急恢复。可以用于一个或多个地区、一个或多个国家境内发生的重大自然灾害。

二、国内突发水污染事故应急体系研究进展

（一）我国突发水污染事故应急体系发展沿革

我国应急管理体系建设随着突发环境事件的处理与经验总结不断完善。2005年11月的松花江水污染事件是推动我国突发环境事件应急管理发展的重要里程碑，事件后，国家发布了《国务院关于全面加强应急管理工作的意见》（2006年），出台了《突发事件应对法》（2007年）、《国务院关于加强环境保护重点工作的意见》（2011年），修订了《国家突发环境事件应急预案》（2014年），依法推动环境风险防控和事件应急工作。生态环境部门不断推动和深化突发环境事件应急管理机构建设，环境应急法律法规制度与规范标准等逐步发展完善。

从“十一五”以来，环境应急管理发展可总结为三个阶段。第一阶段，始于“十一五”初期，当时的国家环保总局发布《环保总局突发环境事件应急工作暂行办法》（环发〔2006〕205号）等文件，规范了信息报告与环境应急工作的程序和内容，2008年环境保护系统成立专门的环境应急与事故调查机构，标志着环境风险管理进入新阶段。第二阶段，始于“十一五”后期，主要围绕“一案三制”（“一案”是指制定、修订应急预案；“三制”是指建立健全应急体制、机制和法制），发布了《突发环境事件应急预案管理暂行办法》（环发〔2010〕113号）等法规文件，重点规范突发环境事件应急预案管理，完善环境应急预案体系，推动国家和地方环境应急机构建设与应急能力建设，提出了全国环保部门环境应急能力建设标准，并探索建立环境应急救援物资保障制度等，实现了应急管理的常态化。第三阶段，从“十二五”后期至今，重点突出环境风险防控，把突发环境事件的预防和应急准备放在优先位置，建立了以预防为主的企业环境风险评估管理、环境风险隐患排查治理制度，推动了应急管理向风险防范的转变。发布了《企业突发环境事件风险评估指南（试行）》（环办〔2014〕34号）等一系列法规标准文件；2020年初，印发了《生态环境部　水利部关于建立跨省流域上下游突发水污染事件联防联控机制的指导意见》（环应急〔2020〕5号），加强跨省级风险防控。

经过15年环境应急体系与能力建设，我国基本形成了较完善的突发环境事件风险防控

与应急管理体系，环境应急监测与应急队伍专业化水平明显提升，环境应急物资和应急技术储备整体加强。但同时也应认识到，各地环境应急管理水平仍然存在较大差异，化学品运输、油气管道风险防控仍存在薄弱环节，跨国界河流的安全保障仍需要加强，与环境治理体系和治理能力现代化要求仍存在较大差距。

（二）我国环境应急管理机构建设情况

2002 年，原国家环境保护总局成立了环境应急与事故调查中心，其主要职责是：负责重、特大突发环境污染事故和生态破坏事件的应急工作，承担重、特大环境事件的调查工作；组织拟定重、特大突发环境污染事故和生态破坏事件的应急预案，指导、协调地方政府重、特大突发环境事件的应急、预警工作；管理并发布突发环境事件的环境信息；承担重、特大环境事件的调查工作；管理 12369 电话投诉和网上投诉有关工作；参与环境监察局组织的环境执法检查工作；对存在环境安全隐患的行业或单位的建设项目提出环评审查意见；提出有关区域限批、流域限批、行业限批的建议；参与重、特大突发环境事件损失评估工作；承担部环境应急指挥领导小组办公室（简称应急办）工作。

2006 年，国务院办公厅设置国务院应急管理办公室，印发《国务院关于全面加强应急管理工作的意见》（国发〔2006〕24 号），要求全力做好应急处置和善后工作。2006 年 3 月 17 日，原国家环保总局发布了《关于印发〈2006 年全国环境监测工作要点〉的通知》（环办〔2006〕33 号），提出加强应急监测体系的建设。

除此之外，到 2008 年，原国家环保部共组建了华东、华南、西北、西南、东北和华北六个区域环保督查中心，均已纳入原环保部环境应急响应体系，参与重特大突发环境事件应急响应与调查处理的督察。江苏、辽宁、吉林等省相继成立了专职环境应急管理结构。

第二节　突发水污染事故应急面临的科学问题和技术难题

一、突发水污染事故应急面临的科学问题

重大水污染事故的后果是灾难性的，影响是深远的，因此预防水污染事故的发生和对已发生的污染事故迅速监测，进行及时、快速、准确和有效的处理处置，最大限度地减小污染程度和范围，建立起水环境污染事故预警方法与应急管理系统是相当必要的。

应对突发环境事件涉及事件前、事件中、事件后三个阶段，有效应对突发环境事件包括事前环境风险的预防、事中事后的有效处理处置。具体而言，涉及以下三个方面的科学问题。

① 突发环境事件发生前，如何对可能发生的突发环境事件进行有效预防、预测和预警？技术难题包括环境风险源的分类识别与分级、风险评估与预测预警等。

② 突发环境事件发生后，如何进行快速响应、处理处置，以减少损失、消除风险？技术难题包括事故风险水域样品采集监测、模拟预测、应急处理处置等。

③ 突发环境事件处置过程中，如何信息化、智能化地系统融合现场侦测、管控、处置等方面内容？技术难题包括一体化水环境风险管控体系的建立。

从管理上，三个阶段是相互衔接的一个整体。回答以上三个科学问题，进行有效的技术

研发和储备，才能在突发环境事件发生前后赢取主动、管理有序、决策科学、应对有力。

二、突发水污染事故应急面临的技术难题

针对突发水污染事故的特点和影响，迫切需要在国内外现有研究和工程实践的基础上，对水环境突发事故采样、检测、处置技术及装置、监视设备、应急方案的制定、环境风险源数据库及监控预警系统的建立、水污染事故应急防控体系的建立有待进行系统和深入的分析，以期确保实现有效应对突发水污染事故的目标。

（一）开发事故危险区现场水质采样、快速监测技术及设备

在特大的、突发性的、原因不明的水污染事故应急事件中，由于污染水域面积大、污染严重，应急人员无法进入污染区域进行水样采集，不能及时确定污染源头，使用无人化设备能够安全、快速完成采样监测工作。例如，开发具有水陆两栖双重功能的无人艇，当执行水陆危险区采样监测时，利用无人车陆地行走特性，快速到达危险水域区；通过无人艇的特性在危险水域进行水质采样，按照既定程序水质采样及监测结束后进行快速返航。目前，一些全自动无人艇已经应用于水环境风险应急处理，全自动无人艇未来在环保领域中可以起到有力的科技支撑作用。

在现场快速检测方面，突发水污染事故的特点要求相关检测技术能够快速判断污染物种类、浓度和污染范围；分析方法选择性好、抗干扰能力强；试剂用量少、稳定性好；检测设备轻便，便于携带，易于操作；如若可能，快速直观回答“是否安全”。目前，我国现场应急检测技术缺少统一的技术规范和相应体系，因此，开发环境污染区域废水快速检测方法，并形成一套事故风险环境中现场快速检测方法体系作为支撑，对于指导水环境突发事故的处理十分必要。

（二）研发危险水域事故废水应急处理技术和装备

我国工业区由于产业密度大，在极端天气、生产事故、违法生产活动等情况下，工业区发生突发废水污染事故态势日趋严重，成为潜在环境安全隐患，一旦发生废水泄漏事故，若缺乏合适的事故废水应急处理技术及工艺体系，不仅会造成严重生态环境危害，企业也将付出高昂治理和维护费用，增加企业运营成本；同时，政府管理部门也面临巨大压力和管理风险。比如，2015 年发生的天津滨海新区“8·12”爆炸事故产生了长 100 余米、深 10 余米的深坑并积存了大量废水，造成重大损失并对居民生活产生不利影响，而且深坑废水问题对紧急事故条件下废水水质监测以及应急处理提出了挑战。因此，针对我国工业区域产业密度高、突发事故风险大的特点，进行突发污染事故废水应急处理技术和装备研究，是科学应对突发事故的迫切需求。

在事故废水处理方面，危险水域事故废水水质变动强烈，往往具有强酸、强碱、高有机质、高无机组分和复合污染等特点，运用单一处理技术和工艺难以实现事故废水应急处置和达标排放；常规处理技术处理周期长、处理工艺复杂，难以适应事故废水应急处理需求。因此，研发危险水域事故废水应急处理技术、事故废水应急处置组合工艺是科学应对滨海工业带事故废水的现实需求。

在事故废水应急处置装备方面，我国应急处置设备在通用性、可适用性、可移动性、易

操作性上都存在不足，需要针对突发水污染事故的特点，结合国内外现有可行的处理处置技术，研究出适用于典型污染物类型处置工艺的装置，使应急设备可模块化使用并根据要求组合工艺单元，应用于多种事故废水处理现场，实现对应急事故废水处理实现易管可控。同时，需要探索构建完善的物资储备和供应体系，实现应急状态下调得出、用得上。

（三）建立环境风险源基础信息数据库及监控预警系统

化工园区作为我国经济产业链的重要组成部分，其环境风险需要倍加重视。化工园区产品的生产、运输、存储等过程大多涉及有毒有害物质，其中产生的气态、液态污染物会对环境造成巨大的危害，这些环境风险源有潜伏期长、持续危害性大及对环境造成的危害修复难等特点，因此需要加强化工园区环境风险源监控，从源头减少、遏制环境事故的发生。例如，天津滨海工业带涉及的原材料、中间产物、产品和废弃物种类繁多、数量巨大，从天津滨海新区“8·12”爆炸事故总结中可以看出，工业园区风险源信息不足，监管不到位，因此在环境事故发生后，不能第一时间指导危险事故的应急处置，造成人员的重大伤亡和水环境的严重污染。

在监控预警系统开发方面，现有的水环境预警指标体系多集中在水环境质量的预警层面，不能体现出水污染事故的随机性与突发性，难以有效实现对突发性水污染事故的预警与警情综合评估。因此，需要探索建立工业园区监测预警系统，实现事前预防与事中事后决策评估。

第三节　一体化水环境风险管控技术需求

为了解决我国现有技术在水污染应急处置能力上的欠缺和不足，迫切需要在国内外现有研究和工程实践的基础上，重点围绕水环境突发事故采样监测技术集成、事故废水处置技术及装置研发、环境风险源监控预警系统和应急管控平台建设等方面进行系统和深入的研究。本书结合“十三五”国家水体污染控制与治理重大专项“水环境风险应急监管体系与应急设备研发与示范”课题研究成果对突发水污染事故“查-控-处”一体化风险管控技术进行介绍，具体来说包括以下几个方面。

① 以风险水域多功能安全监测关键技术和设备为基础，集成一般现场采样、快速监测识别技术并搭建风险源及事故现场监视方案，以环境应急监测车载平台、无人化监测平台为载体，实现全方位、多角度事故现场应急调查。

② 建立环境风险源基础信息库及监控预警体系，完善应急预案和应急管控流程，以园区水环境风险应急监管平台为载体，实现水污染应急事故平台化管控。

③ 以典型事故废水应急处置关键技术及设备为基础，集成应急处理工艺和应急处理设备并打造区域应急处置系统，以环境应急设备物资库为载体，实现体系化、模块化应急处置。

④ 推动应急监测、应急管控、应急处置各环节数据互联共享，系统化整合关键技术、关键设备、信息化和智能化管控平台，形成“查-控-处”一体化水环境风险管控体系，有效提升区域水污染应急处置能力。

参考文献

[1] 张珂，郑宾国，贾晓凤. 国内外环境风险防范与应急管理体系发展对策研究 [J]. 环境科学与管理，2017，42 (3)：6-9.

[2] 胡涛，朱力. 美国环境风险管理体系建设概况与启示 [J]. 中国环境监察，2016，(Z1)：112-119.

[3] 郭英华，朱英. 美国突发性水污染事故应急处理机制对我国的启示 [J]. 水利经济，2013，31 (1)：43-47，77.

[4] 谢迎军，马晓明，刁倩. 国内外应急管理发展综述 [J]. 电信科学，2010，26 (S3)：28-32.

[5] 曾坤. 突发性水污染预警应急系统研究 [D]. 桂林：广西师范大学，2012.

[6] 陆曦，梅凯. 突发性水污染事故的应急筹备 [J]. 给水排水，2007，(6)：41-44.

[7] 王亚男，李磊. 我国突发性水污染事件生态补偿立法问题的研究 [J]. 河南师范大学学报（哲学社会科学版），2009，(6)：178-181.

[8] 袁海英，李娜. 重大突发性水污染事件应对机制研究 [J]. 法学杂志，2010，(7)：100-102.

[9] 姜仁贵，解建仓，王春燕. 基于博弈论的突发性水污染事件治污决策模型 [J]. 自然灾害学报，2012，(1)：184-189.

[10] 陈蓓青，谭德宝，程学军. 三峡水库突发性水污染事件应急系统的开发 [J]. 人民长江，2006，37 (5)：89-91.

[11] 汪杰，杨青，黄艺. 突发性水污染事件应急系统的建立 [J]. 环境污染与防治，2010，32 (6)：104-107.

[12] 诸晓华. 六合区水环境调度预案与突发性水污染事件管理预案研究 [D]. 扬州：扬州大学，2008.

[13] 曹邦卿，贾虎. 南阳中心城区突发性水污染事故的应急处置研究 [J]. 长江科学院院报，2011，(8)：76-80.

·第三章·

风险事故现场安全侦测与快速检测技术研发与应用

环境突发事件最主要的特点之一就是突发性、非正常性，在时间、地点、排放方式、途径、污染物种类、数量、浓度等方面难以预计，对环境造成严重的污染和破坏，给人民生命财产造成重大损失。因此，现场应急检测方法要求能够快速判断污染物种类、浓度和污染范围；分析方法选择性好、抗干扰能力强；试剂用量少、稳定性好；检测设备轻便，便于携带，易于操作；如若可能，快速直观回答“是否安全”。目前，我国现场安全侦测与应急检测技术缺少统一的技术规范和相应体系，因此，需要开发环境污染区域废水快速检测方法和实验室精细分析方法，并形成一套事故风险环境中现场快速检测方法体系作为支撑，用于指导水环境突发事故的处理。

第一节　多功能现场两栖无人侦测船研发与试制

一、设备需求及技术路线

针对特大的、突发性的、原因不明的水污染事故，如危险品爆炸事件水污染、重金属泄漏、污染河段暗管探测等，由于污染水域面积大、污染严重，应急人员无法进入污染区域进行水样的采集，不能确定污染源头，急需使用无人船完成采样监测工作。“十三五”国家水体污染控制与治理重大专项“水环境风险应急监管体系与应急设备研发与示范”课题团队经过四代研发，集成制造了多功能现场两栖无人侦测船（图 3-1-1），侦测船具有高通过性和自主避障功能，当执行水陆危险区采样监测时，可以利用无人车陆地行走特性，快速到达危险水域区；在危险水域可以通过无人艇的特性进行水质采样，按照既定程序水质采样监测后进行快速返航。

设备在船体材质上使用高于普通监测船的材料（碳纤维、金属类或玻璃钢），在移动性上可以实现多功能环境下的快速反应以及监测数据和环境影像的稳定传输，能够同时满足水

图 3-1-1　多功能现场两栖无人侦测船实物

体样品和底泥样品采集，进而解决污染事故区域的陆域屏障，有效保障监测人员的人身安全，提高监测取样效率，满足污染事故区域复杂的地物环境特征要求，实现滨海工业带危险事故水域自动采样和监测的目标。

多功能现场两栖无人侦测船的研发，整合了上位机系统、无线通信模块、数据采集单元、水质监测单元、传感器模块、分层采样技术、自主航行技术、路径规划技术、自主避障技术等系统。具体技术路线见图 3-1-2。

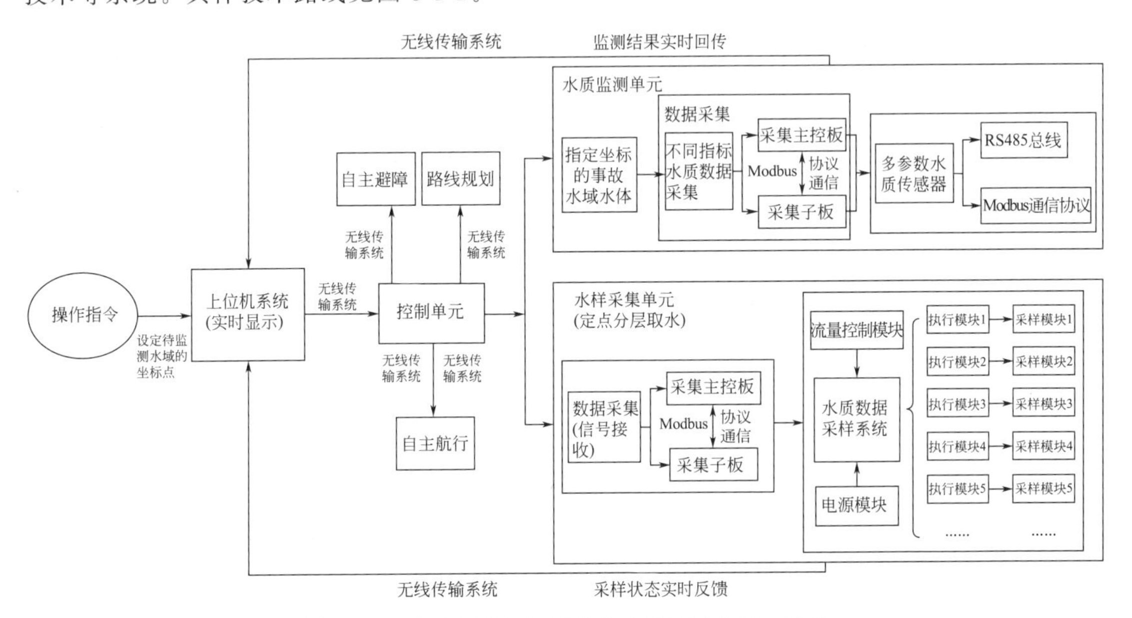

图 3-1-2　多功能现场两栖无人侦测机器人技术路线

二、多功能现场两栖无人侦测机器人控制及通信系统设计

(一) 控制单元

控制单元的主要功能是接收和执行上位机下达的指令以及收集和上传智能水质监测数据。控制单元由嵌入式系统构成，包括电机驱动模块、通信模块、GPS 定位模块、电子罗盘模块、超声波避障模块等。该单元不仅可以实现自主巡航功能及人工远程遥控功能，还能

够通过识别上位机下达的指令做出相应的行为。

① GPS 定位模块负责实时获取无人船的坐标信息，为保证航行地点的准确性，选取了高精度的 GPS 定位模块。

② 电子罗盘模块包括三轴陀螺仪、三轴加速器、三轴地磁传感器等，可以获取设备速度、角度、俯仰度等姿态信息。将通过电子罗盘模块获取的无人船的姿态信息与 GPS 定位模块获取的当前坐标信息和目标点坐标信息相结合，作为无人船的控制算法的输入项，并利用无人船的控制算法进行解算，输出最优解。该最优解将转化为相应的控制指令，控制无人船的航行方向及航行速度。

③ 超声波避障模块利用超声波测距的基本原理，超声波探头持续向前发送超声波并检测是否有反射波返回。如在探头探测距离范围内存在障碍物，则超声波碰到障碍物后会被障碍物表面反射，探头可以通过接收反射波所需时间来判断该障碍物距离探头的距离，并将该信息反馈给无人船的控制算法，使无人船进行相应的航向调整以此来躲避障碍物。

④ 电机驱动模块用于控制电子调速器的工作状态，进而控制无人船推动器的转速与转向。无人船使用双推动器作为动力系统，利用差速法控制无人船的转向。使用过程中利用控制指令对两个电子调速器输出的 PWM 波形的占空比进行调节，从而达到对两个推动器的转速的控制，由此控制该无人船的航速和航向。

⑤ 通信模块主要用于无人船控制单元的内部数据通信、指令传递等。该模块主要使用核心芯片内部通信接口如 USART 通信接口、I2C 通信接口等，属于无人船内部通信系统。

（二）上位机系统和无线通信模块

1. 上位机系统

上位机系统的主要功能为下达控制指令、实时显示无人船的航行与工作状态、实时显示水质传感器监测到的数据及监测水域的水面影像。在自主巡航工作模式下，用户可以在上位机预存水质监测路线，预定水质采样坐标点、水样存储的采样瓶编号及所需水样的容量；在人工控制监测模式下，可以利用上位机实时下达包括无人船的前进、转弯，水样采集系统的采水功能等控制指令。

2. 无线通信模块

事故现场水质数据的传输需要稳定可靠的网络传输，采用有线网络将面临传输节点多、布线烦琐、传输速度和稳定性差等诸多不便，无人船采用蜂窝移动网络进行无线通信模块的硬件搭建。

无线传输系统的主要功能为指令与数据的传输。在监测、采样、控制器和上位机之间搭建无线传输系统，用来实现控制器及相关模块与上位机之间指令与数据的下达与传输，在开阔地段能达到最大通信距离 10 公里。

三、船载水质采样、监测系统的设计

（一）船载水质采样系统设计

分层自动水质采样器的设计思路源于污染源在线自动取样的环保监测仪器。在高性能工业级 PLC 控制器的控制下，采样器可根据需要任意设定采样方式、采样时间间隔、采样量

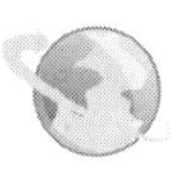

及存储位置，采样器管径大、流速快，可有效避免管路堵塞。

1. 分层自动水质采样器

每个样品容器体积为 1L，每组次采样瓶数为 24 瓶；能够实现精确分层采样，具备 50m 水深以内，使用传感器控制，精确分层采集任意水深样品。

2. 采样器

由安装支架、采样泵组件、采样箱、底部采样箱快速更换滑道、伺服卷管架、采样管、数据采集系统及控制系统组成，见图 3-1-3。

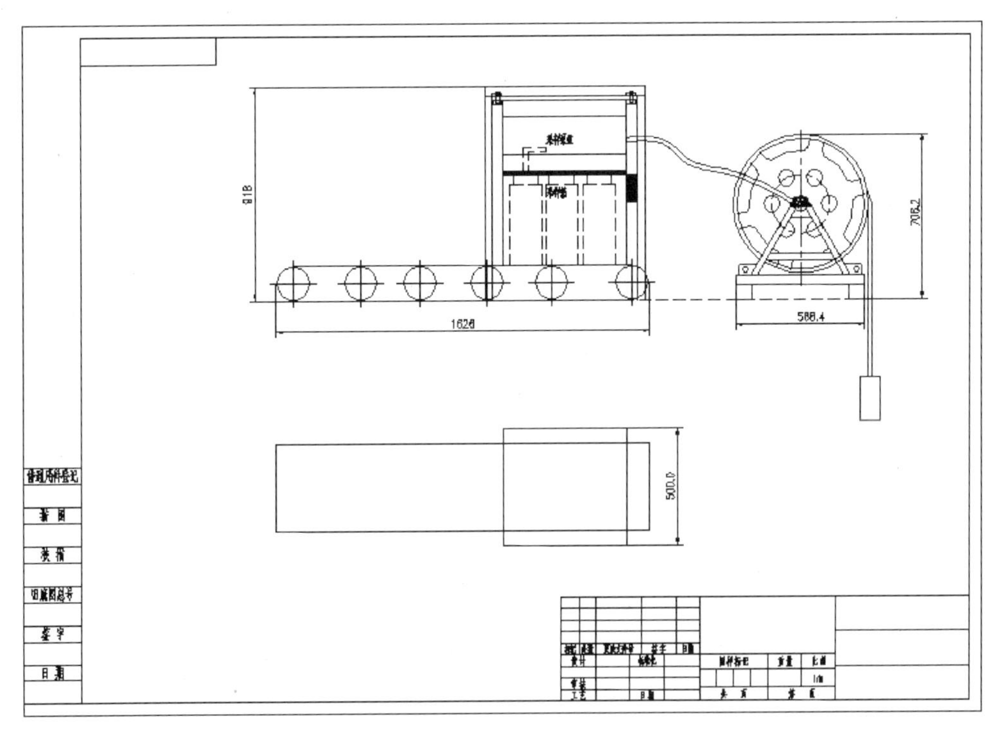

图 3-1-3　结构示意

3. 采样器控制原理

采样器采样方式为定点分层精确采样，无人船经规划航线到达采样点后通过单波速探测采样点的水深参数，传输到控制系统（PLC），即可选定程序中的采样点数量及对应的采样水深等参数。最后，利用水深压力传感器控制伺服卷管架动作变松至采样深度，当到达采样程序中设定的水深参数时，采样蠕动泵按照既定程序开始采样作业。其工作流程见图 3-1-4。

4. 水样采集单元

水样采集单元可以实现智能化采集水样，降低水质采样的人力成本，提高工作人员的人身安全及工作效率。采集单元有独立的采样通道，采集的水样可以存储在指定的采样瓶中。在水样的采集过程中不仅可以规定采集水样的水量，同时也可以等比例混合采样。

水样采集单元的工作流程见图 3-1-5，首先在上位机控制软件上设定待采样的水域坐标点、需采集的水样容量及水样存储的采样瓶标号；相关控制指令通过无线传输系统发送到控制单元，控制单元控制水泵的电子调速器选择对应采样瓶的采样通道进行水样采集；采集单元通过流量控制模块对采集水样容量进行监控，当所采集水样容量达到预设的目标时，水质采样工作停止，并将采样状态反馈给上位机，在上位机显示对应采样瓶的状态。

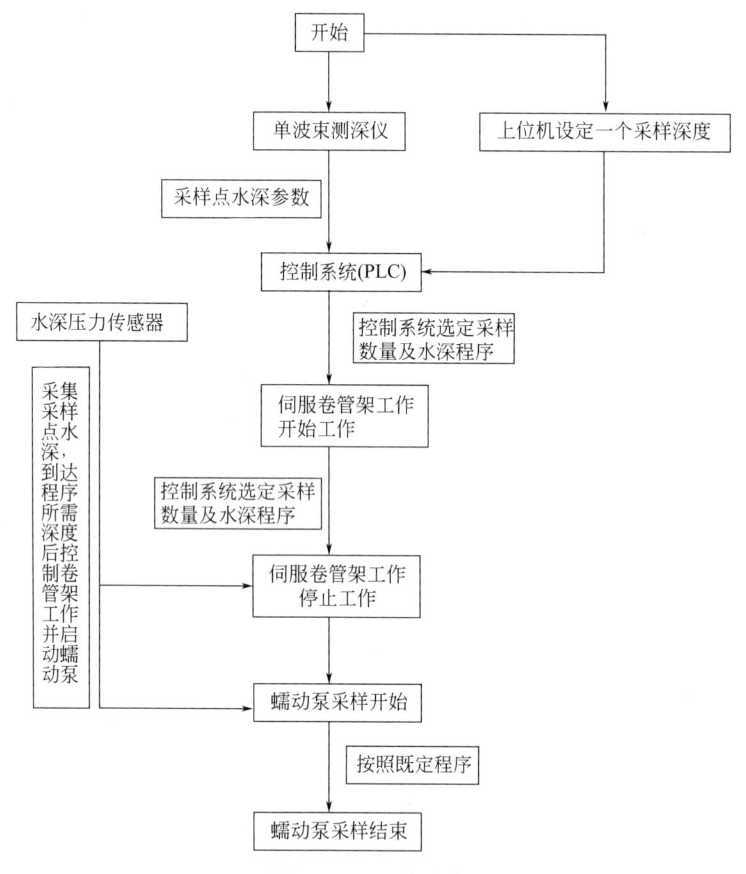

图 3-1-4　工作流程

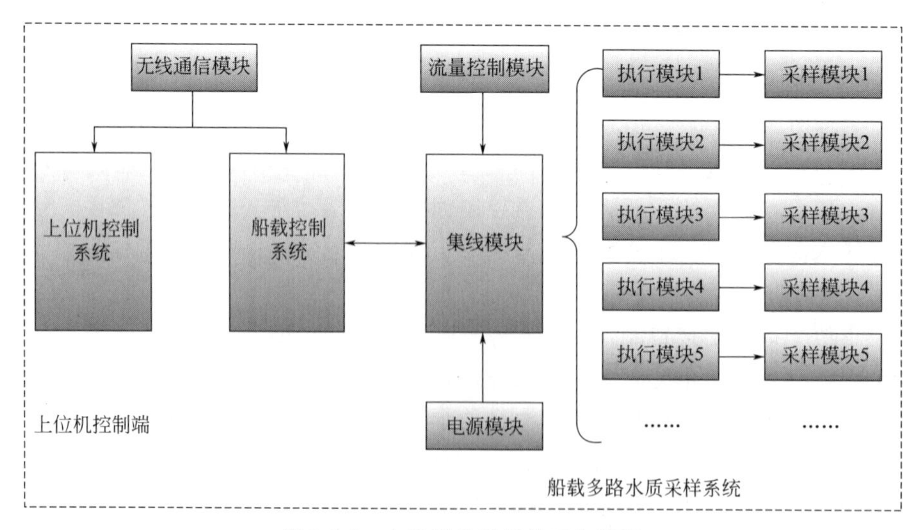

图 3-1-5　水质采样系统的工作流程

（二）船载水质监测系统的设计

1. 传感器模块

多参数水质在线分析仪采用一个主体、多个小传感器的方式实现连续自动测量，每支传感器带有防水连接器，校准数据存储在传感器内，可现场校准和替换。单个主体可以拥有多支传感器，参数包括 pH、电导率、溶解氧、温度、浊度、叶绿素、蓝绿藻、COD。

2. 水质监测工作流程

该水质监测系统的工作流程见图 3-1-6，首先在上位机控制软件上设定待监测水域的坐标点，水质监测控制指令通过上位机与无人船间的无线传输系统下达到无人船控制单元。然后无人船控制单元通过水质监测系统采集各个水质监测传感器的实时监测结果，并将监测结果实时上传至上位机系统，并在上位机软件界面上显示。

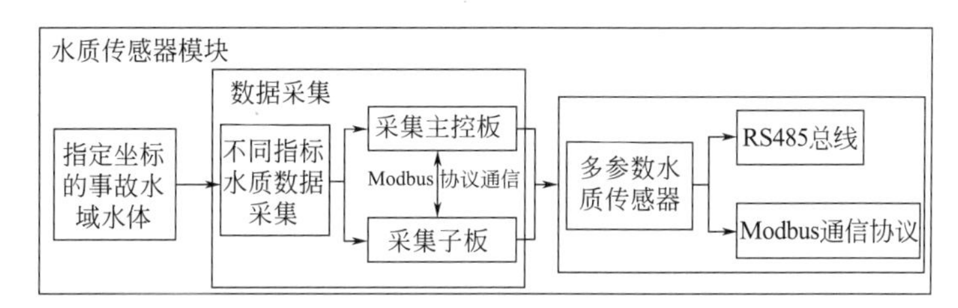

图 3-1-6 水质监测模块工作流程

将数据采集模块监测数据接入监测数据采编系统，决策人员可根据监测信息建立事件跟踪记录，实现环境监视监管的空地一体化目标。通过监测数据管理子系统对接收的数据进行编辑、整合，为环境内网用户提供监视、监测数据综合服务。

四、平台自主航行功能系统的设计与实现

自主航行功能，即船舶航行过程中，根据制定好的航线及各个航路点，由航向和航速控制器实时送出船舶给定航向、给定航速，使得船舶能够按照预定航线高速航行，并在航行过程中实时采集周围障碍物信息，实现对船舶的自主避障，最终到达目的地点。

（一）自主航行控制单元方案设计

在采样监测工作中，按照制定好的巡航计划，输入计划航线各个采样点坐标，能够实现在一定的航速范围内、按照规划好的航线，安全到达指定地点，执行采样监测任务。自主航行控制单元技术路线见图 3-1-7。

自主航行工作过程为：

船舶处于巡航时，按照计划航线输入各个航路点，发送给航线设计模块，无人船由航线设计模块根据电子海图及最优路径规划原则，设计出出发地至目的地的各个航线节点及转向关键点。

由信息采集处理模块实时采集船位信息，航向控制器模块根据给定航向与当前航向进行比较，计算出当前航向偏差，采用 PID 控制及其他智能控制算法，给出合适的喷射角度，输出给喷水推进系统控制器；由信息采集处理模块实时采集船速信息，航速控制器模块根据给定船速与当前船速进行比较，计算出合适的主机转速，输出给喷水推进系统控制器。

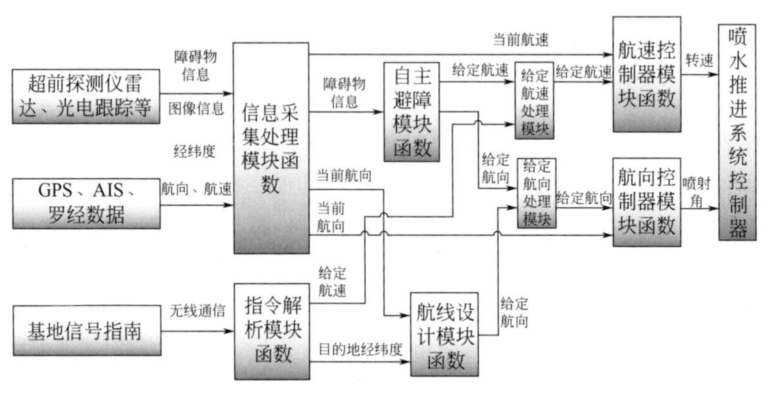

图 3-1-7 自主航行控制单元

最终，由信息采集处理模块实时采集超前探测仪、雷达、AIS等传感器信息，将得到的障碍物距离方位信息送到自主避障模块函数，运用智能避障算法输出给定船速及给定航向，分别发送给对应给定航向处理模块和给定航速控制模块，经综合处理后得到给定航向和航速，最后发送给航向控制模块和航速控制模块。

（二）路径规划

路径规划是无人监测技术研究中较为关键的问题之一。路径规划是指在确保自身安全以及顺利到达目的地的前提下，在最短的时间内找到一条从起点到终点的最短、无碰撞的最优路径。它是衡量智能无人监测技术高效、可靠的重要标准。

对无人采样监测技术路径规划问题的研究主要集中在以下三个方面：一是环境建模，即将实际的环境空间进行抽象后建立相应的空间模型，主要就是对空间中障碍物的描述；二是路径的搜索与优化，当环境空间模型建立好后采用合适的搜索方法在模型中寻找路径并对这条路径进行相应的优化，现在通常采用智能算法进行路径的优化，确保能从起始位置到达预定目标位置；三是顺利绕开环境中障碍物，在完成上述两项问题的前提下，实现路径最优化。

根据无人船对环境信息的处理能力，进行全局路径规划（蚁群算法）和局部路径规划（人工势场法），针对传统蚁群算法存在的缺陷，提出了一种改进的人工势场-蚁群算法。该算法对信息更新规则以及启发信息函数进行了改进，并引入了最大最小蚁群系统，能在有效地缩小搜索最优路径的范围的同时，防止“早熟”现象的发生。另外，在启发信息函数中加入了人工势场法的控制因素，可以有效地减小传统蚁群算法在搜索初期存在的盲目性，从而加快算法的收敛速度。

（三）自主避障

自主避障，是指通过GPS、自动雷达标绘仪、超前探测仪等设备，在两船会遇或前方有障碍物时能够发出避碰报警信息并给出合适的避碰策略，实现船舶的自主避碰。避障系统可以分为七大模块（图3-1-8）：毫米波雷达模块、单目视觉模块、采集与传输模块、信息融合处理模块、遥控接收模块、控制模块、航行参数测量模块。

其中毫米波雷达模块用于发射和接收毫米波，并输出差拍信号；单目视觉模块用于拍摄障碍物的视觉图像；采集与传输模块用于采集毫米波雷达模块输出的差拍信号，并把信号传

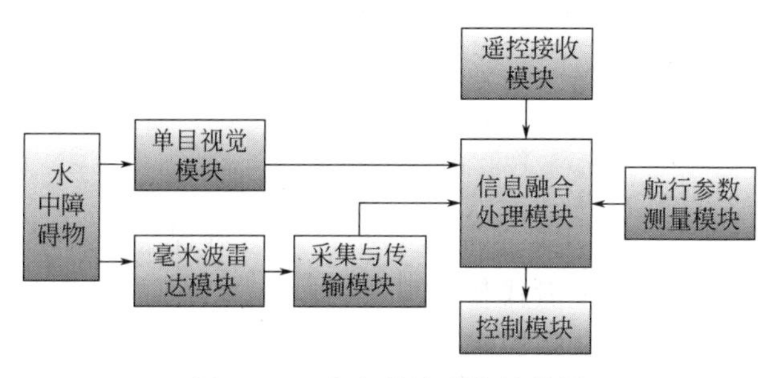

图 3-1-8　自主避障系统结构图

输给信息融合处理模块；航行参数测量模块用于获取当前船舶所在位置；信息融合处理模块用于把雷达测距与单目视觉测角信息融合起来，作障碍物的三维定位和障碍物平面分布图；遥控接收模块用于接收并解码遥控发来的控制信号；控制模块是在信息融合处理模块计算完毕后，向无人船发出动作控制信号。

自主避障系统在开机后先做初始化工作，初始化完毕后进入自主航行状态。毫米波雷达模块实时检测障碍物的距离，在距离大于设定值时系统不做反应，只有距离小于设定值时，启动单目视觉模块采集视觉图像，信息融合处理模块先对雷达信息和单目视觉信息做融合处理获得障碍物的三维立体信息，之后转为二维平面分布，最后在无人船行驶中根据障碍物的平面分布避开障碍物。

第二节　远程遥控定深采样器研发及事故现场再现模拟技术集成研究

传统的环境监测手段都是基于人工监测的，并且在实时监控方面很难达到理想效果，特别是在事故区域存在有害物质或陆域屏障的情况下人工采样监测不能满足应急的需求。采样监测无人机具备无人驾驶、可悬停、体积小、控制灵活方便、可随意低空领域飞行的特点，为其在环保领域应用提供了诸多优势。同时，无人机可以搭载载重范围内的各种功能设备或物件，包括遥感检测设备、高清和倾斜摄影摄像机、巡航监控设备、环境监测设备、采样设备等。

一、远程遥控定深采样器研发与试制

针对监测人员和其他应急设备无法进入的水环境应急现场的情况，研发了远程遥控定深采样器，能够从空中快速抵达事故现场完成采样工作。远程遥控定深采样器主要由以下几个部分组成：上位机系统、无线传输系统、监测单元、采样单元、无人机控制单元。各部分组成框架及介绍如下。

1. 上位机和无线传输系统

上位机系统的主要功能为下达控制指令、实时显示无人机的航行与工作状态、实时显示水质传感器监测到的实时数据及实时显示当前监测水域的水面影像。在上位机界面可以查看无人机所处点的具体 GPS 坐标信息、当前的电池电量和无人机工作模式。无人机搭载有水样采集、监测及视频传输单元系统，能够查看选中坐标点的水质监测数据及无人机载高清摄

像头回传的水面实时画面信息。

无线传输系统的主要功能为指令与数据的传输。在无人机和上位机之间搭建无线传输系统，用以无人机与上位机之间的指令与数据的下达与传输。

2. 采样单元

无人机采样单元（图 3-2-1）主要为了能够提高应急过程中获取水样的速度和扩大采样的范围，同时能够深入危险区域或者代替常规人工作业，从而能够弥补传统采样的缺陷并降低成本和工作量。采样单元由控制器、采样绞盘、采样器等组成，能够悬挂在无人机上，实现定深采集水样。

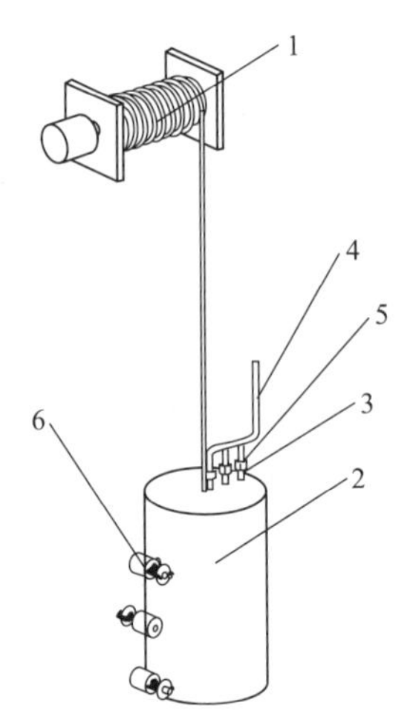

图 3-2-1　无人机采样单元工作图

1—释放机构；2—取样瓶；3—连接气管；4—延伸气管；5—单向阀；6—单向截止阀

3. 监测单元

无人机监测单元主要包括有毒有害气体监测和水体水质监测两个模块，可为污染物鉴别、污染范围调查、污染态势的研判提供依据，并与预案的启动关联起来，为应急事故处置决策者提供决策支持。

① 有毒有害气体监测模块主要通过搭载气体分析仪来实现对于区域有毒有害气体定性鉴别，以及对污染范围、污染浓度进行定性和半定量的快速研判。其中气体分析仪主要用于检测大气空气质量 AQI 与应急检测有毒有害气体（常规六参数 PM_{10}、$PM_{2.5}$、SO_2、NO_2、CO、O_3 及 VOC_S、氯气、硫化氢、氨气等多种特征污染参数），气体传感器可以随时更换。相关原理主要为通过搭载泵吸式或者扩散式气体监测装置，在飞行过程中实现气体浓度的监测，并一定程度上实现气体鉴别。此外，通过搭载抛撒式气体监测传感器，通过无人机平台定点抛撒气体监测传感器可实现多点近地面的气体监测，并通过无线自主网络传输技术实现气体监测信息的快速采集（图 3-2-2）。

② 水体水质监测模块主要通过基于二维面状航拍作业模式的光谱类设备，如热红外成像仪、轻型红外航扫仪、红外扫描仪、微波辐射计等，用于水质宏观污染情况监测，可获取高分辨率地物辐射亮温图像，通过反演，获取湖面水体、冰面、河流、沼泽、陆地等地物信息。同时，还能够通过搭载抛撒式水质监测传感器，通过无人机平台定点抛撒传感器到水面以下实现一定深度下的水质监测，并通过无线自主网络传输技术实现水质监测信息的快速采集。

图 3-2-2　无人机监测界面图

二、事故现场远程图像生成与现场再现模拟技术集成研究

针对突发环境污染事件中事故现场影像获取及区域地形建模复杂的问题，基于环境应急无人机系统集成了机载视频监控倾斜摄影设备，能够实时传输事件现场的视频影像并通过倾斜摄影技术快速构建区域现场地形地貌，实现事件现场信息的快速获取，为应急指挥调度提供支撑与依据。

1.技术原理

倾斜摄影技术是国际测绘遥感领域近年发展起来的一项高新技术，它打破了以往正射影像只能从垂直角度拍摄的局限，通过在同一飞行平台上搭载多台传感器，同时从一个垂直、四个倾斜共五个不同的角度采集影像，获取地面物体更为完整准确的信息，将用户引入了符合人眼视觉的真实直观世界。由倾斜影像生成三维模型就是倾斜摄影建模，如图 3-2-3 所示。

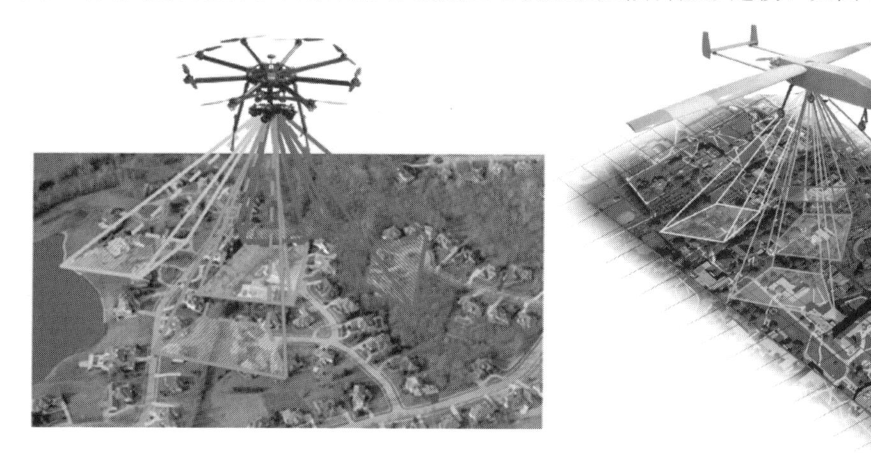

图 3-2-3　倾斜摄影技术基本原理

由于采用航空遥感技术，使得倾斜摄影数据能够真实地反映地物信息，同时由于结合先进的定位技术，使得该数据具备精确的地理信息，赋予其更多的可量测性。倾斜摄影的优势体现在以下两个方面。

（1）多角度真实反映地物信息

相对于正射影像，倾斜影像能让用户从多个角度观察地物，更加真实地反映地物的实际情况，极大地弥补了基于正射影像应用的不足（图 3-2-4）。

图 3-2-4　倾斜摄影影像示意图

（2）丰富的可量测性

通过配套软件的应用，可直接基于成果影像进行包括高度、长度、面积、角度、坡度等各个要素的量测，扩展了倾斜摄影技术在环境应急行业中的应用。

2. 技术研究与集成

倾斜摄影技术的发展不仅扩展了遥感和摄影测量技术的应用领域，该技术的引进也使得三维城市建模的成本大大降低。目前，倾斜摄影技术被广泛应用于城市管理、国土资源管理、智慧城市、应急指挥、国土安全、地质防治等领域。

倾斜摄影技术能够获取事故区域初始和过程中的相关三维影像，同时，能够大大地缩短三维建模的时间成本与人力成本，使得三维建模的效率大大提高，另外由于其丰富的可量测性，一定程度可以代替野外数字测图。倾斜摄影技术所建立的三维模型可以在环境应急领域中起到以下作用。

（1）全方位实景展示

倾斜摄影三维模型为实景模型，地表附着物构筑物等相互关系十分精确，且表面纹理颜色等均与实际情况一致。基于对倾斜摄影模型的集成，能够通过对实景模型的浏览（图 3-2-5），方便地了解环境事故现场周围的详细情况，对整个事故形成直观印象，为后续应急决策提供科学准确的支撑。

（2）实时量测

倾斜摄影三维模型精度较高，模型分辨率优于 0.05m，且可直接基于模型进行包括高度、长度、面积、角度、坡度等各个要素的量测（图 3-2-6），能够给突发水污染事件后续的应急处置提供充分的数据支撑。

图 3-2-5　事故前后地物倾斜摄影功能

图 3-2-6　部分量测功能示意图

第三节　水体重金属、有机物及油现场快速检测方法开发

一、事故废水污染物现场快速分析方法

为了第一时间获取事故废水的污染物成分，处置突发水环境事件，“十三五”国家水体污染控制与治理重大专项“水环境风险应急监管体系与应急设备研发与示范”课题组基于现场移动应急实验室平台，开发了有机物、重金属、油类等污染因子的现场快速前处理、检测方法及部分仪器设备。对于水污染突发事故现场快速检测技术的开发选择，一般遵循力求准确、操作简单、快速的原则。现场快速检测方法体系见图 3-3-1。

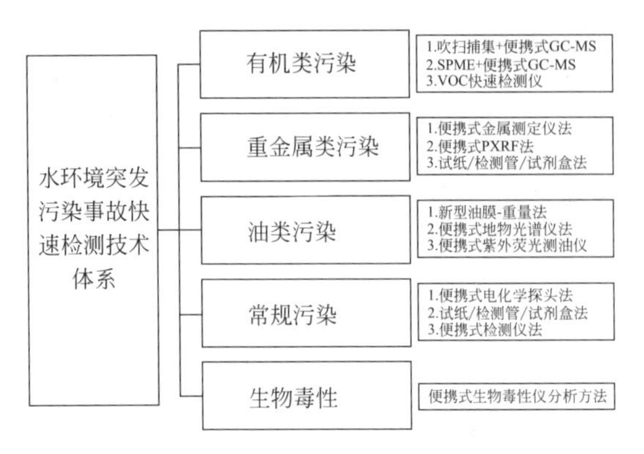

图 3-3-1 事故废水中污染物快速分析方法

对于未知污染物，在污染物性质和含量均不明确的情况下，采用试纸、检测管、检测盒方法、便携式综合水质测试仪等，快速给出污染物是否存在的信息，以及是否超过某一浓度的信息；对于重金属污染，除了采用现有的便携式电化学仪、便携式分光光度计以外，在现有 XRF 技术基础上，开发了基于高效浓缩前处理的 PXRF 法，快速检测水中重金属；对于挥发性有机污染物，如槽罐车泄漏、企业管道泄漏等，采用吹扫捕集＋便携式 GC-MS 进行快速定性定量测定；对于半挥发性有机污染物，开发了固相微萃取（SPME）前处理方法＋便携式 GC-MS、便携式紫外分光光度法以及便携式三维荧光法进行快速测定；对于油类检测，除了使用现有的新型油膜-重量法、便携式地物光谱法以外，开发了新型便携式紫外荧光测油仪、便携式三维荧光法进行快速测定；也可采用便携式毒性仪对水体的综合毒性进行测定，一定程度地反映废水的生态毒性，为尾水外排提供一定的依据。

（一）事故废水中重金属快速检测

重金属是事故废水中的一类潜在污染物，开发事故废水中重金属的快速检测技术，对事故废水的应急处理具有重要意义。目前，XRF 是一种能够在野外现场多元素快速测定的新型分析仪器。该技术样品制备简便、环境友好性强、分析速度快、可分析元素范围广，十分适合野外现场快速和原位分析。然而，使用 XRF 分析液体样品经常会产生较高的射线散射背景值，导致较低的信噪比。因此，该方法对液体样品中重金属元素的检出限往往较高，可能无法对低浓度、但超过废水排放标准限制的含重金属的事故废水进行准确检测，所以需要进一步采用预处理技术对水样中的重金属元素进行富集转化为固态，以提高仪器分析的灵敏度和降低分析方法的检测限。

在众多的重金属富集方法中［吸附、电沉积、表面蒸发、沉淀（共沉淀）等］，沉淀法由于其操作简单、便于应用，在 PXRF 对水样原位分析的样品预处理中被广泛采用。其中，由于硫化沉淀法产生的硫化物沉淀不易返溶，形成的沉淀比较密实，使得硫化沉淀法的回收率高，产生的沉淀所需的过滤时间短，因此能更大限度地提高分析的准确性以及节省分析时间。因而，在 PXRF 直接测定废水中重金属研究的基础上，对 PXRF 直接液体检测技术不能满足要求的重金属种类，考虑采用硫化沉淀膜过滤富集的预处理方法进行固化富集，然后用 PXRF 对富集重金属元素的固态沉淀进行检测分析，来提高 PXRF 检测方法的灵敏度和降低检测限度，从而为事故现场废水中重金属元素的监测分析提供技术支持。

硫化钙富集重金属的危险事故废水固化技术的基本原理为将硫化钙投加入危险事故废水中，并加入过量硫酸，可发生如下反应：

$$CaS+2H^{+} \longrightarrow Ca^{2+}+H_2S \tag{3-3-1}$$

其中钙离子与硫酸根离子形成 $CaSO_4$ 沉淀，由于重金属与硫化氢之间的溶度积较小，硫化氢与废水废液中的重金属离子形成沉淀：

$$Ca^{2+}+SO_4^{2-}+2H_2O \longrightarrow CaSO_4 \cdot 2H_2O \tag{3-3-2}$$

$$\frac{n}{2}H_2S+M^{n+} \longrightarrow MS_{n/2}+nH^+ \quad (3\text{-}3\text{-}3)$$

由于许多重金属硫化物溶于酸，需将溶液pH用氢氧化钠再次调整为近中性。使溶液中的重金属与硫化氢完全反应。将沉淀进行膜过滤，自然干燥后直接采用PXRF进行检测分析。

所得固体为$CaSO_4$与$MS_{n/2}$的混合物。其中$CaSO_4$为基底物质，$MS_{n/2}$为检测的有效组分。若加入硫化钙的量恒定，则基底物质$CaSO_4$的产生量不变，而$MS_{n/2}$的产生量与废水或废液中重金属的浓度有关。

1. 技术路线

技术路线如图3-3-2所示，即首先运用PXRF液体直接分析技术对未知成分事故废水中的重金属进行直接检测，通过检出限和精确度的分析，评价PXRF对液体中重金属直接分析的可行性。其次，当PXRF直接分析废水中重金属无法满足要求时，进一步研究对事故废水中重金属固化富集预处理后的PXRF快速检测技术，从而形成事故废水中重金属快速检测方法。

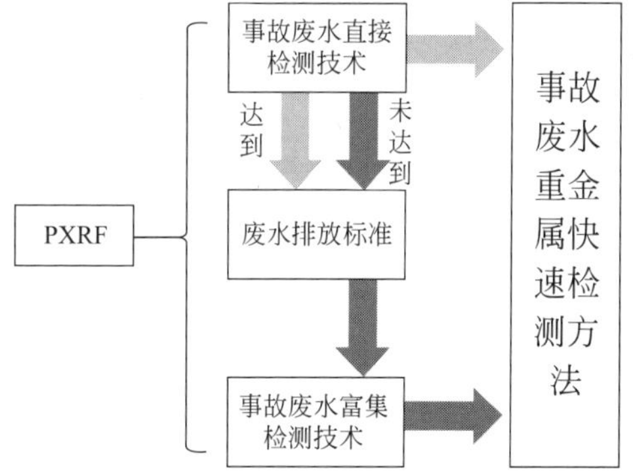

图3-3-2　事故废水中重金属PXRF快速检测技术路线

2. 操作步骤

（1）液体直接检测技术操作步骤

① 样品的制备：事故现场采集的水样常含有大量的悬浮物，先用针管抽取采集的水样并连接0.22μm的滤头进行过滤，得到滤液约20mL，取滤液于体积为10mL的塑料样品杯中，注满样品杯，并用圆形迈拉薄膜密封，密封过程中应始终保持液体充满样品杯中，防止有气泡产生。

② PXRF对样品的分析：打开手持式X射线荧光光谱仪（PXRF），选择“土壤”分析模式，并将仪器检测端口对准标准品进行仪器自检，待仪器自检成功后，将PXRF检测端口贴紧装有水样样品杯上密封的薄膜，按下检测按钮，进行检测分析，分析条件为每次分析80s，每次分析重复11次，仪器自动显示平均值。待分析结束后，记录分析结果，将分析结果代入相关的标准曲线计算得到其在水样中的浓度。由于X射线对人体有危害作用，在检测过程中，要做好防护工作，切勿将仪器在工作状态下对准自己和他人。

（2）硫化钙富集固化技术操作步骤

① 样品富集处理：将采集的样品经孔径为0.45μm的滤膜过滤，取过滤后的水样100mL于250mL三角瓶中，加入0.1g CaS，然后加入浓硫酸1mL，密封搅拌10min将Ca^{2+}完全沉淀，同时CaS完全溶解，之后用1mol/L的NaOH溶液将pH值调至6～7之后再搅拌3min，使溶液中的重金属与硫化氢完全反应。将沉淀用直径为50mm，孔径为0.45μm的滤膜进行真空过滤，将固体沉淀转移至滤膜上，之后将样品在自然条件下干燥。

② PXRF对富集后样品的分析：将干燥后的样品表面上附上迈拉薄膜并压紧，然后用PXRF进行直接检测分析，分析模式为“土壤”模式，将PXRF检测端口贴紧样品表面的迈拉薄膜，按下检测按钮，进行检测分析，分析条件为每次分析80s，每次分析重复11次，仪器自动显示平均值。待分析结束后，记录各金属元素的分析结果，将分析结果代入相关的

标准曲线方程计算得到其在水样中的浓度。

3. 事故废水中重金属PXRF液体直接检测技术

基于PXRF对液体快速检测（30s内）、便携的特点，可在事故现场对事故废水进行原位检测。利用TrueX 960型PXRF、仪器配套液体样品杯，对自配溶液中重金属进行检测，作出标准曲线，并计算检出限。

选择事故废水中典型的9种重金属元素Cu、Pb、Zn、Mn、Co、Ni、Cr、Cd、Hg，配制50mg/L、100mg/L、200mg/L、400mg/L、600mg/L、800mg/L一系列浓度梯度的溶液，按照液体直接PXRF检测技术的操作步骤制备样品和分析，作出各重金属的标准曲线。

表 3-3-1　PXRF检测重金属的标准曲线

重金属种类	标准曲线方程	R^2	重金属种类	标准曲线方程	R^2
Cu	$y=1.013x-6.335$	0.997	Ni	$y=1.005x+5.299$	0.997
Pb	$y=0.988x+0.811$	0.998	Cr	$y=0.996x+1.039$	0.999
Zn	$y=0.999x+3.5$	0.999	Cd	$y=1.008x-6.6045$	0.998
Mn	$y=0.994x+3.90$	0.998	Hg	$y=0.993x-3.70$	1
Co	$y=0.996x-0.07$	0.997			

由表3-3-1可知，各重金属元素的标准曲线的R^2值均接近于1，表明利用PXRF可较为准确地对溶液中的重金属进行分析检测。

利用如下公式，可计算出各重金属的检出限：

$$\mathrm{LOD}=\frac{3S_{\mathrm{B}i}}{S_i} \tag{3-3-4}$$

式中，$S_{\mathrm{B}i}$为对空白样品进行多次测量时所得到的重金属元素i的标准偏差，在本书中，对空白样品进行11次检测，每次检测80s；S_i为检测方法对元素i进行分析时的灵敏度，可用所得到的标准曲线的斜率代替。

由表3-3-2可知，PXRF对Cu、Pb、Zn、Co、Cr等重金属的检出限低于废水中重金属的排放限值，Cu、Pb、Co、Ni这几种重金属的检出限与排放标准相近，而Zn、Cr直接采用PXRF分析的检出限远低于排放标准限值，这说明利用液体直接检测技术，PXRF可实现对重金属Zn、Cr的直接检测。对于重金属Cu、Pb、Co、Mn、Ni、Cd、Hg，直接液体PXRF检测技术的检出限接近或高于废水中重金属的排放限值。为了更准确检测排放废水中重金属的浓度，对污染风险进行防控，需进一步研究这些重金属固体富集检测技术。

表 3-3-2　PXRF直接检测液体中重金属的检出限与排放标准的对比

项目	Cu	Pb	Zn	Mn	Co	Ni	Cr	Cd	Hg
检出限/(mg/L)	0.4	0.7	1.5	24.4	0.8	1.3	0.3	13.5	0.2
排放标准/(mg/L)	0.5	1.0	2.0	2.0	1.0	1.0	1.5	0.1	0.05

4. 事故废水中重金属硫化沉淀富集PXRF检测

将重金属Cu、Pb、Co、Mn、Ni、Cd、Hg分别配制成10μg/L、25μg/L、50μg/L、100μg/L、200μg/L、400μg/L、800μg/L、1000μg/L、2500μg/L的一系列浓度梯度的标准

溶液，取标准样品 100mL 加入 250mL 的三角瓶中，加入 0.1g CaS，然后加入浓硫酸 1mL，密封搅拌 10min 将 Ca^{2+} 完全沉淀，之后用 1mol/L 的 NaOH 溶液将 pH 值调至 6～7 之后再搅拌 3min，使溶液中的重金属与硫化氢完全反应。将沉淀进行 0.45μm 的膜过滤，将固体沉淀转移至滤膜上，待样品自然干燥后，附上迈拉薄膜并压实，之后直接采用 PXRF 对过滤得到的固体样品进行多次重复检测分析。将 PXRF 测得的重金属含量和对应的标准溶液浓度绘制成标准曲线，并对空白样品进行多次重复检测（$n=11$），由相应的数据计算得到此方法对不同重金属的最低检测限值。

表 3-3-3　硫化钙沉淀富集-PXRF 检测重金属的标准曲线

重金属种类	标准曲线方程	R^2	重金属种类	标准曲线方程	R^2
Cu	$y=319.37x-23.883$	0.998	Ni	$y=218.404x-0.303$	0.997
Pb	$y=331.488x-18.972$	0.998	Cd	$y=196.367x-52.68$	0.99
Co	$y=150.595x-15.296$	0.988	Hg	$y=131.127x+22.67$	0.998
Mn	$y=178.486x-10.122$	0.999			

从表 3-3-3 可以看出，不同重金属在水样中的浓度与硫化沉淀富集后固体样品中 PXRF 直接测得的含量之间的线性关系良好，相关系数 R^2 接近 1，表明采用硫化钙对水样中的重金属元素进行富集之后直接 PXRF 测定富集后的沉淀的方法能够快速、有效地对低浓度的事故废水进行检测分析。

同样，采用式（3-3-4）可以计算出该检测方法对不同重金属元素检测分析的检出限值，结果如表 3-3-4 所示。

表 3-3-4　PXRF 直接检测液体中重金属的检出限与排放标准的对比

项目	Cu	Pb	Mn	Co	Ni	Cd	Hg
检出限/(μg/L)	6.5	3.5	8.15	1.4	11.0	13.5	2.6
排放标准/(mg/L)	0.5	1.0	2.0	1.0	1.0	0.1	0.05

由表 3-3-4 可知，采用硫化钙对水样进行沉淀富集之后，将液态水样转化为固态样品，可以极大地降低 PXRF 对 Cu、Pb、Co、Mn、Ni、Cd、Hg 这些重金属元素的检出限值，其检出限值均远小于排放标准限值。因此，通过研究表明，采用 PXRF 直接液态分析与硫化钙沉淀富集后 PXRF 直接检测分析这两种方法相结合，能够快速、有效地对事故废水或偏远场地水体中重金属元素进行检测分析，为环境监测和环境污染风险防控提供了很好的技术支撑。

5. 实际事故废水中重金属的 PXRF 快速分析

（1）实际废水中重金属元素 PXRF 直接快速检测

在实际废水的体系中，采用 PXRF 直接检测液体水样和硫化沉淀富集 PXRF 检测技术对废水中重金属元素的准确性。在对液体样品采用直接的 PXRF 检测时，在实际水样中加入一定浓度的重金属元素，同时为了模拟高盐废水，在水样 C 中加入一定量的 NaCl（2g/L），经检测得出的结果如表 3-3-5～表 3-3-7 所示。从结果可知，含油和含盐废水对 PXRF 直接测定废水中重金属元素的影响相对较小，而含高氨氮废水对 PXRF 直接测定废水中重金属元素的影响较大，这是因为含高氨氮废水中的物质会与重金属元素形成络合态，影响重金属元素对 X 射线的吸收，从而影响荧光的产生，干扰检测的准确性。

表 3-3-5　高含油废水中重金属元素 PXRF 直接检测

重金属种类	标准曲线方程	R^2	加入重金属元素浓度/(mg/L)	PXRF 测得的浓度(质量分数)/%	测定浓度/(mg/L)	误差
Cu	$y=1.013x-6.335$	0.997	10.000	11.30	5.112	4.888
Pb	$y=0.988x+0.811$	0.998	10.000	8.50	9.386	0.614
Zn	$y=0.999x+3.500$	0.999	10.000	5.30	8.795	1.205
Mn	$y=0.994x+3.900$	0.998	10.000	5.86	9.725	0.275
Co	$y=0.996x-0.070$	0.997	10.000	9.23	9.123	0.877
Ni	$y=1.005x+5.299$	0.997	10.000	5.10	10.424	0.424
Cr	$y=0.996x+1.039$	0.999	10.000	6.43	7.443	2.557
Cd	$y=1.008x-6.604$	0.998	10.000	15.70	9.221	0.779
Hg	$y=0.993x-3.700$	1.000	10.000	10.50	6.726	3.274

表 3-3-6　含高氨氮废水中重金属元素 PXRF 直接检测

重金属种类	标准曲线方程	R^2	加入重金属元素浓度/(mg/L)	PXRF 测得的浓度(质量分数)/%	测定浓度/(mg/L)	误差
Cu	$y=1.013x-6.335$	0.997	10.000	8.30	2.073	7.927
Pb	$y=0.988x+0.811$	0.998	10.000	6.70	7.430	2.570
Zn	$y=0.999x+3.500$	0.999	10.000	5.80	9.294	0.706
Mn	$y=0.994x+3.900$	0.998	10.000	3.86	7.737	2.263
Co	$y=0.996x-0.070$	0.997	10.000	6.23	6.135	3.865
Ni	$y=1.005x+5.299$	0.997	10.000	5.10	10.424	0.424
Cr	$y=0.996x+1.039$	0.999	10.000	7.43	8.439	1.561
Cd	$y=1.008x-6.604$	0.998	10.000	12.70	6.197	3.803
Hg	$y=0.993x-3.700$	1.000	10.000	10.50	6.726	3.274

表 3-3-7　高含盐废水中重金属元素 PXRF 直接检测

重金属种类	标准曲线方程	R^2	加入重金属元素浓度/(mg/L)	PXRF 测得的浓度(质量分数)/%	测定浓度/(mg/L)	误差
Cu	$y=1.013x-6.335$	0.997	10.000	12.30	6.125	3.875
Pb	$y=0.988x+0.811$	0.998	10.000	9.70	10.395	0.395
Zn	$y=0.999x+3.500$	0.999	10.000	6.80	10.293	0.293
Mn	$y=0.994x+3.900$	0.998	10.000	5.86	9.725	0.275
Co	$y=0.996x-0.070$	0.997	10.000	9.23	9.123	0.877
Ni	$y=1.005x+5.299$	0.997	10.000	7.10	12.435	2.435
Cr	$y=0.996x+1.039$	0.999	10.000	8.43	9.435	0.565
Cd	$y=1.008x-6.604$	0.998	10.000	14.70	8.214	1.786
Hg	$y=0.993x-3.700$	1.000	10.000	12.50	8.713	1.287

(2) 实际废水中重金属元素硫化沉淀富集PXRF的快速检测

在对实际废水中重金属元素的检测分析中，得出实际废水中重金属元素的种类和含量较低，本书采用在实际废水中添加相应浓度的重金属元素，在高含油（水样A）、高有机物（水样B）以及模拟高盐废水（水样C加入一定量的NaCl）的体系中，研究硫化沉淀富集PXRF快速检测技术对重金属元素检测的精确性。在之前的研究中，已经得到硫化钙沉淀富集PXRF的标准曲线，经过硫化钙富集，PXRF测定沉积物，得到检测的结果如表3-3-8所示。从表中可以看出，经过富集后，PXRF对重金属元素快速检测的准确性有了明显的提高，而且对高含油、高含有机物和高盐废水中重金属的检测的适用性较好，这是因为硫化沉淀能将重金属元素很好地沉淀下来，而且硫化物沉淀不受废水中有机物和含有的盐类的影响。因而，硫化沉淀PXRF快速检测方法能够适用于事故废水中重金属元素的快速检测。

表3-3-8　硫化沉淀PXRF快速检测实际废水中重金属元素

重金属种类	标准曲线方程	R^2	加入重金属元素浓度/(mg/L)	水样A(含油)		水样B(高氨氮)		水样C(高盐)	
				测定浓度/(mg/L)	误差	测定浓度/(mg/L)	误差	测定浓度/(mg/L)	误差
Cu	$y=319.37x-23.883$	0.998	10	10.34	0.34	9.86	0.14	10.04	0.04
Pb	$y=331.488x-18.972$	0.998	10	8.56	1.44	8.04	1.96	8.16	1.84
Co	$y=150.595x-15.296$	0.988	10	9.25	0.75	9.05	0.95	8.98	1.02
Mn	$y=178.486x-10.122$	0.999	10	10.21	0.21	9.47	0.53	10.13	0.13
Ni	$y=218.404x-0.303$	0.997	10	9.13	0.13	10.12	0.12	9.46	0.54
Cd	$y=196.367x-52.68$	0.99	10	8.79	1.21	9.23	0.77	8.89	1.11
Hg	$y=131.127x+22.67$	0.998	10	9.54	0.46	10.12	0.12	9.04	0.96

研究发现，采用PXRF液体分析方法对Zn和Cr的检出限低于废水排放标准限值，这说明利用液体直接检测技术，PXRF可实现重金属Zn和Cr的直接液体检测。而Cu、Pb、Co、Mn、Ni、Cd和Hg这几种重金属的检出限与排放标准相近或高于废水中重金属的排放限值，利用PXRF液体检测技术不能对上述几种重金属进行准确检测。对废水采用硫化钙沉淀富集后，PXRF检测技术对废水中Cu、Pb、Co、Mn、Ni、Cd和Hg的快速检测的检出限均达到10×10^{-9}级，远低于废水重金属排放限值。因此，重金属快速液体-固体联合检测技术实现了未知事故废水中的重金属的快速定性、定量检测。

(二) 固相微萃取（SPME）+便携式GC-MS快速测定水中有机物

便携式GC-MS在有机物应急监测工作中有着较大优势，可以采用质谱扫描功能迅速有效地确定污染物，也可以对于种类繁多的有机污染物进行定量检测，为应急处置工作提供技术支持；固相微萃取技术及设备方便携带，操作简单，样品萃取后能快速上样分析，不需要净化、浓缩等步骤，适用于水环境突发污染事故的现场快速检测。因此，针对滨海工业带常见有机污染物，采用SPME结合便携式GC-MS的方法可以快速测定废水中半挥发有机物（图3-3-3）。以下对常见有机物污染废水进行检测，验证了该方法的有效性。

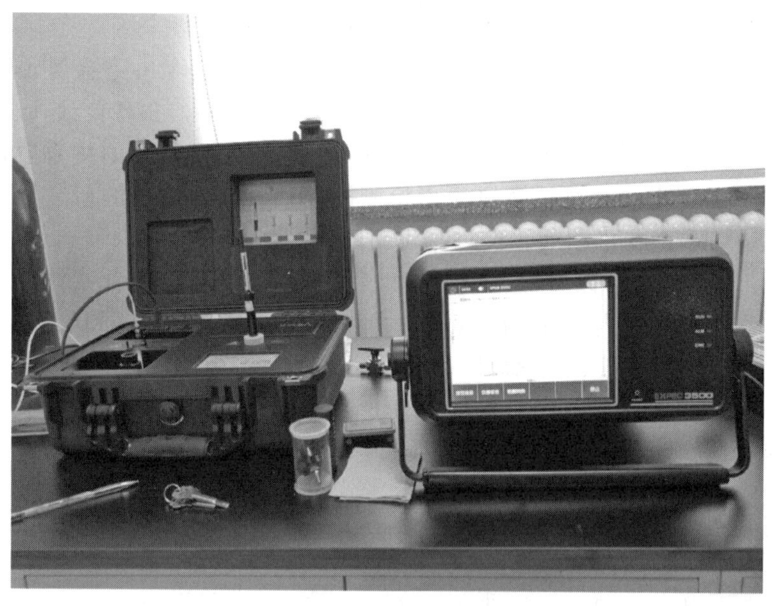

图 3-3-3　SPME+便携式 GC-MS

1. 氯苯类结果及分析

12 种氯苯类物质为：氯苯、1,4-二氯苯、1,3-二氯苯、1,2-二氯苯、1,3,5-三氯苯、1,2,4-三氯苯、1,2,3-三氯苯、1,2,4,5-四氯苯、1,2,3,5-四氯苯、1,2,3,4-四氯苯、五氯苯和六氯苯。12 种氯苯类物质总离子流图如图 3-3-4 所示。

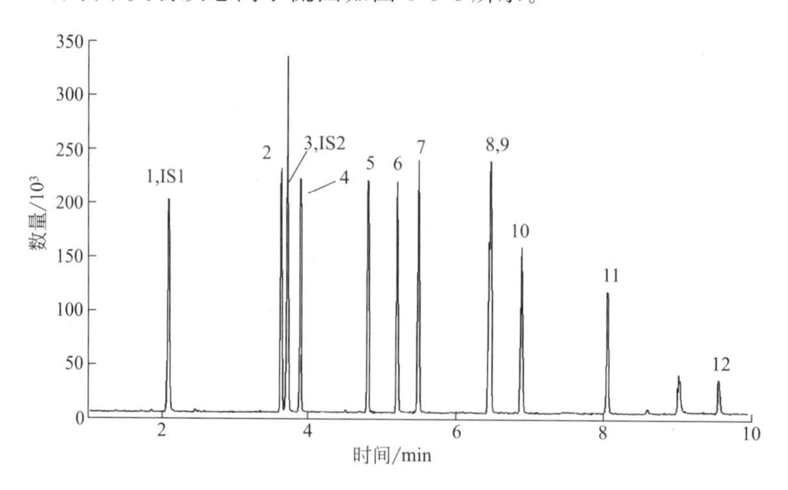

图 3-3-4　12 种氯苯类物质总离子流图

1—氯苯；IS1—氯苯-D5；2—1,3-二氯苯；3—1,4-二氯苯；IS2—1,4-二氯苯-D4；4—1,2-二氯苯；5—1,3,5-三氯苯；6—1,2,4-三氯苯；7—1,2,3-三氯苯；8—1,2,4,5-四氯苯；9—1,2,3,5-四氯苯；10—1,2,3,4-四氯苯；11—五氯苯；12—六氯苯

12 种氯苯类浓度梯度为 5μg/L、10μg/L、20μg/L、50μg/L、100μg/L；内标为氯苯-D5 和 1,4-二氯苯-D4，浓度为 20μg/L，使用默认参数进行 SPME 前处理后使用便携 GC-MS 测定；以目标离子为提取离子，使用内标法制作的氯苯类标准曲线，相关系数在 0.9969～0.9999。采用实际废水进行加标回收率测试，平均回收率在 77.1%～106.2%，相对偏差为 1.2%～29.9%。

2. 有机氯农药类结果及分析

23 种有机氯农药标准溶液包括：α-六六六、β-六六六、γ-六六六、δ-六六六、六氯苯、七氯、艾氏剂、环氧化七氯、α-硫丹、α-氯丹、γ-氯丹、狄氏剂、p,p'-滴滴伊、异狄氏剂、β-硫丹、p,p'-滴滴滴、o,p'-滴滴涕、异狄氏剂醛、异狄氏剂酮、硫丹硫酸酯、p,p'-滴滴涕、甲氧滴滴涕、灭蚁灵。有机氯农药总离子流图如图 3-3-5 所示。

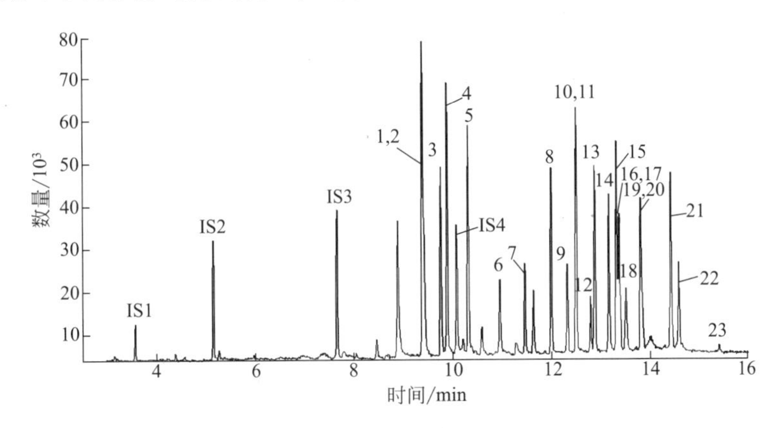

图 3-3-5　23 种有机氯农药总离子流图

IS1—1,4-二氯苯-D4；IS2—萘-D8；IS3—苊-D10；1—α-六六六；2—六氯苯；3—γ-六六六；4—β-六六六；IS4—菲-D10；5—δ-六六六；6—七氯；7—艾氏剂；8—环氧七氯；9—顺-氯丹；10—反-氯丹；11—α-硫丹；12—p,p'-滴滴伊；13—狄氏剂；14—异狄氏剂；15—β-硫丹；16—o,p'-滴滴涕；17—p,p'-滴滴滴；18—异狄氏剂醛；19—硫丹硫酸酯；20—o,p'-滴滴涕；21—异狄氏剂酮；22—甲氧滴滴涕；23—灭蚁灵

23 种有机氯农药浓度梯度为 5μg/L、10μg/L、20μg/L、50μg/L、100μg/L；内标为 1,4-二氯苯-D4、萘-D8、苊-D10 和菲-D10，浓度为 20μg/L，使用默认参数进行 SPME 前处理后使用便携 GC-MS 测定；以目标离子为提取离子，使用内标法制作的有机氯农药标准曲线，得到的 23 种有机氯农药的标准曲线，相关系数在 0.9900～0.9983。采用实际废水进行加标回收率测试，平均回收率在 65.5%～126.2%，相对标准偏差为 6.8%～38.9%。

3. 有机磷农药类结果及分析

16 种有机磷农药标准溶液包括：内吸磷-S、内吸磷-O、二嗪农、乙拌磷、甲基毒死蜱、甲基对硫磷、马拉硫磷、毒死蜱、倍硫磷、乙基对硫磷、嘧啶磷、毒虫畏、乙基溴硫磷、丙硫磷、乙硫磷、三硫磷。有机磷农药总离子流图如图 3-3-6 所示。

16 种有机磷农药浓度梯度为 5μg/L、10μg/L、20μg/L、50μg/L、100μg/L；内标为 1,4-二氯苯-D4、萘-D8、苊-D10 和菲-D10，浓度为 20μg/L，使用默认参数进行 SPME 前处理后使用便携 GC-MS 测定；以目标离子为提取离子，使用内标法制作的有机氯农药标准曲线，得到的 16 种有机磷农药的标准曲线，相关系数在 0.9906～0.9990。

取实际废水进行加标实验，平均回收率在 51.7%～130.4%，相对偏差为 5.8%～26.9%。其中，乙基溴硫磷、丙硫磷、乙硫磷及三硫磷四种物质的回收率偏低，推测可能原因是选择的内标和这四种物质的理化性质相差较大，不能很好地校准污水基质对该四种有机磷在纤维富集时产生的抑制作用。

4. 苯酚类

15 种苯酚类标准溶液包括：苯酚、2-氯苯酚、2-甲基苯酚、3-甲基苯酚、4-甲基苯酚、

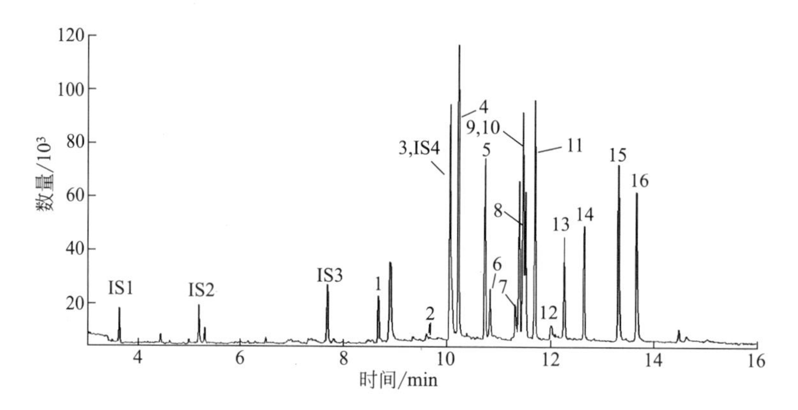

图 3-3-6　16 种有机磷农药总离子流图

IS1—1,4-二氯苯-D4；IS2—萘-D8；IS3—苊-D10；1—内吸磷-O；2—内吸磷-S；3—二嗪农；IS4—菲-D10；4—乙拌磷；5—甲基毒死蜱；6—甲基对硫磷；7—马拉硫磷；8—毒死蜱；9—倍硫磷；10—对硫磷；11—嘧啶磷；12—毒虫畏；13—乙基溴硫磷；14—丙硫磷；15—乙硫磷；16—三硫磷

2-硝基苯酚、2,4-二甲基苯酚、2,4-二氯苯酚、2,6-二氯苯酚、4-氯-3-甲基苯酚、2,4,6-三氯苯酚、2,4,5-三氯苯酚、2,3,4,6-四氯苯酚、五氯酚、地乐酚。

苯酚类属于弱酸性物质，在水中易电离。结合经验并考察相关文献，为了提高苯酚类物质前处理富集效率，将待测水样（包括标线水样和污水水样）用 2mol/L 盐酸溶液调至 pH<2。考虑 SPME 纤维对 pH 的不耐受性，采用顶空萃取的方式进行富集。而顶空萃取是富集水溶液上部空气中的目标物质，所以需要提高水溶液的离子强度以增加上部空气中的待测物分配比。结合以上因素，苯酚类物质前处理条件优化为待测水样 pH 调至 2 以下，并加入（3.0±0.05)g 氯化钠，萃取温度升至 60℃，进行纤维顶空萃取。另外，苯酚类物质极性相对较大，结合实验经验及参考相关文献，考虑在使用常用纤维 PDMS/DVB 的同时，增加了更适合富集极性有机物的 PA 纤维进行富集，并对使用这两种纤维进行前处理后得到的各种苯酚类物质的响应强度进行了比较。使用提取离子法进行数据分析，结果显示使用 PA 对应的数据，响应是使用 PDMS/DVB 的 1.7～4.6 倍。考虑本次实验对检出限的要求相对不高，而对线性范围的宽度要求较高，所以结合 PDMS/DVB 的光谱性和稳定性，苯酚类实验的后续内容仍使用 PDMS/DVB 作为前处理富集纤维。

苯酚类总离子流图如图 3-3-7 所示。

15 种苯酚类浓度梯度为 5μg/L、10μg/L、20μg/L、50μg/L、100μg/L；内标为 1,4-二氯苯-D4、萘-D8、苊-D10 和菲-D10，浓度为 20μg/L，使用优化参数条件进行 SPME 前处理后使用便携 GC-MS 测定；以目标离子为提取离子，使用内标法制作的苯酚类标准曲线。除 2,3,5,6-四氯苯酚外，其他 14 种物质相关系数在 0.9935～0.9992。2,3,5,6-四氯苯酚存在色谱峰分裂的情况，推测为 2,3,5,6-四氯苯酚、2,3,4,5-四氯苯酚和 2,4,5,6-四氯苯酚三种同分异构体。苯酚、五氯酚和地乐酚响应较低，拟合方程斜率偏小。

采用实际废水进行加标回收率测试，除 2,4-二甲基苯酚和地乐酚之外，平均回收率在 56.1%～121.3%，相对标准偏差在 3.5%～33.8%。

5. 苯胺类

5 种苯胺类及联苯胺类标准溶液包括：苯胺、2-甲基苯胺、4-氯苯胺、二苯并呋喃、咔唑。

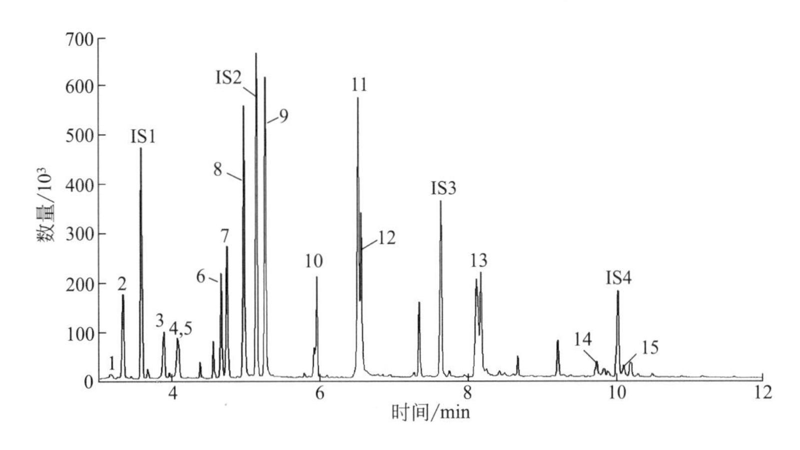

图 3-3-7 苯酚类总离子流图

1—苯酚；2—氯苯酚；IS1—1,4-二氯苯-D4；3—2-甲基苯酚；4—3-甲基苯酚；5—4-甲基苯酚；6—2-硝基苯酚；7—2,4-二甲基苯酚；8—2,4-二氯苯酚；IS2—萘-D8；9—2,6-二氯苯酚；10—4-氯-3-甲基苯酚；11—2,4,6-三氯苯酚；12—2,4,5-三氯苯酚；IS3—苊-D10；13—2,4,5,6-四氯苯酚；14—五氯酚；IS4—菲-D10；15—地乐酚

苯胺类物质前处理条件优化。苯胺类属于弱碱性物质，在水中易电离。结合经验并考察相关文献，为了提高苯胺类物质前处理富集效率，将待测水样（包括标线水样和污水水样）用 2mol/L 氢氧化钠溶液调至 pH＞10。考虑 SPME 纤维对 pH 的不耐受性，采用顶空萃取的方式进行富集。而顶空萃取是富集水溶液上部空气中的目标物质，所以需要提高水溶液的离子强度以增加上部空气中的待测物分配比。为了同时提高水溶液的 pH 和离子强度，苯酚类物质前处理条件优化为加（3±0.05）g 碳酸钠于待测水样，萃取温度升至 60℃，进行纤维顶空萃取。另外，苯胺类物质极性相对较大，结合实验经验及参考相关文献，考虑在使用常用纤维 PDMS/DVB 的同时，增加了更适合富集极性有机物的 PA 纤维进行富集，并对使用这两种纤维进行前处理后得到的各种苯胺类物质的响应强度进行了比较。使用提取离子法进行数据分析，结果显示使用 PA 对应的数据，响应是使用 PDMS/DVB 的 1.06～1.94 倍。考虑两者的富集效率差别不大，结合 PDMS/DVB 的光谱性和稳定性，苯胺类化合物的后续实验推荐使用 PDMS/DVB。

苯胺类总离子流图如图 3-3-8 所示。

5 种苯胺类浓度梯度为 5μg/L、10μg/L、20μg/L、50μg/L、100μg/L，内标为 1,4-二氯苯-D4、萘-D8、苊-D10 和菲-D10，浓度为 20μg/L，使用优化参数条件进行 SPME 前处理后使用便携 GC-MS 测定。以目标离子为提取离子，使用内标法制作的苯胺类标准曲线，相关系数在 0.9905～0.9978。取实际废水进行加标回收率测试，测得的 5 种物质平均回收率在 82.8%～108.5%，相对标准偏差为 10.1%～17.6%。

6. 硝基苯类化合物

15 种硝基苯类化合物包括：2,4-二硝基氯苯、3-硝基氯苯、4-硝基氯苯、1,2-二硝基苯、1,3-二硝基苯、1,4-二硝基苯、2,4-二硝基甲苯、2,6-二硝基甲苯、3,4-二硝基甲苯、硝基苯、2-硝基甲苯、3-硝基甲苯、4-硝基甲苯、2-硝基氯苯、2,4,6-三硝基甲苯。硝基苯类化合物总离子流图如图 3-3-9 所示。

15 种硝基苯类溶液浓度梯度为 5μg/L、10μg/L、20μg/L、50μg/L、100μg/L；内标为

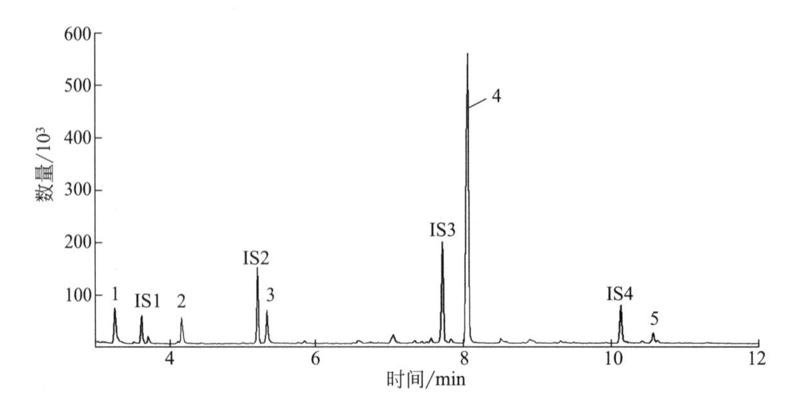

图 3-3-8　苯胺类总离子流图

1—苯胺；IS1—1,4-二氯苯-D4；2—2-甲基苯胺；IS2—萘-D8；3—4-氯苯胺；IS3—苊-D10；4—二苯并呋喃；IS4—菲-D10；5—咔唑

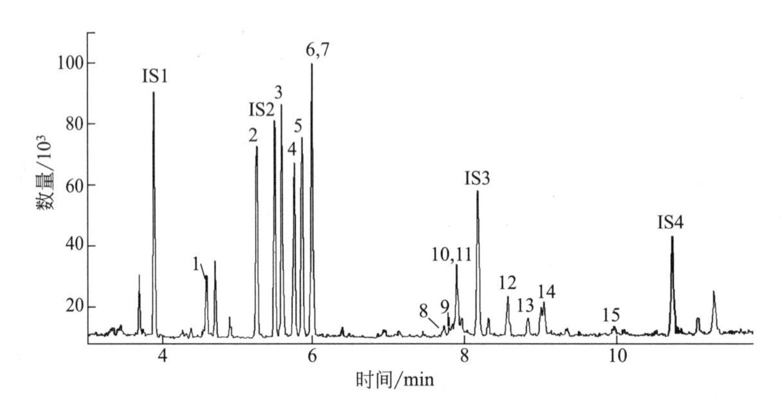

图 3-3-9　硝基苯类化合物总离子流图

IS1—1,4-二氯苯-D4；1—硝基苯；2—2-硝基甲苯；IS2—萘-D8；3—3-硝基甲苯；4—4-硝基甲苯；5—3-硝基氯苯；6—4-硝基氯苯；7—2-硝基氯苯；8—1,4-二硝基苯；9—1,3-二硝基苯；10—2,6-二硝基甲苯；11—1,2-二硝基苯；IS3—苊-D10；12—2,4-二硝基甲苯；13—2,4-二硝基氯苯；14—3,4-二硝基甲苯；15—2,4,6-三硝基甲苯；IS4—菲-D10

1,4-二氯苯-D4、萘-D8、苊-D10和菲-D10，浓度为20μg/L，使用默认参数进行SPME前处理后使用便携GC-MS测定；以目标离子为提取离子，使用内标法制作的硝基苯类标准曲线，除2,4,6-三硝基甲苯外，其他14种硝基苯类的标准曲线相关系数在0.9901～0.9994。2,4,6-三硝基甲苯的响应较低，受基线波动干扰较大，线性不符合要求。

采用实际废水进行加标回收率实验，平均回收率在58.7%～110.3%，相对偏差在3.5%～35.2%。

（三）便携式三维荧光法水中油类及难降解有机物

当发生含油废水污染的急性事件时，由于大多数油类污染物是非极性物质，与水混合会发生分离效应，当大量的含油废水泄漏时，废水从表观上会表现出分层或颜色上的某些特征，如图3-3-10所示的所采集的含油废水。因此当大量含油废水泄漏时，可通过废水的表观特征来初步判定事故废水中是否含有油类污染物。为了快速检测出事故废水中含有的是哪种油类污染物，可采用三维荧光光谱法来对其进行分析，而不同的油类污染物的三维荧光指纹图如图3-3-11所示。将实际废水的三维荧光等高线图与图3-3-11的指纹图进行对比，即

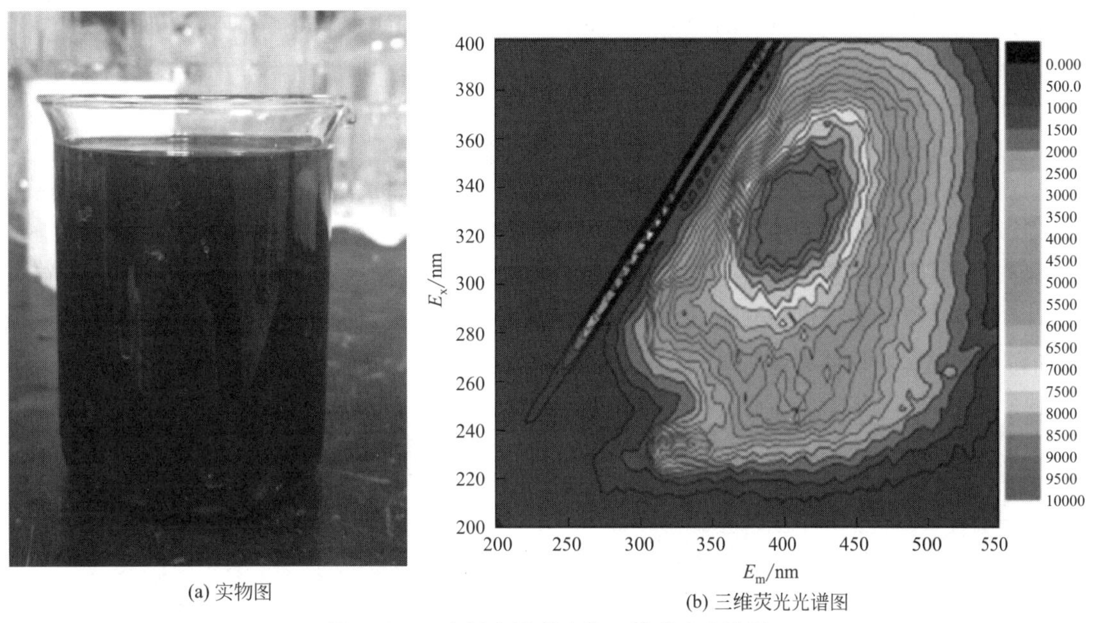

(a) 实物图

(b) 三维荧光光谱图

图 3-3-10 实际含油废水的三维荧光光谱图

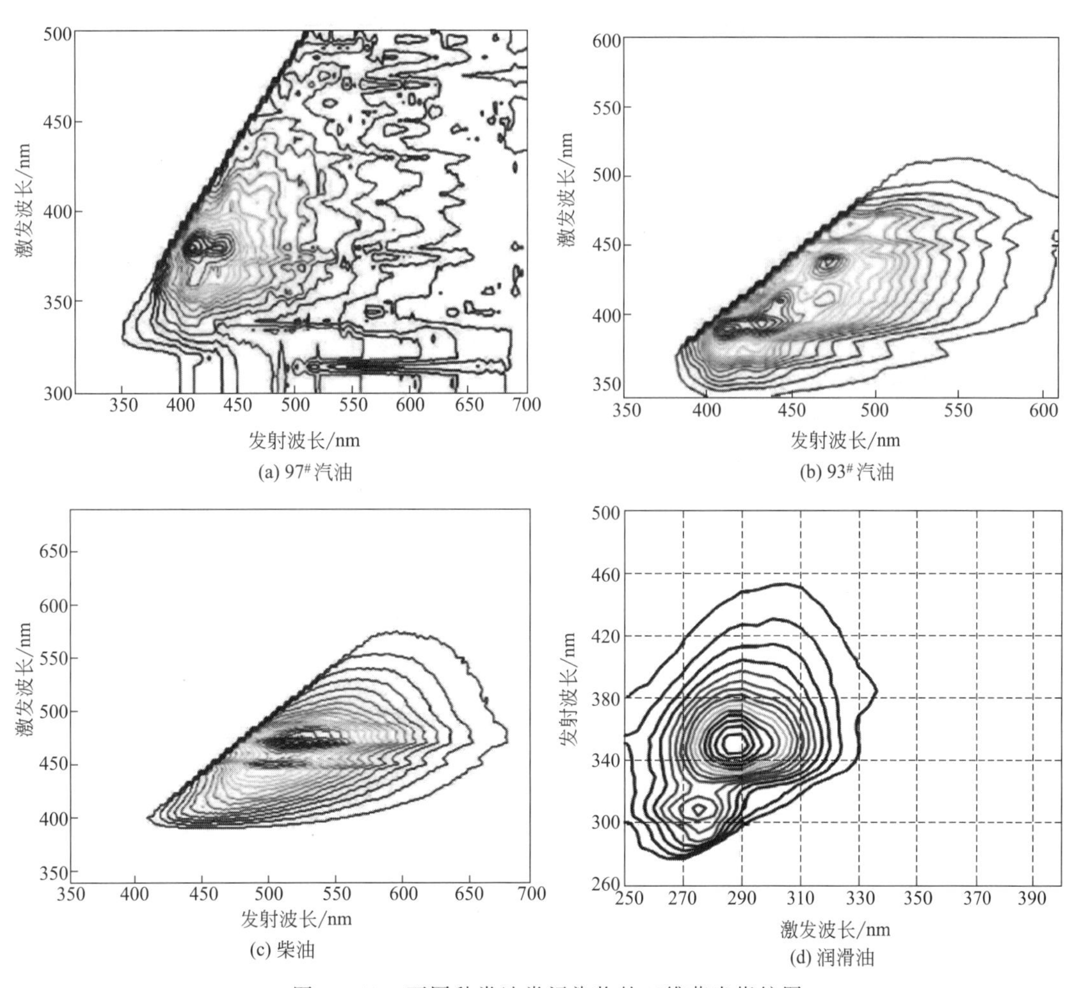

(a) $97^{\#}$汽油

(b) $93^{\#}$汽油

(c) 柴油

(d) 润滑油

图 3-3-11 不同种类油类污染物的三维荧光指纹图

可知道废水中含有几类污染物的种类。例如，对图 3-3-10(a) 采集的含油废水进行三维荧光光谱分析，结果如图 3-3-10(b) 所示，与图 3-3-11 对比可知所采集的含油废水所含有的有机类污染物主要是汽油和柴油类污染物。

通过对含多环芳烃的事故废水进行三维荧光分析，同时对纯水配制的多环芳烃进行三维荧光光谱采集，得到的三维荧光光谱进行对比，分析在不同水质的体系中，三维荧光光谱对多环芳烃快速识别分析的效果。从图 3-3-12 可以看出，废水中的油、氨氮以及盐对三维荧光分析废水中的多环芳烃干扰较小，三维荧光光谱法能够识别废水中所含的多环芳烃有机物。但三维荧光光谱法得到的是区域图，并不能区分含有哪种多环芳烃，只能够对废水中是否含有多环芳烃类有机物进行鉴别。

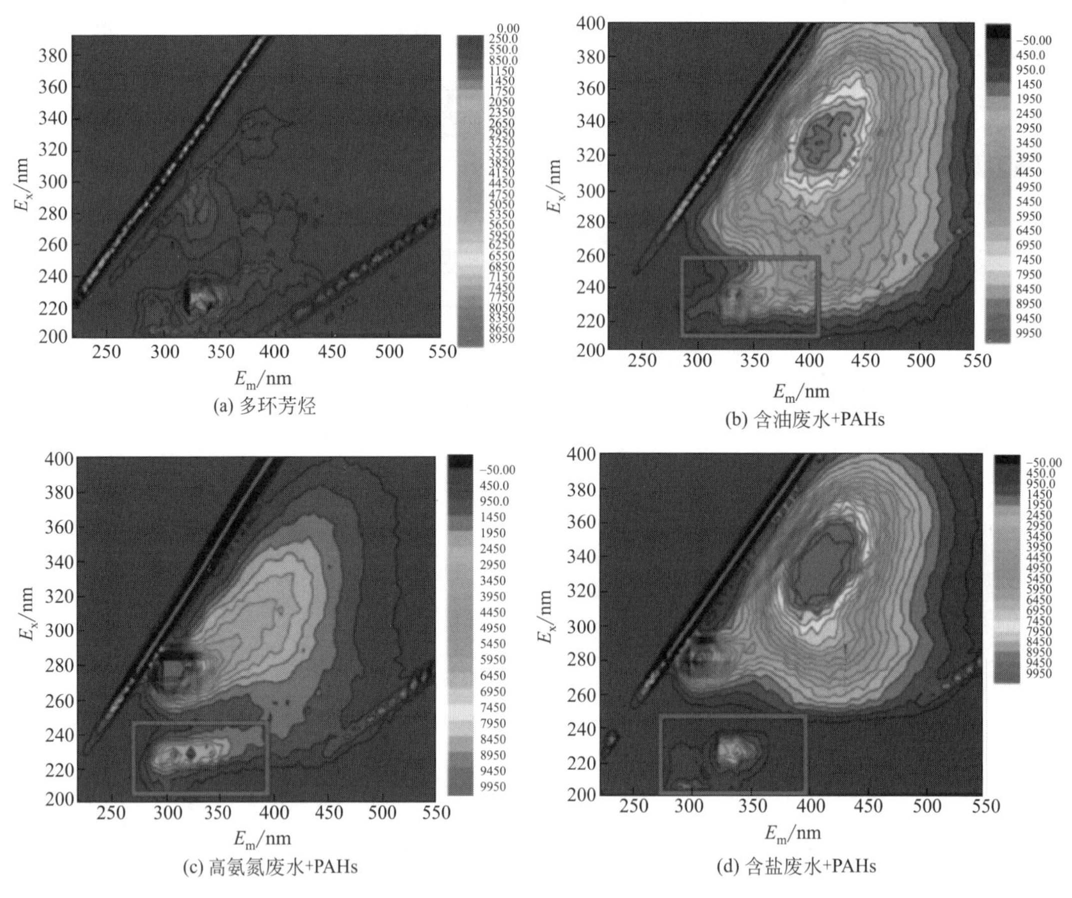

图 3-3-12　不同水质条件下含多环芳烃废水的三维荧光光谱图

（四）便携式紫外分光光度法测定水中有机物

三维荧光对废水中多环芳烃的快速检测只能对废水中是否含有多环芳烃进行初步分析，为了更进一步地鉴别废水中多环芳烃种类和浓度，需要对废水中多环芳烃采用紫外可见分光光度法进行分析。对实际废水和添加有一定浓度多环芳烃的实际废水开展紫外-可见光扫描分析后，结果如图 3-3-13 和图 3-3-14 所示，图中可以明显看出，没有添加多环芳烃的实际废水经紫外-可见光扫描后得到的曲线与含有多环芳烃标准溶液的扫描曲线对比，实际废水中不含有多环芳烃，同时溶液中的 PAHs 可以采用紫外-可见光扫描的方法进行快速分析。

但得到的紫外-可见扫描光谱重叠严重，不能用于废水中多环芳烃的定量分析，但可以通过紫外-可见吸收特征吸收曲线而定性地区分废水是否受到多环芳烃的污染。

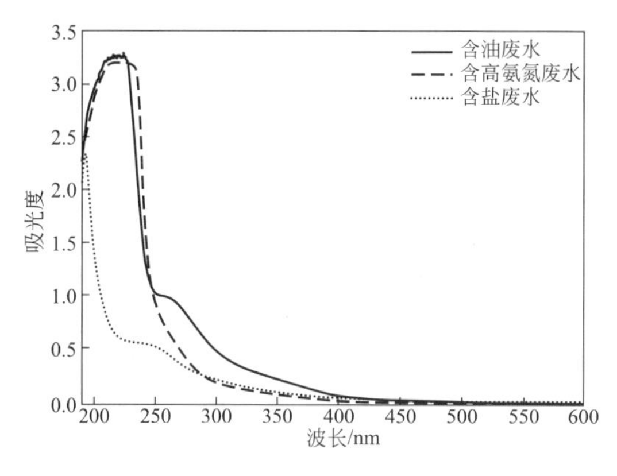

图 3-3-13 实际废水的紫外-可见光扫描吸收光谱

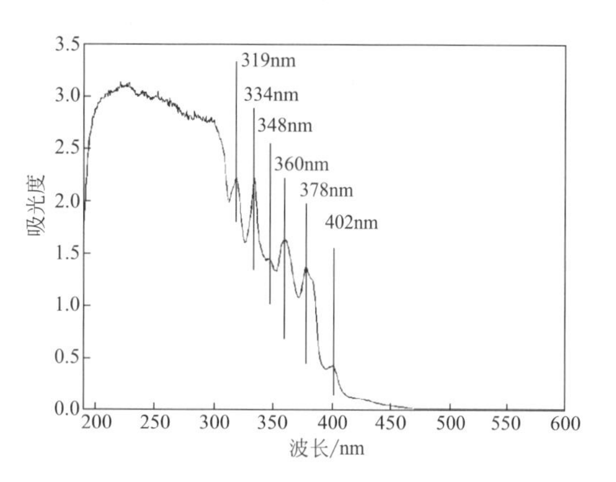

图 3-3-14 实际废水添加多环芳烃后的紫外-可见光扫描吸收光谱

研究表明采用三维荧光光谱法和紫外可见光谱法可以实现对事故废水中油类和多环芳烃有机物的快速定性检测，来鉴别废水中是否含有油类污染物和多环芳烃类有机污染物。基于废水中有机污染物的快速检测方法，还需要进一步开发针对废水中有机物准确定量的分析方法。

二、事故废水中污染物实验室精细分析方法

在对突发水污染事故现场检测的同时，为了获取更准确的污染状态数据，需要开展实验室精细分析。本部分针对滨海工业带突发水污染事故污染特征形成实验室精细分析方法，作为现场快速检测方法的补充（图 3-3-15）。

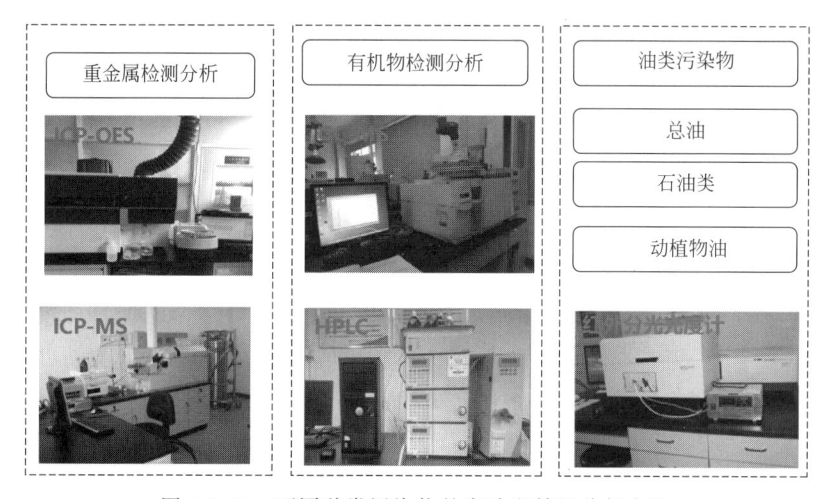

图 3-3-15 不同种类污染物的实验室精细分析方法

（一）以多环芳烃为例的有机物精细分析

研究表明，采用三维荧光可对含油废水进行快速污染物识别。紫外-可见光扫描和三维

荧光扫描技术能够快速地定性分析废水中是否含有多环芳烃。紫外-可见光扫描对多环芳烃的快速分析中，有些多环芳烃的吸收峰分离较好，但不能够确定含有的是哪种多环芳烃。采用三维荧光对废水中多环芳烃进行分析，在不同水质的条件下可以检测出多环芳烃发出的荧光峰，但不能有效地分离分析出含有哪种多环芳烃以及所含有的浓度。因此，需要进一步研究精细分析废水中多环芳烃种类和浓度的方法。

在 PAHs 测定上最常用的方法有气相色谱、气相色谱-质谱、高效液相色谱。与气相色谱比较，高效液相色谱不受 PAHs 挥发和热稳定性的限制，具有更高的灵敏度和更好的选择性，可用于分析包括气相色谱不能分析的高沸点 PAHs，分析范围很大。超高液相色谱法是分析废水中多环芳烃常用的方法，此方法采用的色谱柱分离效果好，所需时间短，再结合紫外和荧光检测器对分离的多环芳烃进行检测，可以对所有的 16 种多环芳烃进行检测分析，而且荧光检测对多环芳烃的检测限更低，可达 0.01μg/L，因此，可采用 UPLC-PDA-FD 的方法对废水中多环芳烃进行检测分析。仪器如图 3-3-16 所示。

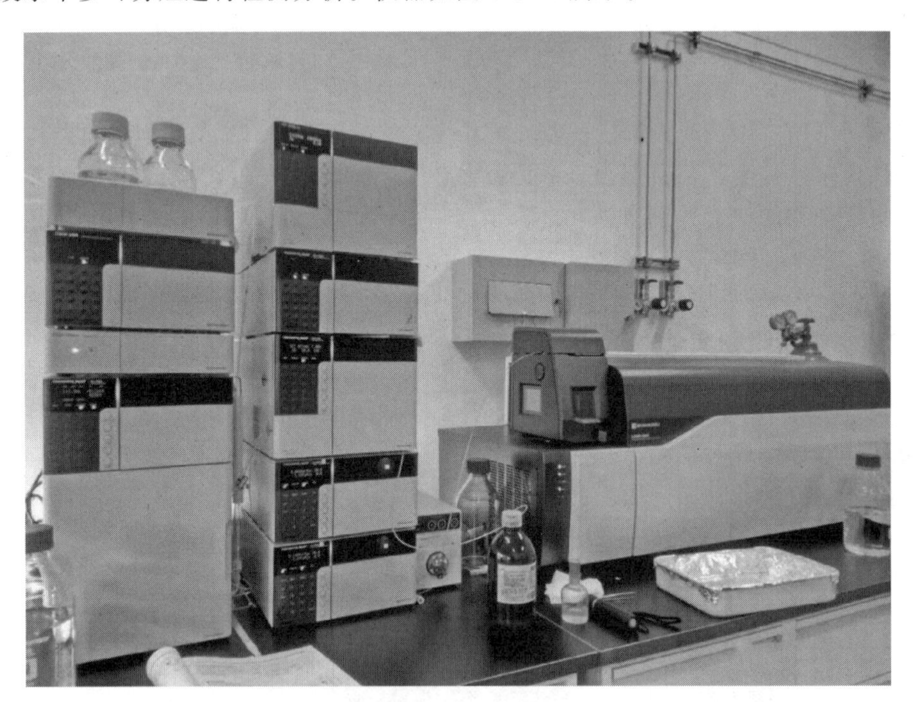

图 3-3-16　分析 PAHs 的 UPLC-PDA-FD 仪器

1. 分析方法的建立

高效液相色谱法分析多环芳烃的仪器条件为：色谱柱为专用的 PAHs 分离柱，Pinnacle @DB PAH UPLC 100mm 色谱柱，柱温为 40℃，流速为 0.3mL/min，流动相梯度洗脱程序：55%乙腈+45%水，保持 0.5min；到 3.5min 增大至 75%乙腈，到 14min 增大到 98%乙腈，而到 15min 恢复至初始的 55%乙腈。紫外检测器的波长：254nm、220nm 和 295nm；荧光检测器的波长：激发波长 λ_{ex} 为 280nm，发射波长 λ_{em} 为 340nm，20min 后 λ_{ex} 为 300nm，λ_{em} 为 400nm、430nm 和 500nm。

用以上确定的方法采用 UHLC-PDA-FD 分析标准样品，根据标准样品中不同物质的出峰强度和对应物质的标准浓度绘制成标准曲线。

通过实验由图 3-3-17 可得，通过色谱柱，可以得到良好的 PAHs 分离效果，而荧光检

测器对多环芳烃具有很高的信号响应，但是由于苊烯没有荧光效应，所以采用荧光检测器无法对苊烯进行检测分析，但苊烯具有良好的紫外吸收效应，采用紫外检测器能够很好地对苊烯进行检测分析，因而，采用高效液相色谱结合紫外和荧光检测串联的模式能够对 16 种多环芳烃进行良好的分离和检测。通过表 3-3-9 可知，采用荧光检测对 16 种多环芳烃的检出限在 0.01～0.1μg/L，而紫外检测对苊烯的检出限为 2.3μg/L。从而可知，采用高效液相色谱法紫外和荧光串联的方法，能够完全满足对水体中多环芳烃测定的要求。

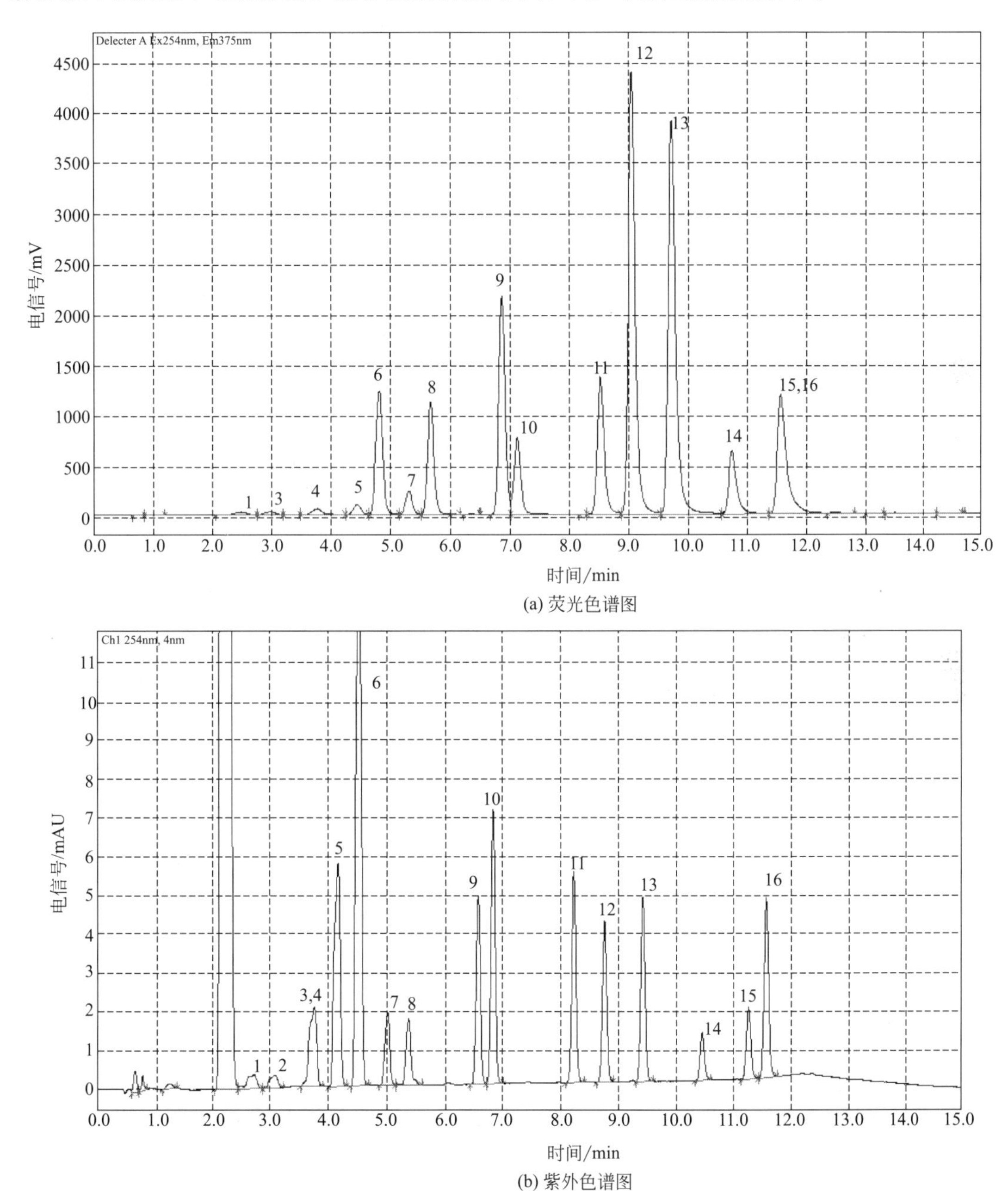

图 3-3-17　16 种 PAHs 混合标样的紫外和荧光色谱图（200μg/L）

1—Nap；2—AcPy；3—Ace；4—Flu；5—Phe；6—AnT；7—FluA；8—Pyr；9—BaA；10—Chry；11—BbF；12—BkF；13—Bap；14—DahA；15—BghiP；16—In[1,2,3-*cd*] P

表 3-3-9　16 种多环芳烃的标准曲线方程和检出限

PAHs	标准曲线方程	R^2	DL/(μg/L)
NaP	$y=41110x+151717$	0.9994	0.08
AcPy	$y=419.5x+392.34$	0.9999	2.3
Ace	$y=69316x+258493$	0.9997	0.05
Flu	$y=307352x+472205$	0.9998	0.01
Phe	$y=133287x+331173$	0.9994	0.02
AnT	$y=399746x+444190$	0.9998	0.01
FluA	$y=33823x+19615$	0.9999	0.10
Pyr	$y=199955x+216075$	0.9998	0.02
BaA	$y=189229x+170269$	0.9999	0.02
Chry	$y=149269x+129813$	0.9999	0.02
BbF	$y=30856x+24254$	0.9999	0.09
BkF	$y=242440x+228782$	0.9999	0.01
BaP	$y=207573x+59442$	0.9999	0.01
DahA	$y=80948x+79088$	0.9999	0.04
BghiP	$y=72082x+73728$	0.9999	0.05
In[1,2,3-*cd*]P	$y=223577x+183312$	0.9999	0.02

2. UHLC-PDA-FD 对实际废水中 PAHs 的分析

为了研究不同水质对其中多环芳烃检测的影响，开展了三种废水多环芳烃的加标回收率实验。三种废水加标浓度均为 2μg/L，通过分析可知，加标后三种废水均能检测出 16 种多环芳烃，且加标回收率在 53.9%～11.35%。这表明通过预处理的富集、净化一系列过程之后，废水的水质对 UPLC-PDA-FD 分析多环芳烃完全没有影响。

采用 UHLC-PDA-FD 对废水中多环芳烃的分析可知，此方法需要的时间短，每个样品只需要 15min，而 GC/MS 分析一个样品的时间则需要 30min 甚至更长，相比时间大大缩短，同时采用专用于分离多环芳烃的液相色谱柱，分离度更高，使得检测分析效果更好，结果更准确。对废水进行加标分析可知，废水的水质对分析并没有影响，加标后的 16 种多环芳烃均能检测到，这是因为预处理过程中的富集和净化程序排除了其他干扰，说明 UHLC-PDA-FD 分析方法是一种快速、简单以及精确度较高的精细分析废水中多环芳烃的方法。通过废水中多环芳烃的快速检测和精细检测分析方法研究发现，紫外-可见光扫描和三维荧光扫描可定性地分析废水中含有的多环芳烃，而超高效液相色谱-紫外-荧光检测器的分析方法可准确地分析出废水中所含有多环芳烃的种类和浓度。快速检测和精细分析相结合能够快速、准确地分析出事故废水中多环芳烃的污染情况，为应急处理提供数据支持。

（二）事故废水中重金属的精细分析

对于痕量重金属实验室采用 ICP-MS 分析，所得到的标准曲线如图 3-3-18 所示，可知在

10^{-9} 级别的浓度范围内，采用 ICP-MS 分析重金属元素所获得的标准曲线线性良好，相关系数均在 0.9 以上。同时，对于常量重金属，采用 ICP-OES 在实验室进行精细分析，得到重金属元素的标准曲线如图 3-3-19 所示，可知其线性相关性均在 0.99 以上。从而可知，采用 ICP-MS 和 ICP-OES 对废水中的重金属元素分析，能够得到良好的精确度。

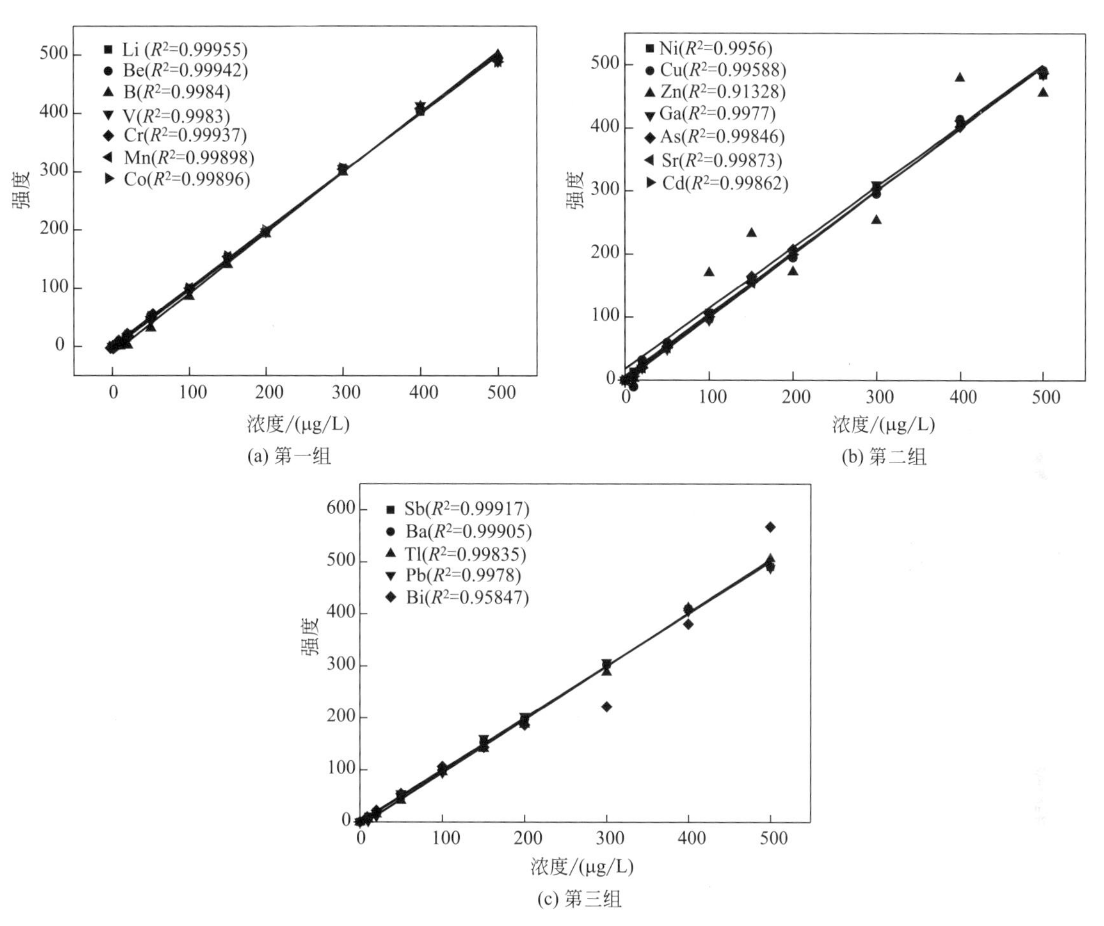

图 3-3-18 ICP-MS 分析重金属元素的标准曲线

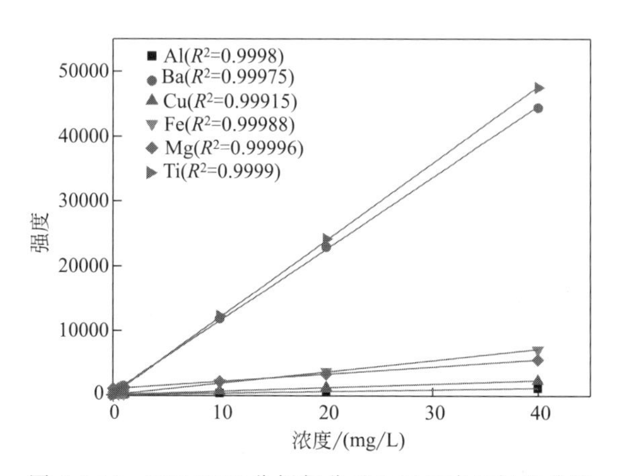

图 3-3-19 ICP-OES 分析部分重金属元素的标准曲线

对实际废水采用微波消解的预处理方式，对用实际的高含油（水样 A）、高氨氮（水样 B）和高含盐复杂废水（水样 C 配制成含 2g/L NaCl 溶液的废水）配制含有一定浓度重金属元素（5mg/L）的水样进行消解，然后采用 ICP-OES 进行测定，分析前配制含有混合重金属元素浓度为 0mg/L、1mg/L、5mg/L、10mg/L、20mg/L、40mg/L、60mg/L、100mg/L 的标准溶液用于 ICP-OES 分析重金属标准曲线的绘制。同时在实际采集的废水中添加重金属标准样品（5mg/L），微波消解后，采用 ICP-OES 分析，并对 ICP-OES 分析实际废水中重金属的加标回收率进行分析，经过检测和分析，得到的结果如表 3-3-10 所示。结果显示对采集的废水加入标准样品后经消解预处理，ICP-OES 对重金属测定的回收率为 90.8%～117.6%，这表明采用实验室的微波消解 ICP-OES 方法对实际废水中重金属进行测定具有良好的精确性。

表 3-3-10　微波消解 ICP-OES 对实际废水中重金属元素的分析

元素	含油废水			含氨氮废水			含盐废水		
	初始浓度/(mg/L)	测定浓度/(mg/L)	回收率/%	初始浓度/(mg/L)	测定浓度/(mg/L)	回收率/%	初始浓度/(mg/L)	测定浓度/(mg/L)	回收率/%
Ag	0	5.14	102.8	0	5.46	109.2	0	5.88	117.6
As	0	5.37	107.4	0	5.48	109.6	0	5.18	103.6
Ba	0	4.6	92	0	5.41	108.2	0	4.64	92.8
Bi	0	5.49	109.8	0	5.3	106	0	4.73	94.6
Cd	0	4.61	92.2	0	5.18	103.6	0	4.89	97.8
Cr	2.248	7.2	99.04	1.721	6.42	93.98	1.723	6.8	101.54
Cu	1.876	6.82	98.88	0.718	5.83	102.24	0.745	5.66	98.3
Fe	127.833	132.68	96.94	0	5.03	100.6	0	4.71	94.2
Mg	46.233	51.78	110.94	6.768	11.58	96.24	2.408	7.38	99.44
Mn	0	5.32	106.4	0	4.73	94.6	0	4.64	92.8
Ni	0	5.8	116	0	4.94	98.8	0	4.59	91.8
Pb	0	5.08	101.6	0	5.1	102	0	4.83	96.6
Sb	0	4.73	94.6	0	5.23	104.6	0	4.54	90.8
Zn	0	4.56	91.2	0	4.98	99.6	0	4.79	95.8

另外，对地表水Ⅳ标准限制分别为 0.002mg/L、0.1mg/L、0.001mg/L、0.005mg/L、0.05mg/L 和 0.05mg/L 的重金属硒、砷、镉、铅、汞和铬，采用微波消解后的 ICP-MS 分析。往实际废水中添加一定浓度的以上重金属（25μg/L），由于在实际废水中，并不存在以上重金属，从而可通过 ICP-MS 检测重金属的浓度，并通过计算回收率来评价方法对实际废水中重金属分析的精确性。分析结果见表 3-3-11，结果表明微波消解后 ICP-MS 对重金属硒、砷、镉、铅、汞和铬的加标回收率为 95.2%～103.2%，这表明实际废水经微波消解后，用 ICP-MS 进行测定，测定结果与真实值接近，准确性好。

表 3-3-11　微波消解后 ICP-MS 对实际废水中重金属的分析

元素	含油废水			含氨氮废水			含盐废水		
	初始浓度/(μg/L)	测定浓度/(μg/L)	回收率/%	初始浓度/(μg/L)	测定浓度/(μg/L)	回收率/%	初始浓度/(μg/L)	测定浓度/(μg/L)	回收率/%
Se	0	25.54	102.16	0	25.26	101.04	0	25.38	101.52
As	0	25.07	100.28	0	25.48	101.92	0	25.48	101.92
Cd	0	24.41	97.64	0	25.28	101.12	0	24.59	98.36
Cr	2248.0	2273.8	103.2	1721	1746.12	100.48	1723.0	1746.8	95.2
Pb	0	25.28	101.12	0	25.18	100.72	0	24.43	97.72
Hg	0	24.03	96.12	0	25.33	101.32	0	24.24	96.96

第四节　“天-地-水”一体化环境风险应急侦测体系集成研究

一、现场移动应急实验室研发与集成

（一）现场移动应急实验室介绍

移动应急实验室由车体、车载电源系统、车载实验平台、数据采集及传输系统、供电及照明系统、空调及通风系统、便携应急监测仪器、车载大型仪器和应急防护设施等组成。其中，车体分为中控室、仪器分析室、理化分析室三个部分（图 3-4-1）。移动应急实验室不受地点、时间、季节的限制，在突发性环境污染事故发生时可迅速进入污染现场，监测人员在应急防护设施的保护下立即开展工作，应用监测仪器在第一时间查明污染物的种类、污染程度，同时通过数据采集及传输系统及时将现场情况与相关部门进行沟通。

图 3-4-1　现场应急监测指挥中心现场照片及功能室划分

1. 基本功能

在实验室功能方面，移动应急实验室能够为检测仪器及装备提供减震抗冲击的专业运载；配备实验室用水、排水及纯水系统以及达到固定站标准的实验仪器供电条件，具备专业工作实验室能力，全面支持区域水质监测工作以及强污染环境下的监测工作和综合观测数据的处理工作。

在相关保障功能方面，移动应急实验室具有综合语音指挥与警示功能，便于监测工作的快速执行；具有空调与通风、车体支撑与平衡系统，满足野外不同条件的工作需求；同时，为便于车载固定设备维护和非固定设备的快速装卸，还配备了相应的辅助设备并为未来预想装备提供使用构架和扩展构架。

2. 实验室功能介绍

移动应急实验室配置理化实验台、实验室供排水系统、车载专用的仪器设备及试剂、样品的储存柜以及数据采集传输系统；同时，室内装饰适合实验需求，耐腐蚀、易清洗。

应急检测人员能够利用仪器分析室、理化分析室配套的实验室条件快速完成相关应急分析检测，实验室可根据需要配备多种检测仪器设备；同时，为了完成检测及部分场地侦察任务，实验室还需配备一定的实验室配套、个人防护、采样和勘察等其他辅助类别设备。应急检测人员在得到实验数据后，能够利用实验室配置的分析数据的采集及传输系统，第一时间完成检测数据的传输。

（二）现场移动应急实验室功能设计

在“天-地-水”一体化环境风险应急侦测体系构建中，将通过综合采用各类通信手段，力求做到实时获取现场环境监测和监控信息，并将这些信息即时传输到现场指挥平台和环保部门的应急指挥中心，用于决策分析，从而极大提高环境应急响应的速度。

车载现场应急监测指挥中心在作为通信指挥平台的同时也可对无人设备进行测控指挥和对无人设备搭载的环境监测任务载荷信息进行接收和处理，实现了车辆的集约化应用；应急指挥中心通过卫星接收终端和地面网络接入现场信息，实现指挥中心与应急指挥现场的联动。同时，还能够兼顾4G/5G和卫星通信两种传输方式，通常可采用4G/5G模式完成应急现场与指挥中心之间的信息传输，降低了单纯依靠指挥人车与卫星通信的实施成本。最终，应急平台以污染事故发展为主线、污染物为核心、应急监测向导为纽带，实现无人化应急监测设备、车载现场应急监测指挥中心与应急监测人员的有机整合，使监测技术集成化、运作高效化、服务智能化，为实施应急指挥供技术支持。

车载现场应急监测指挥中心主要由实时通信系统、计算机控制终端、现场监控及视频传输系统、配电系统四大系统组成，实现并满足了发生危险化学品泄漏、爆炸等重大环境污染事件时的应急指挥功能。

1. 实时通信系统设计

在危险化学品泄漏、爆炸等重大环境污染事件的事故应急处理处置过程中，通信是连接一切求援人员和设备的重要环节。应急移动平台设计配置了无线专网通信系统，实现应急指挥中心与应急移动平台之间良好的通信联系，还可以使用车载的GSM移动电话、GPS定位导航系统，扩大指挥车与各工作单元组的交流协作使用范围。该系统可以实现快速、灵活的现场指挥调度。应急移动平台在整个现场通信过程中处于咽喉地位，负责连接事故现场和远程指挥中心之间的实时通信，用以给指挥中心专家提供现场数据，并发布专家的指挥命令，所以该移动平台的通信系统的重要性不言而喻。

2.计算机控制终端设计

在重大应急处理处置工作中，计算机以其快速的运算、反应能力等优良的性能，成为贯穿整个应急处理处置工作的神经中枢。在应急移动平台中同样需要计算机终端的功能，设计配置专业车载计算机、网络交换机，已经配置的无线局域网卡和解码器，可实现现场电脑组网及资源共享，也可与指挥中心交换数据信息。另外计算机终端中安装了多款应急指挥系统软件，用于临时指挥处理处置现场。

3.现场监控及视频传输系统设计

对危险化学品泄漏、爆炸等重大环境污染事件处理处置当中，对现场的环境情况进行实时监控，可以帮助指挥中心的专家对其现场情况进行决策，因此现场监控功能尤为重要。应急移动平台设计配置了高解析、低照度车顶摄像机，用于现场环境情况的监控。操控人员可根据需要将摄像机设置在合适的高度及角度实现全天候、全方位录像和监控。另外应急移动平台还设计配置了车载气象仪，用于对事故现场的风速、风向等气象参数进行实时监测，以供指挥中心的专家做决策参考。对于现场监测到的事故图像、人员情况、气象参数等参数，准确及时地传输到指挥中心以辅助决策是至关重要的。因此应急移动平台设计配置了模拟微波收发信机、接收天线等数据传输设备，可将现场采集的图像、人员情况、气象参数等参数再回传至应急移动平台，通过液晶电视、画面分割器，可实现各路现场图像的实时监控。

4.配电系统设计

处理处置移动平台在事故现场有市电或发电车的情况下将电源引入平台，无外接电源时由平台发电机供电，强电控制柜中电源自动转换器作用是将市电电源和发电机电源自动切换，AC220V 输出口和 AC380V 输出口为平台外部设备提供电源。

二、“天-地-水”一体化环境风险应急侦测体系

环境突发事件在时间、地点、排放方式、途径、污染物种类、数量、浓度等方面难以预计，可能对环境造成严重的污染和破坏，给人民生命财产造成重大损失；同时，还存在污染水域面积大，污染现场情况复杂，应急人员无法第一时间安全进入污染区域进行水样采集，不能确定污染源头等问题，导致了仅依靠一些常规监测手段不能有效获取事故区域环境信息，无法为应急决策提供有效支撑。

“天-地-水”一体化环境风险应急侦测体系对无人化应急监测设备与现场移动应急实验室数字化集成，实现现场人员、监测设备、实验室、远端指挥中心的实时沟通与联系（图3-4-2）。无人化应急监测设备能够快速对事故区域进行侦测及采样监测并回传数据，实现第一时间安全、全面获取复杂现场的污染状态；对于一些非常规参数，可以利用现场移动应急实验室搭载具有非常规参数和特殊性能的车载仪器设备进行监测及采样，车载平台能够为现场应急检测与处置提供野外实验条件及指挥场所，以便能在一些恶劣条件下完成检测任务，保障应急监测的快速、科学、可靠。目前，“天-地-水”一体化环境风险应急侦测系统已在多个应急演练及污染事故处理过程中进行了应用，有效地提升了水污染事故应急响应能力和科学决策水平。

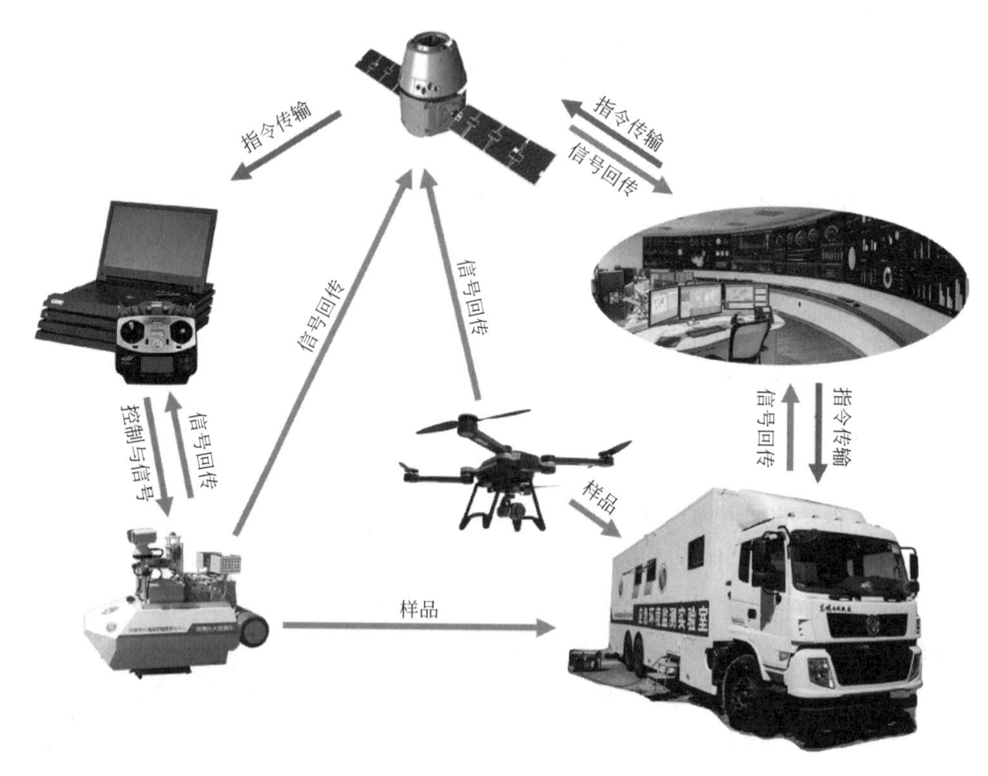

图 3-4-2 “天-地-水”一体化环境风险应急侦测系统

参考文献

[1] 侯平仁.无人多功能海事船自主航行系统研究与设计［D].武汉：武汉理工大学，2012.

[2] 张仁丹.船舶航迹控制技术研究［D].哈尔滨：哈尔滨工程大学，2010.

[3] 徐黎黎.船舶运动智能控制及其虚拟仿真的研究［D].大连：大连海事大学，2004.

[4] 刘琨.基于人工势场和蚁群算法的无人船路径规划研究［D].海口：海南大学，2016.

[5] 陈华，张新宇，姜长锋.水面无人艇路径规划研究综述［J].世界海运，2015，38（11）：30-33.

[6] 张玉奎.水面无人艇路径规划技术研究［D].哈尔滨：哈尔滨工程大学，2008.

[7] 陈洪攀.基于毫米波雷达与单目视觉融合的无人机自主避障系统［D].西安：西安电子科技大学，2018.

·第四章·

突发水污染典型事故废水应急处置技术研发与应用

突发水污染事故按照污染物的性质主要可以分为3种：①有毒有机污染物事故，如苯酚和硝基苯等的泄漏、运输事故、工厂偷排等；②重金属污染事故，如涉及Cr、Cd、As等重金属的企业废水违法超标排放等；③溢油事故，如油罐车泄漏、输油管道爆炸、油船事故等。面对国内突发性水污染事故频发的局势，亟须事先确定对特定污染物的应急处理技术，以便事故发生时能够积极应对。本书以天津滨海工业带为例，根据污染物的性质对突发水污染事故3类主要污染物（包括有毒有机污染物、重金属污染和溢油污染）的应急处理技术进行了深入研究，并提出了相应的最佳处理工艺，旨在为突发性水污染事故的应急处理技术的理论及实践提供参考。

第一节　难降解有机物废水应急处置技术工艺研究

一、目标有机物的确定

我国为了更好控制有毒污染物排放，于20世纪80年代末开展了水中优先污染物的筛选工作，水中优先控制污染物黑名单共分14类、68种污染物。天津位于海河流域下游，是我国经济社会发展的重要区域，经过多年发展形成了集石油化工、航空航天、装备制造、电子信息、生物医药、新能源新材料等一批高端产业的工业带，分布于该工业带的各工业园区所涉及的原材料、中间产物、产品和废弃物种类繁多、数量巨大，不仅包括各种基础化学品、有机中间体、精细化学品和高分子化合物，如乙烯、苯系物、醇类、醛类、酚类、卤代物、硝基化合物、医药中间体、农药、石油助剂与添加剂、催化剂、合成纤维、合成橡胶等有机物，还包括氰化物，铅、镉、汞、铬等重金属化合物和硝酸盐、磷酸盐等营养盐等无机物。经统计得到的滨海工业带有毒难降解的有机物且储量最大的物质见表4-1-1。

表 4-1-1　天津滨海工业带主要有毒难降解有机物

污染物种类	主要品种	最大存在总量/t
苯系物	苯、乙苯、二甲苯、甲苯	320903
多环芳烃类	萘	239805
挥发性卤代烃类	氯仿、二氯乙烷、三氯乙烯	134353
酚类	苯酚	29512
丙烯腈类	丙烯腈	22242
苯胺类	苯胺	2254
氯代苯类	氯苯、邻二氯苯、对二氯苯	342
硝基苯类	硝基苯、硝基氯苯、对硝基苯	264

参考《生活饮用水卫生标准》（GB 5749—2022）中国水中优先控制污染物黑名单，结合表 4-1-1 我们确定了目标有机物主要为 8 类、32 种，分别为酚类（苯酚、邻硝基酚、间硝基酚、对苯二酚、间苯二酚）、多环芳烃（萘、芴、菲、苯并［a］芘）、苯系物（邻二甲苯、苯、甲苯、对二甲苯、乙苯）、苯胺类（苯胺、间硝基苯胺、对硝基苯胺、邻硝基苯胺）、丙烯腈、硝基苯类（2,4,6-三硝基甲苯、对硝基苯、硝基苯、硝基氯苯）、氯苯类（1,2,4-三氯苯、邻二氯苯、氯苯、对二氯苯）、卤代烃（氯仿、三氯甲烷、三氯乙烷、三氯乙烯、四氯化碳）。

二、单一药剂对难降解有机物的去除研究

由于大多数突发性有机污染物都可以通过投加某种药剂的方式快速处理，如投加粉末活性炭等吸附剂，预氧化用氯、二氧化氯、高锰酸盐复合药剂等氧化剂，酸、碱等 pH 调节剂，各种混凝剂、助凝剂等，而且药剂投加设施具有投资小、易于实现、适用范围广等优点，所以应对突发性水污染的首选工艺是处理药剂的投加。结合本书污染源的性质和应急处理技术要求，适用于去除研究对象的药剂主要有吸附剂、絮凝剂和氧化剂等药剂。其中吸附剂主要有活性炭、膨润土和沸石等；絮凝剂有硫酸铝、氯化铁、聚合硫酸铁等；氧化剂有含氯氧化剂如次氯酸钠和二氧化氯；芬顿氧化剂以及类芬顿氧化剂如过硫酸盐、过氧化钙、过碳酸钙等；高锰酸钾等氧化剂。分别对不同的有机物利用不同的单一药剂进行去除，实验结果如下。

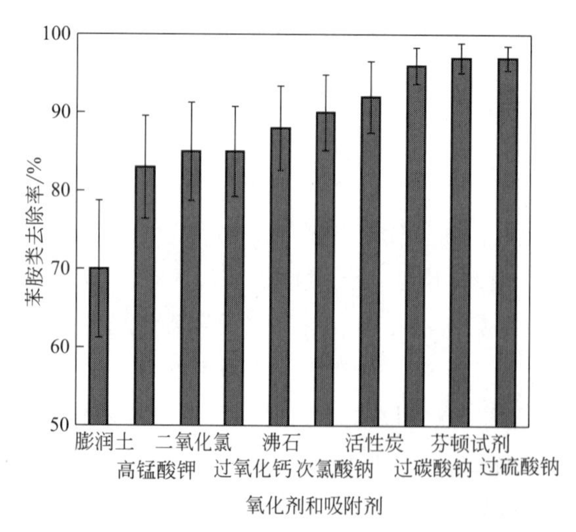

图 4-1-1　不同氧化剂和吸附剂对苯胺类化合物的去除

① 对于苯胺类化合物，不同氧化剂和吸附剂等对其去除效率见图 4-1-1，其最佳去除药剂为类芬顿氧化剂和活性炭吸附剂，实验得出当苯胺浓度为 10mg/L、Fe^{2+} 和 $Na_2S_2O_8$ 投加量分别为 1.12g/L 和 1.90g/L 时，苯胺可以被完全去除，且在酸性条件下有利于苯胺的去除。其中除了过氧化钙

效果较差外，其他三种类芬顿氧化剂对苯胺去除效果均在95%以上，这可能是由于过氧化钙的投加易造成水体的pH升高（pH>11），导致过氧化钙产生的过氧化氢的量减少以及硫酸亚铁的铁离子形成沉淀，实际应用中要结合实际废水的酸碱性对过氧化钙进行处理，如在强酸性废水中，可以通过添加过氧化钙来达到中和及氧化的目的。

不同粒度的粉末活性炭对苯胺的去除率有明显的差异，随着活性炭粒度的减小，活性炭对苯胺的去除率呈明显的上升趋势，但在应急处理过程中，还应考虑粒度对后续工艺的影响，尤其当活性炭粒度大于300目时，其难以沉淀而且容易穿透滤池，从而影响出水水质。本书得出对100mL浓度为100mg/L的苯胺，活性炭投加量0.2g、反应时间30min、pH为2.5时吸附效果最好，去除率约为90%。实际应急水处理中，也可以采用投加更为经济的次氯酸钠氧化去除，虽然去除率较前两种方法低（去除率约为92%），但其投加量为10mL/L，在经济上更为可行。

② 对于氯苯类化合物，不同氧化剂和吸附剂等对其去除效率见图4-1-2，其最佳去除药剂为次氯酸钠和活性炭。并且发现在酸性条件下，次氯酸钠的氧化还原电位高，其氧化能力强，对氯苯类化合物的去除率越高。对初始浓度为20mg/L的氯苯类化合物进行投加实验，当次氯酸钠投加量为12mL/L时，氯苯类化合物的平均去除率可达95%。氯苯类化合物在水中的存在形态对其受活性炭吸附的影响很大，在应急过程中，应保持活性炭对氯苯类化合物的吸附的pH环境不小于5，这样可以充分发挥活性炭对其的吸附性能，实验发现对100mL浓度为20mg/L的氯苯类化合物，活性炭投加量25mg、反应时间30min、pH为7时去除率约为91%，在实际废水处理过程中可以与常规处理工艺联用对氯苯类化合物进行去除。

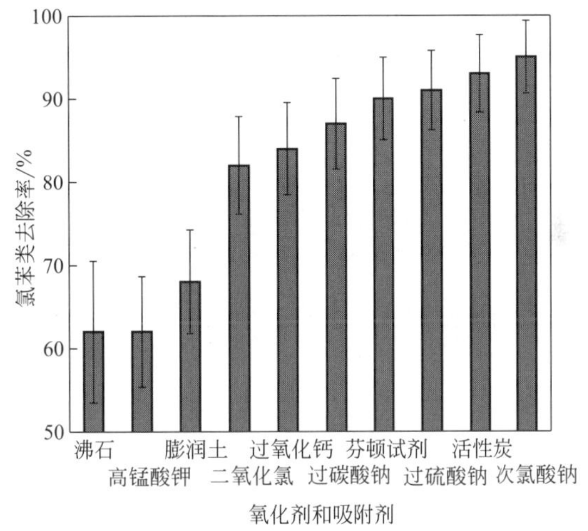

图4-1-2　不同氧化剂和吸附剂对氯苯类化合物的去除

③ 对于酚类化合物，不同氧化剂和吸附剂等对其去除效率见图4-1-3，其最佳去除药剂为活性炭吸附剂和芬顿氧化剂。实验发现当酚类初始浓度为20mg/L时，Fe^{2+}浓度为100mg/L、n(酚类)∶$n(H_2O_2)$∶$n(Fe^{2+})$=100∶10∶1、pH=3时，对5种酚类的平均去除率可达到93%。当活性炭投加量为100mg/L、振荡反应时间40min时，对初始浓度为20mg/L的不同酚类化合物平均去除率为94%。且发现邻硝基酚和间硝基酚的吸附量和吸附速度显著大于苯酚。这可能是由于硝基是吸电子基，在苯环上引入吸电子基能大大提高酚类化合物在活性炭上的吸附

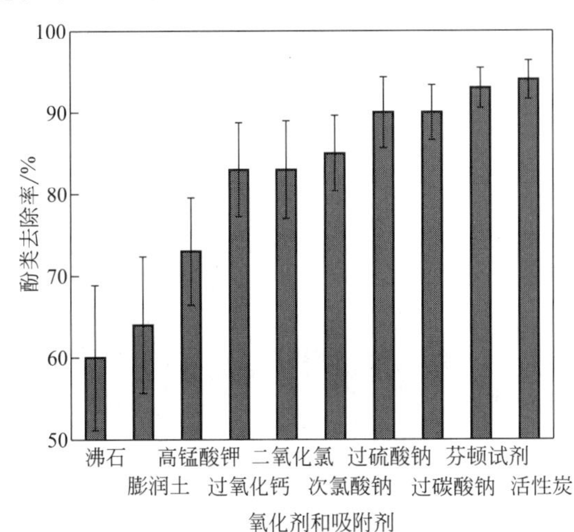

图4-1-3　不同氧化剂和吸附剂对酚类化合物的去除

量，而且邻位的影响大于间位；羟基是给电子基，说明引入给电子基降低酚类吸附量，而且间位的影响大于对位，对吸附量的影响按邻位、间位、对位依次减小。所以对苯二酚、间苯二酚的吸附量小于苯酚，吸附速度也依次减小。

膨润土对酚类吸附效率有限，而且实验发现膨润土投加量较大，且不易沉降，膨润土层间阳离子比较容易发生水化，使得膨润土的表面通常覆盖着一层很薄的水膜，对污染物的吸附形成一定的阻力，因而降低了对疏水性有机污染物的吸附性能。同样沸石也不适合应急处理，这是由于其特殊的硅氧结构，外部的阳离子易水解等特性，导致了对有机物的吸附不理想，研究发现对沸石进行改性，可提高对有机物和阴离子的吸附，而且沸石的物理吸附性比较单一，沸石的孔径多在 1nm 以下，但是每种的沸石的孔径又不太一样，因此每种沸石的吸附对象与吸附总量并不相同，在实际应用中可以加入多种粒径的沸石。

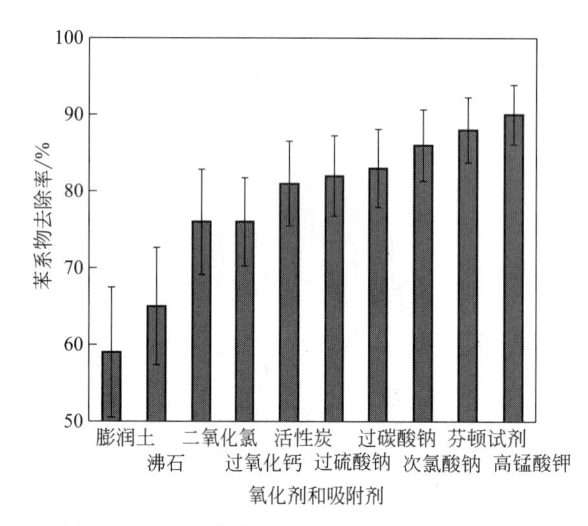

图 4-1-4 不同氧化剂和吸附剂对苯系物的去除

④ 对于苯系物，不同氧化剂和吸附剂等对其去除效率见图 4-1-4，其最佳去除药剂为高锰酸钾和芬顿氧化剂。实验发现高锰酸钾对苯系物具有很强的去除能力，苯系物初始浓度为 10mg/L、高锰酸钾投加量为 2.2mg/L 时，最优条件下去除率可达 90%。这可能是由于高锰酸钾不仅具有较强的氧化能力，同时其分解后最终产物 MnO_2 沉降物呈絮状，具有较大的表面积和独特的表面化学特性，所以有着优良的吸附和氧化效能。对于芬顿氧化去除苯系物，需要注意的是过量投加氧化剂（如过氧化氢和过硫酸盐）或活化剂（如 Fe^{2+}）会导致生成的过量的自由基之间相互猝灭，反而导致去除率降低。实验得出配水中 C(苯系物)∶$C(FeSO_4)$∶$C(H_2O_2)$=1∶2∶1 为最佳投加量，反应 10min 后对苯系物的平均去除率为 88%。实际应急处理中由于所含基质不同，需根据实际废水水质情况实验得出其最优投加量。

⑤ 对丙烯腈，不同氧化剂和吸附剂等对其去除效率见图 4-1-5，其最佳去除药剂为过硫酸钠和次氯酸钠。丙烯腈由于分子结构带有 C═C 双键及—CN 键，所以其化学性质较为活泼，可以发生加成、聚合、氰基化及氰乙基化等反应。实验中发现当丙烯腈初始浓度为 250mg/L，投加 400mg/L Fe^{2+}、400mg/L 过硫酸钠，其去除效率最高，可达到 88%左右；投加 15mL/L 的次氯酸钠后丙烯腈可去除 92%，且随着 pH 的降低，次氯酸钠对丙烯腈的去除效率提高。

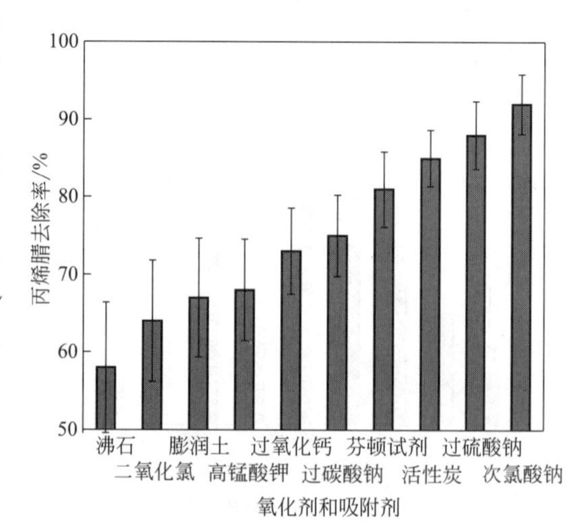

图 4-1-5 不同氧化剂和吸附剂对丙烯腈的去除

⑥ 对硝基苯类有机物的去除，不同氧

化剂和吸附剂等对其去除效率见图 4-1-6，其最佳去除药剂为活性炭。实验发现，通过氧化去除硝基苯效率较低，这可能由于硝基苯中的—NO_2 是吸电子基团，它会降低苯环上的电子云密度，使得氧化剂很难进攻苯环，难以形成芳香自由基，从而使得氧化反应速率变慢，导致硝基苯的去除率较低。当硝基苯类化合物初始浓度为 150mg/L，活性炭投加量与硝基苯浓度比为 20∶1 时，2,4,6-三硝基甲苯、硝基苯、硝基氯苯和对硝基苯的去除率分别为 93.31%、95.21%、97.22% 和 97.71%，可有效降解硝基苯类化合物。之前在松花江水系突发的硝基苯污染事件中，通过利用活性炭吸附技术对硝基苯进行了有效去除。

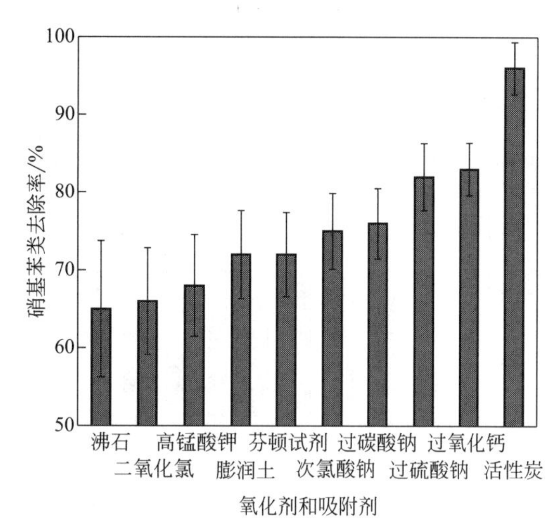

图 4-1-6　不同氧化剂和吸附剂对硝基苯类的去除

⑦ 对于多环芳烃，不同氧化剂和吸附剂等对其去除效率见图 4-1-7，其最佳去除药剂为芬顿氧化剂和活性炭吸附剂。实验发现对于 2 个苯环的萘，其氧化去除效果较差，去除率约为 80%，这可能是由于萘具有较强的芳香性，使得它更易于发生亲电取代反应，而不是加成或氧化反应，而对于具有 3 个、4 个乃至更多苯环的多环芳烃如芴、菲和苯并［a］芘等的去除效果反而较好，可达到 90% 以上。

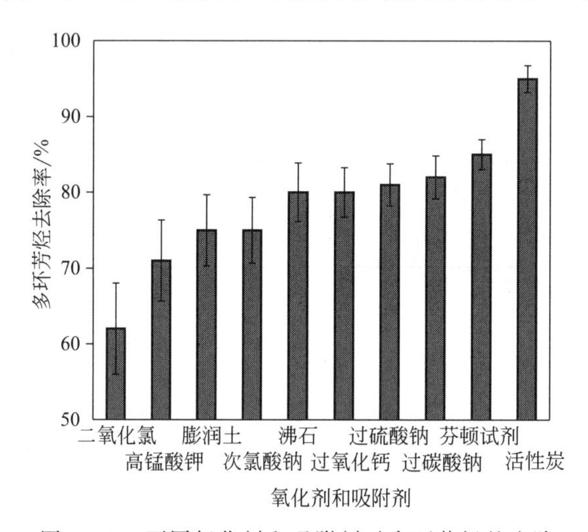

图 4-1-7　不同氧化剂和吸附剂对多环芳烃的去除

实验得出对于初始浓度为 5mg/L 的 4 种多环芳烃萘、芴、菲和苯并［a］芘的最佳降解条件：萘的最佳去除条件是 pH 值为 3.5、Fe^{2+} 浓度为 35mg/L、H_2O_2 浓度为 250mg/L；芴的最佳去除条件是 pH 值为 3.5、Fe^{2+} 浓度为 40mg/L、H_2O_2 浓度为 200mg/L；菲的最佳去除条件是 pH 值为 4、Fe^{2+} 浓度为 40mg/L、H_2O_2 浓度为 250mg/L；苯并［a］芘的最佳去除条件是 pH 值为 3、Fe^{2+} 浓度为 30mg/L、H_2O_2 浓度为 200mg/L。对由正交试验得到的 4 种处理多环芳烃的条件进一步筛选，得到：pH 值为 3.5、Fe^{2+} 浓度为 40mg/L、H_2O_2 浓度为 200mg/L 时的条件作为同时处理多种多环芳烃的最终条件。对于较难去除的多环芳烃化合物（如萘），可以采用和活性炭吸附联合去除。一般来讲，苯环呈直线排列的多环芳烃如蒽、丁省（又名并四苯）、戊省（又名并五苯）等在化学性质上要活泼得多，它们的反应活性随着苯环的增多而增强，到环数达 7 个的庚省，化学性质就非常活泼。同时随着多环芳烃的分子量增大，活性炭对其吸附量也随之增大，但活性炭的投加量也需要加大。研究得出初始浓度为 5mg/L 的 4 种多环芳烃萘、芴、菲和苯并［a］芘的平均吸附量约为 200mg/g，投加浓度为 30mg/L 的活性炭去除率

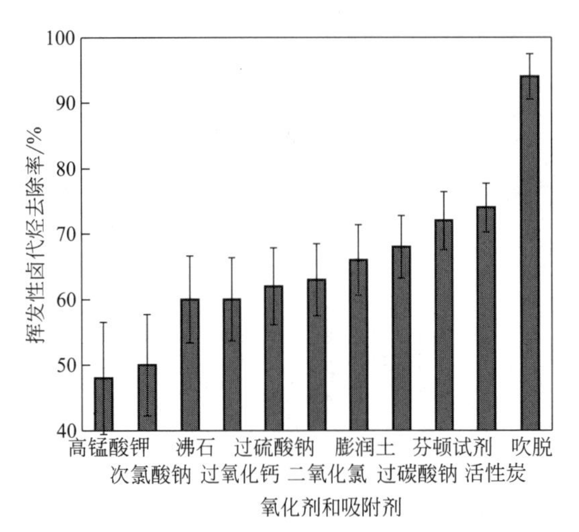

图 4-1-8　不同氧化剂和吸附剂对挥发性卤代烃的去除

约为 95%。

⑧对于挥发性卤代烃，不同氧化剂和吸附剂等对其去除效率见图 4-1-8。由于挥发性卤代烃大部分为饱和烃，不含有官能团，通常这类化合物的氧化很困难，而且容易生成有毒的卤代副产物，所以不考虑采用化学氧化去除。实验发现，活性炭投加量为 0.8g/L 时，三氯甲烷、三氯乙烷、三氯乙烯和四氯化碳的去除率分别为 47.57%、46.23%、57.62%和 81.33%，活性炭对挥发性卤代烃吸附较为困难，这是由于卤代烃一般是极性较强、分子量较小的物质，难以被弱极性的活性炭从水相中吸附分离出来，但对分子量较大的四氯化碳去除率较高。由于卤代烃挥发性好，卤代烃实际废水的处理可以采用加热蒸发或吹脱方法来进行去除。在气水比为 30∶1 时，四氯化碳、三氯乙烷和三氯乙烯能够基本完全去除，三氯甲烷去除率为 82.1%，继续加大曝气量可对其进行完全去除。

为了进一步研究不同有机物在实际废水中的去除效率，取天津某污水厂进水为背景水体，添加不同有机物进行研究，表 4-1-2 为所取水样化学指标。

表 4-1-2　实际废水水质参数

指标	COD/(mg/L)	TN/(mg/L)	TP/(mg/L)	NH_3-N/(mg/L)	pH	浊度/(mg/L)
数值	320	80	5.9	80	7.8	48

图 4-1-9 为不同有机物在实际废水中的降解情况，表 4-1-3 为不同有机物在不同的单一药剂去除时的最优去除率，相比于配水中难降解有机物的去除率，实际废水中的有机物去除率明显降低，这可能是由于实际废水中含有大量有机物和阴离子，可能会严重影响废水中目标有机物的降解效果。而且类芬顿氧化法、含氯氧化剂主要与化学污染物的双键、杂环结构等反应，而实际废水中通常含有大量有机物，它们同样具有易于与氧化剂发生反应的官能团。因此废水中有机物和阴离子可能会严重影响目标有机物的降解效果，需要进一步探究其对有机物的影响效果和作用机理。

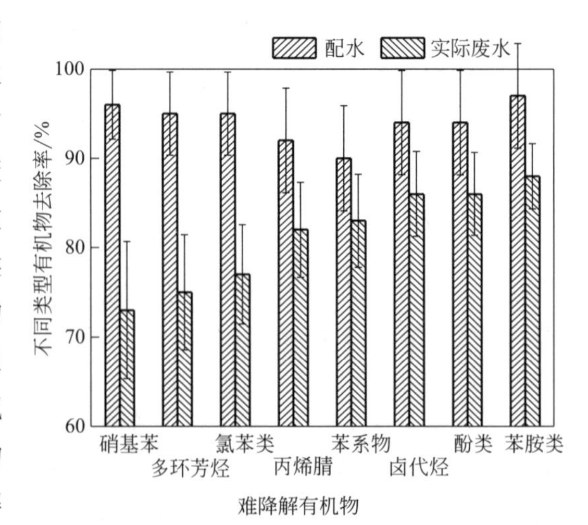

图 4-1-9　不同类难降解有机物在配水和实际废水中的最佳去除率

表 4-1-3 单一药剂对难降解有机物的最佳去除率

难降解有机物	最佳去除率/%																					
	芬顿		高锰酸钾		次氯酸钠		过碳酸钠		过硫酸钠		过氧化钙		二氧化氯		活性炭		膨润土		沸石		吹脱	
酚类 (C_0=20mg/L)	**93**	86	**78**	67	**85**	73	**90**	72	**90**	84	**75**	64	**83**	68	**94**	78	**64**	58	**60**	55	—	—
多环芳烃 (C_0=5mg/L)	**85**	76	**71**	55	**75**	68	**82**	71	**81**	76	**80**	73	**62**	45	**95**	67	**75**	36	**80**	38	—	—
苯系物 (C_0=10mg/L)	**88**	81	**90**	85	**86**	74	**83**	75	**82**	71	**76**	69	**76**	65	**81**	73	**59**	41	**65**	46	—	—
苯胺类 (C_0=100mg/L)	**97**	72	**83**	69	**90**	76	**96**	63	**97**	85	**85**	40	**85**	68	**92**	75	**70**	53	**88**	64	—	—
丙烯腈 (C_0=250mg/L)	**81**	76	**68**	56	**92**	66	**75**	71	**88**	76	**73**	65	**64**	52	**85**	74	**67**	63	**58**	52	—	—
硝基苯类 (C_0=150mg/L)	**72**	53	**68**	55	**75**	63	**76**	64	**82**	74	**83**	72	**66**	57	**96**	78	**72**	56	**65**	52	—	—
氯苯类 (C_0=20mg/L)	**90**	82	**62**	54	**95**	84	**87**	75	**91**	81	**84**	81	**82**	73	**93**	57	**68**	53	**62**	59	—	—
挥发性卤代烃 (C_0=12mg/L)	**72**	63	**48**	42	**50**	53	**68**	54	**62**	56	**60**	55	**63**	59	**74**	63	**66**	62	**60**	53	**94**	85

注：加粗表示配水实验，未加粗表示实际废水实验。

三、复合药剂对难降解有机物的去除研究

通过对上述几类有机物处理实验的研究，表明不同氧化剂和吸附剂能有效处理难降解有机物，但也存在单一药剂去除药剂量投加较大和单一投加难以完全处理达标的问题，而且实际废水中可能存在多种目标物，难以通过单一药剂完全达标去除。为此我们进一步对复合药剂处理难降解有机物进行了研究，主要针对处理难降解有机物的复合药剂的开发和投加方式的优化，如复合药剂的投加顺序、反应时间、溶液 pH 和复合药剂投加量，以期得到一种技术上有效、经济上可行的处理方案，为应急废水的处理奠定良好的基础。

1. 复合药剂投加顺序对目标有机物去除的影响

复合药剂的投加顺序对有机物的去除有很大影响。实验以单一药剂难以去除达标的邻二甲苯（初始浓度 10mg/L）为例，投加高锰酸盐和聚合氯化铝复合药剂。选择了高锰酸盐（PPC）与混凝剂聚合氯化铝（PAC）的几种投加方式：A 为单独投加 PPC；B 为 PPC＋20min＋PAC；C 为 PPC＋5min＋PAC；D 为 PPC＋PAC；E 为 PAC＋PPC。其中，D 为 PPC 和 PAC 同时投加，E 为 PPC 在混凝剂后投加，即在混凝过程中混凝剂投加快速混凝 1min 后，投加一定量的 PPC 进行缓慢搅拌，其中 PAC 的浓度为 60mg/L。图 4-1-10 为不同投加方式时有机物的去除率。

由图 4-1-10 中可以看出，在 PAC 投量和混凝条件一致的情况下，PPC 在混凝剂前投加或与混凝剂同时投加均能提高出水水质，而在混凝剂后投加 PPC 的效果要低于单独投加混凝剂的效果。综合考虑，沉淀后水中浊度和有机物的去除效果顺序为：B＞C＞D＞A＞E。

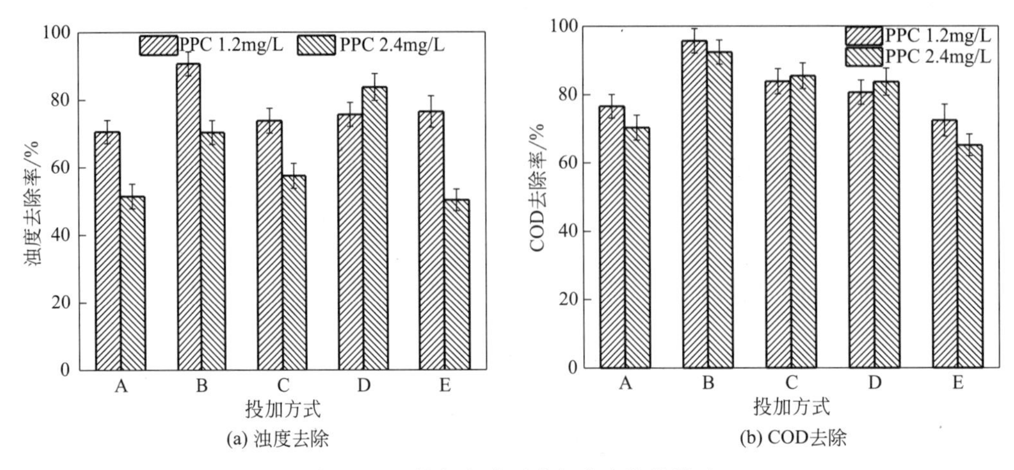

图 4-1-10　投加方式对有机物去除的影响

实验结果表明，PPC 在混凝剂前投加出水水质最优，预氧化时间的延长（在一定预氧化时间范围内）有利于 PPC 强化混凝工艺去除有机物和颗粒物。这主要是由于在混凝剂前进行投加 PPC，能够有效地与颗粒表面的有机物反应，破坏胶体表面的有机物涂层，起到压缩双电荷的作用，因此提高了混凝工艺的效果。

而 PPC 在混凝剂后投加则出现了沉淀后水中浊度等指标的升高，这主要是因为部分 PPC 的还原产物新生态 MnO_2 的颗粒较小且具有丰富的表面羟基，由于是在 PAC 后投加，部分 MnO_2 没有成为混凝剂的絮凝核心，而成为了新的胶体颗粒，另外 MnO_2 已存在于体系中，混凝剂（及其初期水解产物）也将与其发生吸附、络合反应并消耗混凝剂，从而降低处理效果，增加了沉后水的浊度。

2. 复合药剂反应时间的确定

由图 4-1-11 可以看出，PPC 在 1.2mg/L 投量下，不同预氧化时间内对混凝工艺去除浊度和有机物的规律大致是相同的。有机物和浊度的去除随时间呈抛物线状变化，在开始阶段随预氧化时间（0～15min）的延长而出水浊度和有机物含量逐渐降低，到 15min 时，达到最低，当预氧化时间超过 15min 后，发现出水中浊度和有机物含量呈上升趋势。由此可知，

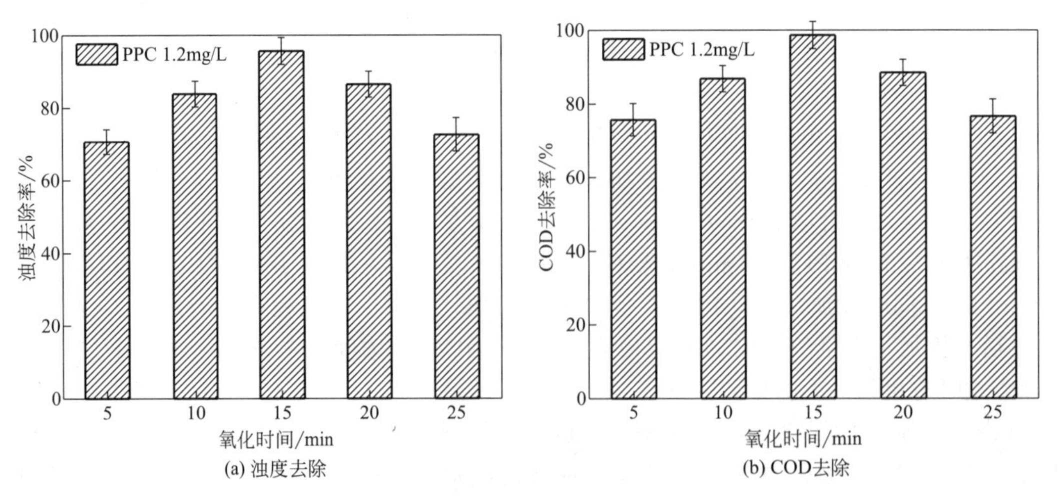

图 4-1-11　不同氧化时间对浊度和 COD 的影响

并非 PPC 预氧化时间越长越有利于混凝，而是存在一个最佳预氧化时间段。

这可能有以下两方面原因：一方面，PPC 氧化是选择性的不完全氧化的过程，在氧化过程中 PPC 将选择性地进攻破坏水中的 C ═C、C ═O 等电子云密度较高的官能团，进而将其氧化为—COO—等亲水性较强的基团，引起原水中有机物亲水性增强，影响了混凝效果；另一方面，过早投加 PPC 进行预氧化，其还原生成的 MnO_2 彼此发生聚合，其比表面积大大降低，去除污染物的能力也大为降低。此外，MnO_2 具有丰富的表面羟基，与水中有机物发生表面络合作用，并在氢键作用下与原水中有机物聚合，这样 MnO_2 表面同时也覆盖了有机涂层，随着对有机物的吸附，自身成为了新的胶体颗粒，因此会增加沉后水的浊度和有机物含量。

3. 溶液 pH 对复合药剂去除目标有机物的影响

实验发现，高锰酸钾在通常的给水处理条件下（中性）难以发挥很强的去除有机物能力。为此，配制不同初始浓度的水样，需考察不同水样 pH 条件下 PPC 对不同浓度目标有机物的氧化去除效果。

如图 4-1-12 所示，在中性条件下，PPC 对邻二甲苯去除效果最佳。这可能是因为 PPC 中的核心成分高锰酸钾在中性条件下对目标物进行氧化的特有中间产物是新生态水合二氧化锰，其具有巨大的比表面积和很高的活性，能够通过催化氧化和吸附等作用提高对水中有机物的去除效果。原水由中性逐渐转为酸性时，新生态水合二氧化锰的催化氧化和吸附作用逐渐变弱，当到达 pH＝6.5 时，其作用已经很小，目标物的去除率达到了极小值，跨越了 pH＝6.5 之后，由于原水酸性增强，使 PPC 呈现出很强的氧化性能，目标有机物的去除率又呈上升趋势。当原水由中性转向碱性时，PPC 的氧化性能变差。

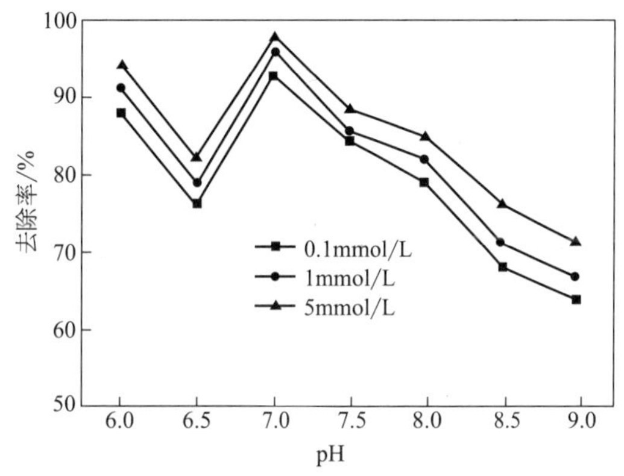

图 4-1-12　不同 pH 对复合药剂对 COD 去除率的影响

4. 复合药剂投加量对目标有机物去除的影响

实验考察了 PPC 在不同投量下强化混凝工艺的去除效果。分别投加 0mg/L、1.0mg/L、2.0mg/L、3.0mg/L 的 PPC 进行颗粒的沉降速度实验和 0mg/L、0.6mg/L、1.2mg/L、1.8mg/L、2.4mg/L 的 PPC 去除色度的研究。在慢搅 10min 后，从烧杯中距液面 6cm 处，每隔一定时间，取水样测定浊度。实验研究表明，静置沉淀 3min 时，混凝工艺对颗粒的去除率达到了 50%以上，PPC 投量为 0mL 时的颗粒去除率为 55.11%；PPC 投量为 1.0mg/L、2.0mg/L 和 3.0mg/L 时，混凝工艺在 3min 时的颗粒去除率分别增加到了 63.01%、67.1% 和 68.35%。15min 时，混凝工艺对颗粒的去除率达到 80%以上，PPC 投量为 0mg/L 时混凝工艺对颗粒去除率为 83.35%，而 PPC 投量为 1.0mg/L、2.0mg/L 和 3.0mg/L 时，混凝工艺在 15min 时的颗粒去除率分别增加到 87.95%、90.51%和 90.28%。

图 4-1-13 为 PPC 投量对 COD 去除效果的影响。由图可知，投加一定量的 PPC 进行预氧化能够提高混凝工艺对 COD 的去除效果。混凝剂投量为 60mg/L 时，在 PPC 投量为 1.2～2.4mg/L 时混凝工艺出水 COD 最低；当 PPC 投量为 3.0mg/L 时，COD 的去除率反而降低。同时，过量投加 PPC 导致沉后水中色度升高。原因主要有两方面：一方面，过多

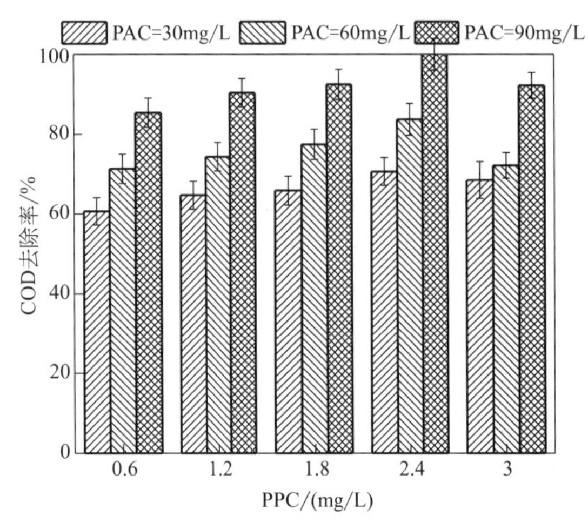

图 4-1-13 高锰酸盐投量对 COD 去除的影响

的 MnO_2 颗粒粒径极小，均匀分布在水中，表现为原水色度的升高；另一方面，剩余的 PPC 具有一定的色度，增加了沉后水的色度。综上所述，PPC 的最佳投加量为 1.2～2.4mg/L。

综上所述，通过静态试验确定了高锰酸盐的最佳投加方式：高锰酸盐应在混凝剂前添加，预氧化时间为 15min，最佳投加量为 1.2～2.4mg/L。

5. 组合工艺对难降解有机物的去除研究

由以上结论可知，复合药剂在最佳投加方式下可有效提高对有机物的降解效率，实验进一步结合不同有机物的最优去除技术，确定其在不同组合工艺下的出水效果，得出不同有机物的最佳工艺组合参数，见表 4-1-4。

表 4-1-4 不同有机物的最佳去除工艺

目标物	浓度/(mg/L)	组合方式	药剂投加量	反应时间/min	pH	去除率/%
酚类	20	混凝＋芬顿氧化	PFS＝500mg/L；$FeSO_4\cdot7H_2O$＝100mg/L；H_2O_2＝120mg/L	20→15	pH＝5	99
多环芳烃	5	芬顿氧化＋活性炭吸附	$FeSO_4\cdot7H_2O$＝30mg/L；H_2O_2＝50mg/L；AC＝50mg/L	20→30	pH＝3～5	99
苯系物	10	高锰酸钾氧化＋混凝	PPC＝2.4mg/L；PAC＝60mg/L	15→10	pH＝7	100
苯胺类	100	过硫酸钠氧化＋活性炭吸附	$FeSO_4\cdot7H_2O$＝100mg/L；PS＝400mg/L；AC＝2000mg/L	15→30	pH＝5	100
丙烯腈	250	次氯酸钠氧化＋活性炭吸附	NaClO＝15mL/L；AC＝200mg/L	30→20	pH＝5	98
硝基苯	150	混凝＋活性炭吸附	PFS＝120mg/L；AC＝2000mg/L	20→30	pH＝7	99
氯苯类	20	混凝＋次氯酸钠氧化	PAC＝200mg/L；NaClO＝12mL/L	15→30	pH＝6	99
卤代烃	12	混凝＋吹脱＋活性炭吸附	PAC＝100mg/L；水气比为 20∶1；AC＝100mg/L	15→40→20	pH＝6～8	100

四、复合自由基对难降解有机物去除的机制研究

高级氧化技术（AOPs）可产生高度反应活性物质（如·OH、SO_4^-·和 Cl·），是相比于传统处理有毒难降解有机物技术（包括吸附、沉淀、混凝/絮凝和砂滤）的最有效的化学氧化技术之一。过硫酸钠（PS）由于其价格适中，稳定性高，惰性和无害的最终产品（SO_4^{2-}），溶解度高以及它在常温下呈固体，便于运输和存储，成为一种有广泛应用

前景的 SO_4^- · 和 · OH 来源。过硫酸钠的氧化活性会受到多种因素影响，除了过硫酸钠和 Fe^{2+} 投加量会对其活性有重要影响外，在实际应用中，由于废水的成分复杂，pH 变化范围大，而且含有多种阴离子和有机物，这都可能会猝灭过硫酸钠产生的 SO_4^- · 和 · OH，导致氧化强度的降低，限制了过硫酸盐高级氧化技术在实际废水中的应用。深入研究不同因素对过硫酸盐的氧化活性的影响对实际应急处理工程有机废水处理有深刻的指导意义。

苯胺是一种液态有机化合物，常被用于制造各种产品，它是一种持久性污染物，世界多国都将其列为优先污染物。目前有不少报道研究了不同因素对过硫酸盐氧化有机污染物的影响，但关于氧化降解苯胺的研究报道还很少，不过也有一些类似的研究成果，但结论却不尽相同，甚至相反，例如 Xie 等研究发现在通过热活化过硫酸盐降解苯胺时，pH 在碱性条件下去除率较高，但 Hussian 等发现通过 Fe^0 活化过硫酸盐降解苯胺时，在酸性条件下去除率较高。Li 等发现在过硫酸钠氧化苯酚过程中，氯离子存在时能够促进苯酚的去除，Chen 等同样发现加入氯离子会促进偶氮染料的降解，但 Miao 等发现氯离子的存在会抑制热活化过硫酸盐对阿替洛尔的降解。针对不同类型的目标污染物，背景成分对其降解影响不尽相同，对于硫酸亚铁催化过硫酸盐过程中，这些离子和其他有机物对苯胺去除的影响仍需要进一步实验论证。

1.过硫酸钠浓度对苯胺去除率的影响

氧化剂用量是污染物降解的重要影响因素，同时也是评估处理技术经济性的重要指标。在苯胺浓度为 0.1mmol/L、Fe^{2+} 浓度为 2mmol/L 时，考察过硫酸钠（PS）浓度在 0～10mmol/L 变化时对苯胺降解率的影响，实验结果如图 4-1-14 所示。从图中可以看出，PS 浓度为 0～8mmol/L 时，随着过硫酸盐的浓度升高，苯胺的去除率随之升高，在投加量为 8mmol/L 时苯胺能够完全去除，但继续增大投加量，当 PS 浓度为 10mmol/L 时，苯胺的去除率反而有所下降。由此可见，适当的过硫酸盐有助于苯胺的去除，但是过量的过硫酸盐会与苯胺发生竞争反应，消耗溶液中的自由基。因此，对于苯胺的去除，过硫酸盐最佳浓度为 8mmol/L。

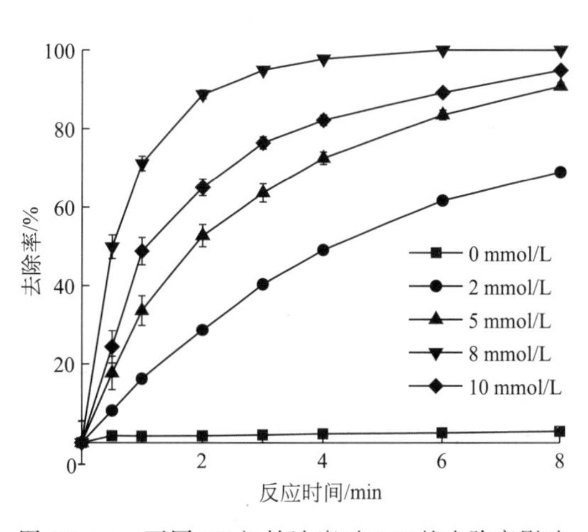

图 4-1-14　不同 PS 初始浓度对 AN 的去除率影响

$$SO_4^- \cdot + S_2O_8^{2-} \longrightarrow S_2O_8^- \cdot + SO_4^- \cdot \tag{4-1-1}$$

$$\cdot OH + S_2O_8^{2-} \longrightarrow S_2O_8^- \cdot + OH^- \tag{4-1-2}$$

图 4-1-15 为在不同 PS 浓度下，添加 · OH 猝灭剂 TBA(叔丁醇) 后 AN(苯胺) 去除率的变化结果。对图 4-1-14 和图 4-1-15，不同浓度 PS 下降解 AN 的反应进行一级降解动力学拟合，反应速率常数如表 4-1-5 所示。由表 4-1-5 可知，Fe^{2+}/PS 体系对 AN 的降解符合一级降解动力学，且当 PS 浓度为 2mmol/L、5mmol/L、8mmol/L、10mmol/L 时，AN 的反应速率系数分别为 $1.7\times10^{-3}min^{-1}$、$149.5\times10^{-3}min^{-1}$、$291.7\times10^{-3}min^{-1}$、$924.2\times10^{-3}min^{-1}$ 和 $353.7\times10^{-3}min^{-1}$，可以看出 PS 投加量为 8mmol/L 时反应速率最快。由表

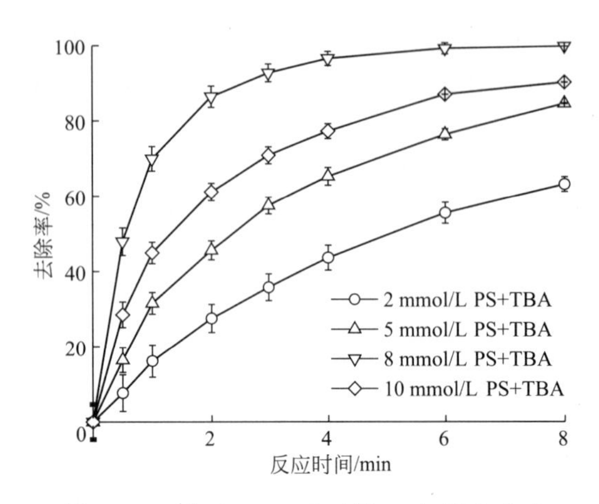

图 4-1-15 加入 TBA 后不同 PS 初始浓度对 AN 的去除率影响

4-1-5 可以计算得出，SO_4^- · 对 AN 的降解贡献占比约为 80%，说明在 Fe^{2+}/PS 体系降解 AN 的过程中，SO_4^- · 起主要作用。

利用表 4-1-5 中所得的数值和稳态自由基的估算方法，可以得到不同 PS 浓度下自由基的生成量（图 4-1-16）。由图 4-1-16 可以得出，当 PS 浓度为 8mmol/L 时，SO_4^- · 和 · OH 的浓度最高，分别为 16.45×10^{-13} mmol/L 和 7.14×10^{-13} mmol/L。一般来说，· OH 容易通过去氢或加成的方式参与反应。相反，SO_4^- · 氧化目标物主要是通过电子转移的方式，并倾向于攻击目标物的富电子部分。因此，氨基作为供电子基团更容易受到 SO_4^- · 的攻击。此外，SO_4^- · 氧化还原电位高达 2.5～3.1V，比 · OH(1.8～2.7V) 氧化能力强。

表 4-1-5 不同 PS 初始浓度下 AN 降解的动力学分析结果

PS 初始浓度/(mmol/L)	k_{app}/min^{-1}	R^2	PS 初始浓度/(mmol/L)	k_{app}/min^{-1}	R^2
0	0.0017	0.998	8	0.9242	0.996
2	0.1495	0.993	8①	0.7279	0.998
2①	0.1250	0.992	10	0.3537	0.996
5	0.2917	0.996	10①	0.2832	0.997
5①	0.2156	0.997			

①表示在反应中添加 TBA。

在实际废水的应急处理中，不能过量地投加氧化剂，要根据实际情况进行确定，否则不仅会造成药剂浪费和出水氧化性太高，同时也会导致有机物去除率降低。同时，还需要注意的是，在过硫酸盐氧化有机物过程中可能会生成过量的 SO_4^{2-}，有研究者为了降低 SO_4^{2-} 带来的二次污染做了相关的研究。CASSIDY 等利用水体中微生物硫酸盐还原菌(SRB)，还原 PS 生成的 SO_4^{2-} 得到 H_2S，可有效降低 SO_4^{2-} 的二次污染风险。

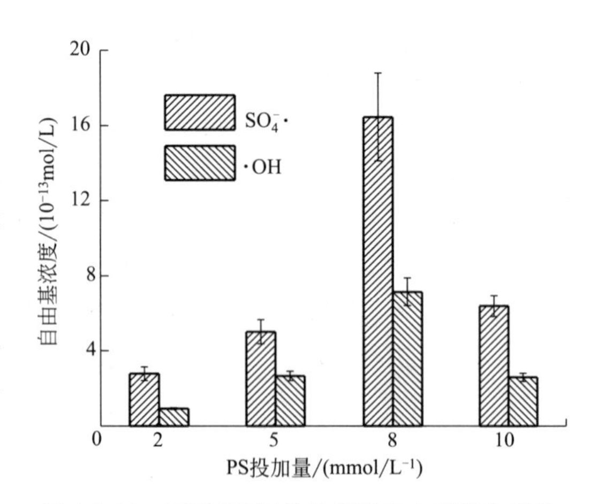

图 4-1-16 不同 PS 初始浓度时自由基的生成量

2. 不同 Fe^{2+} 浓度对苯胺去除率的影响

单独的 $S_2O_8^{2-}$ 无法有效活化产生强氧化性的 SO_4^- ·，故而处理效果较差；而单独的 Fe^{2+} 虽能依靠混凝起到一定的有机物去除作用，但相对于 Fe^{2+}/$S_2O_8^{2-}$ 体系效果一般；而在 Fe^{2+}/$S_2O_8^{2-}$ 体系中，Fe^{2+} 催化 $S_2O_8^{2-}$ 发生类芬顿试剂氧化反应，快速产生具有强氧化性的 SO_4^- · [式(4-1-3)]，从而能够氧化去

除废水中的有机物，并分解其中的难降解有机物，使废水的可生化性大幅度提高，为后续深度处理创造了良好条件。

Fe^{2+}是催化过硫酸盐产生的主要因素，对有机污染物的去除有明显影响，能够活化PS产生具有强氧化能力的$SO_4^-\cdot$，从而使苯胺得到降解，因此有必要研究Fe^{2+}浓度对降解反应的影响。在苯胺初始浓度为0.1mmol/L，PS浓度为8mmol/L时，体系中Fe^{2+}浓度对苯胺的降解率如图4-1-17所示，反应5min后随着Fe^{2+}浓度的升高，苯胺的去除率也逐渐升高，而当Fe^{2+}浓度超过4mmol/L时，苯胺的降解率没有提高反而有所下降。由此可见，过高浓度的Fe^{2+}会对苯胺的降解起到抑制作用，这与Wang等利用Fe^{2+}活化PS氧化甲氧苄氨嘧啶的实验现象类似。其主要原因是，过量的Fe^{2+}会与生成的$SO_4^-\cdot$和$\cdot OH$发生式(4-1-4)和式(4-1-5)的反应，从而增加了自由基的消耗，抑制了苯胺的降解。而且，Fe^{2+}反应迅速，浓度会迅速降低，大多数Fe^{2+}会在几分钟内转化为Fe^{3+}。因此，如何在反应溶液中长期保持一定量的Fe^{2+}是其实际应用的关键技术。

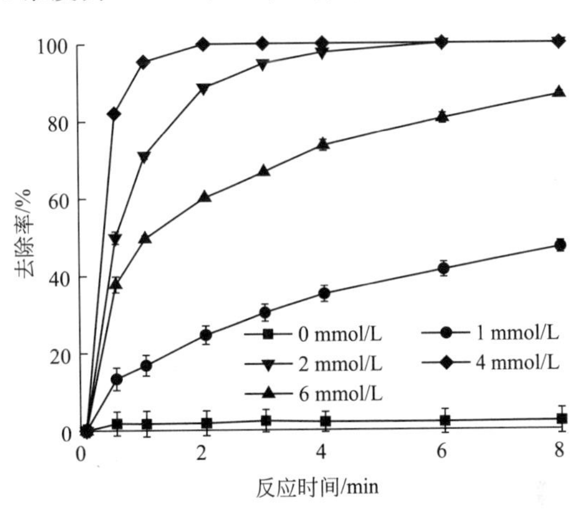

图4-1-17　Fe^{2+}浓度对苯胺降解的影响

通过使用合适的络合剂，Fe^{2+}的浓度在pH为中性时也能得到很好的控制。例如，Dong等发现在Fe^{2+}/PS体系中加入络合剂后可以提高降解对碘帕醇的降解效率。此外，由于过量的Fe^{2+}也会引起溶液色度的增加，因此本实验选取最佳投加Fe^{2+}浓度为4mmol/L。

$$Fe^{2+}+S_2O_8^{2-} \longrightarrow Fe^{3+}+SO_4^-\cdot+SO_4^{2-} \quad (4\text{-}1\text{-}3)$$

$$Fe^{2+}+SO_4^-\cdot \longrightarrow Fe^{3+}+SO_4^{2-} \quad (4\text{-}1\text{-}4)$$

$$Fe^{2+}+\cdot OH \longrightarrow Fe^{3+}+OH^- \quad (4\text{-}1\text{-}5)$$

3.初始pH对苯胺去除率的影响

溶液pH对活化过硫酸盐过程中目标物的氧化具有复杂而重要的影响，因为pH会影响反应活性自由基的生成及污染物的形态。为了避免加入缓冲液（如PBS）的其他离子对降解过程产生干扰，所以在本实验利用NaOH和H_2SO_4溶液调节pH。在苯胺浓度为0.1mmol/L，PS浓度为8mmol/L和$FeSO_4\cdot 7H_2O$浓度为4mmol/L条件下，不同初始pH对苯胺降解的影响如图4-1-18所示。图中pH＝2.5为溶液的初始pH，未对其pH进行调节。由图中可知酸性条件较碱性和中性条件下更有利于苯胺的去除。这可能是由于以下原因造成的：

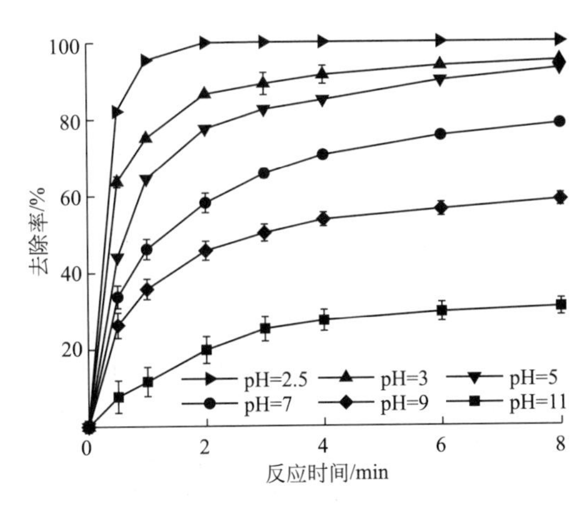

图4-1-18　初始pH对苯胺降解率的影响

① 由于当溶液的pH＞4.0时，会有

Fe^{3+}形成，Fe^{3+}的氢氧化物通过活化过硫酸盐产生硫酸根自由基的效率很低，式(4-1-6)～式(4-1-8)说明了Fe^{3+}的氢氧化物形成过程。

② 由于形成Fe^{2+}的复合物会抑制活化过硫酸盐，因此会导致Fe^{2+}催化剂的活性较低，所以产生的自由基较少，导致苯胺的去除率较低，见式(4-1-9)。

③ 在高pH下碱可以活化过硫酸盐生成硫酸根自由基［式(4-1-10)］。但在碱性条件下，$SO_4^- \cdot$会与OH^-反应生成$\cdot OH$［式(4-1-11)］，但$\cdot OH$由于阴离子（如SO_4^{2-}）的存在其活性会受到抑制［式(4-1-12)］。

④ 根据能斯特（Nernst）方程，$SO_4^- \cdot$在酸性条件下氧化还原电位较高，这可能有助于反应速率常数（k_{obs}）的提高。随着pH的增加，k_{obs}的降低可能是由于$SO_4^- \cdot$和$\cdot OH$的不同浓度和它们氧化能力的差异。由于在Fe^{2+}/PS体系中，pH＜7时以$SO_4^- \cdot$为主；在中性条件下$SO_4^- \cdot$和$\cdot OH$同时存在；在高pH时（如12）以$\cdot OH$为主，而$\cdot OH$之间会发生反应，导致$\cdot OH$浓度降低致使体系氧化性能降低。

实验中发现不添加硫酸亚铁时，随溶液pH升高，苯胺去除率逐渐升高，说明碱可以活化过硫酸盐，这可能是由于生成了超氧游离基（$O_2^- \cdot$）和单线态氧（$^1O_2$），但去除率较硫酸亚铁催化的活性弱，在pH为11时去除率为66.6%，Rickman等同样发现碱催化效率较低。

$$Fe^{3+}+H_2O \longrightarrow FeOH^{2+}+H^+ \quad k=4.7\times10^3 L/(mol \cdot s) \tag{4-1-6}$$

$$Fe^{3+}+H_2O \longrightarrow Fe(OH)^{2+}+H^+ \quad k=4.7\times10^3 L/(mol \cdot s) \tag{4-1-7}$$

$$Fe^{3+}+2H_2O \longrightarrow Fe(OH)_2^+ +2H^+ \quad k=1.1\times10^7 L/(mol \cdot s) \tag{4-1-8}$$

$$Fe^{2+}+H_2O \longrightarrow FeOH^+ +H^+ \quad k=1.9s^{-1} \tag{4-1-9}$$

$$2S_2O_8^{2-}+2H_2O \longrightarrow 3SO_4^{2-}+SO_4^- \cdot +O_2^- \cdot +4H^+ \tag{4-1-10}$$

$$SO_4^- \cdot +OH^- \longrightarrow SO_4^{2-}+\cdot OH \quad k=7.0\times10^7 L/(mol \cdot s) \tag{4-1-11}$$

$$SO_4^- \cdot + \cdot OH \longrightarrow HSO_4^- +\frac{1}{2}O_2 \tag{4-1-12}$$

$$\cdot OH+OH^- \longrightarrow O^- +H_2O \quad k=1.2\times10^{10} L/(mol \cdot s)(\text{碱性 pH}) \tag{4-1-13}$$

值得注意的是，我们发现，当不添加Fe^{2+}时，不同pH下PS仍可以氧化去除AN，不同pH下AN的去除率见图4-1-19。由图4-1-19可知，随溶液pH的升高，AN去除率随之逐渐升高，在pH为11时去除率最高，去除率为66.6%。这表明碱性条件可以活化PS，但碱性条件活化PS去除AN的效率较Fe^{2+}活化PS低。朱杰等利用碱活化PS对水中氯苯进行去除，当pH＝10.28时，反应5h后氯苯的去除率为53.75%。Qi等同样发现，碱活化过一硫酸盐（PMS）能够有效地去除水中有机污染物，如酸性橙7、苯酚、对氯苯酚、双酚A和磺胺甲噁唑等，并通过添加猝灭剂［TBA、MeOH（甲醇）、叠氮化物和对位苯醌］和ESR实验得出反应中起主要作用的是超氧游离基（$O_2^- \cdot$）和单线态氧（$^1O_2$）。Li等在利用过硫酸盐降解苯酚过程中发现，碱性条件（pH＝9.0）下较中性条件（pH＝7.4）和酸性条件（pH＝2.7）下

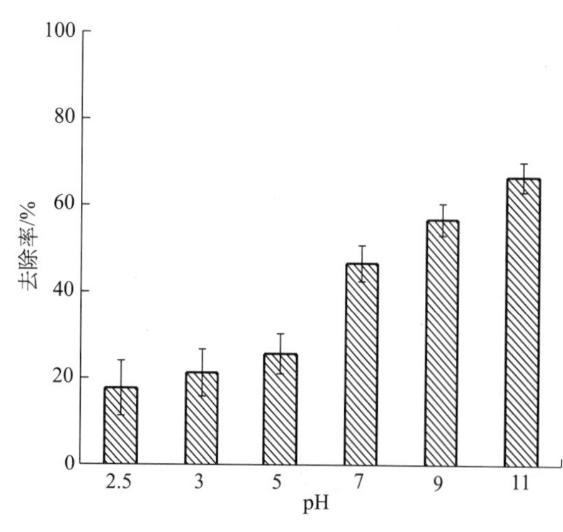

图4-1-19　不加Fe^{2+}时不同pH下苯胺的降解率

的去除率高，并通过 EPR 分析得出起主要作用的是单线态氧（$^1O_2$）。葛勇建等的研究表明，在 NaOH 活化 PMS 氧化水中环丙沙星时，超氧游离基（O_2^- ·）和单线态氧（$^1O_2$）是主要的活性氧物种，而并非是 SO_4^- ·与·OH。可见，碱性条件下之所以可以促进 PS 降解有机物，可能是由于反应过程中生成了 O_2^- ·和$^1O_2$。

在实际废水处理应用中，当水体的 pH 较高时，可不投加 Fe^{2+} 而直接投加过硫酸盐处理有机废水。例如在造纸、化工、纺织、食品和石化等许多工业部门，均会产生高浓度的碱性废水，可直接添加过硫酸盐降解废水中的有机污染物，过硫酸盐对此类废水的处理具有明显的优势。如果实际废水中还需要同时去除重金属，可以先将废水调节为碱性条件，然后再投加过硫酸盐。这样一方面可以利用碱性条件对重金属沉淀进行去除，另一方面可以利用碱性条件活化过硫酸盐氧化去除有机物。本书之前在处理天津市某垃圾渗滤液废水时（pH 约为 7.8，COD 约为 780mg/L，重金属浓度约为 7.42mg/L），通过将渗滤液废水 pH 调节至 11 后投加约 1.6g/L 过硫酸盐，发现其中重金属和 COD 值的降解效率分别可达 85% 和 62%。可见，利用碱性条件活化过硫酸盐对有机污染物进行降解，在环境污染治理领域具有潜在的应用价值。

本书还进一步考察了反应过程中 pH 的变化情况，结果见图 4-1-20。由图 4-1-20 可知，当初始 pH 分别为 2.5、3、5、7、9 和 11 时，反应后最终 pH 为 2.3、2.5、3.1、4.8、5.8 和 7.2，可见溶液的 pH 均发生了下降。这可能是由于：PS 分解产生 HSO_4^-，HSO_4^- 容易水解生成 H^+ 导致 pH 降低［式(4-1-14)和式(4-1-15)］；PS 发生水解［式(4-1-16)和式(4-1-17)］，产生 H^+，进而导致 pH 下降。

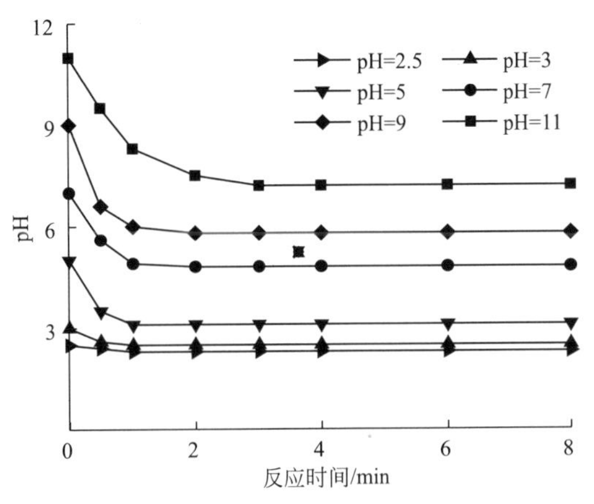

图 4-1-20　不同初始 pH 时反应过程中 pH 变化情况

$$SO_4^- \cdot + \cdot OH \longrightarrow HSO_4^- + \frac{1}{2}O_2 \quad (4\text{-}1\text{-}14)$$

$$HSO_4^- \longrightarrow SO_4^{2-} + H^+ \quad (4\text{-}1\text{-}15)$$

$$S_2O_8^{2-} + 2H_2O \longrightarrow HO_2^- + 2SO_4^{2-} + 3H^+ \quad (4\text{-}1\text{-}16)$$

$$2S_2O_8^{2-} + 2H_2O \longrightarrow O_2 + 4SO_4^{2-} + 4H^+ \quad (4\text{-}1\text{-}17)$$

4. Cl^- 浓度对苯胺去除率的影响

自然环境中存在着大量的 HCO_3^-、Cl^- 与 NO_3^-，往往会对催化氧化反应中产生的自由基产生猝灭作用，因此需要进行实验来验证反应对实际水体的适应性。Cl^- 由于会与 SO_4^- ·和·OH 发生反应形成具有氧化性的氯自由基，所以在基于 SO_4^- ·氧化去除有机物的过程中 Cl^- 起重要作用。有研究表明 Cl^- 由于会对 SO_4^- ·消除，会抑制 Fe^{2+}/PS 体系对目标物的去除。也有研究表明低浓度的 Cl^- 对目标物的去除没有影响（$<$10mmol/L），Liang 等研究发现低浓度的 Cl^- 对 PS 氧化 TCE 没有影响，但是当 Cl^- 浓度超过 200mmol/L 会发生抑制。有的研究表明低浓度的 Cl^- 对目标物的去除起促进作用，但是在高浓度会发生抑制。同样的，有研究发现低浓度的 Cl^- 对目标物的去除起抑制作用，但是在高浓度会发生

促进作用。显然，Cl^- 对过硫酸盐氧化体系有机物去除的影响是不尽相同的，因此同样对 $Cl^-/Fe^{2+}/PS$ 与苯胺的去除作用及内在机制进行了研究。

在苯胺初始浓度为 0.1mmol/L、过硫酸钠浓度为 8mmol/L，硫酸亚铁投加量为 1mmol/L 的条件下，分别添加 0.5mmol/L、2mmol/L、5mmol/L 和 10mmol/L 的 Cl^-，由图 4-1-21 可知，随着 Cl^- 投加量的增加，苯胺的去除率逐渐升高。在对过硫酸盐活化的过程中，Cl^- 可以被 SO_4^-· 氧化形成 Cl·，最终形成 Cl_2^-· 和其他氯自由基［式(4-1-14)～式(4-1-19)］。而且，Cl^- 能够通过非自由基机理促进过硫酸盐的分解，产生 HClO 和 Cl_2［式(4-1-20)、式(4-1-21)］。因此，在 $Fe^{2+}/NaCl/PS$ 中三种类型的活性物质可能导致了有机物的降解：① SO_4^-· 和 ·OH；② HClO 和 Cl_2；③Cl·、Cl_2^-· 和其他氯自由基。由于 Cl·、Cl_2^-· 的生成会消耗 SO_4^-·，而且生成的氯自由基的反应活性较 SO_4^-· 和·OH 的反应活性弱，会导致有机物去除效率降低。又因为 HClO 能够对有机物高效去除，所以加入 Cl^- 会促进苯胺的去除，可能是由于产生了活性较强的 HClO。

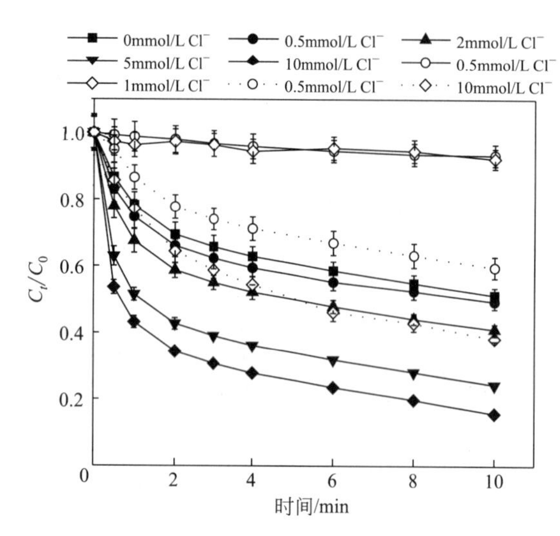

图 4-1-21 Cl^- 浓度对苯胺降解率的影响

为了进一步验证是否有 HClO 在体系中起作用，进行以下实验验证：①在过硫酸盐和 NaCl 存在时测定苯胺的去除率。根据式(4-1-24)、式(4-1-25)，$HClO(Cl_2)$ 可以不通过自由基的参与，直接通过过硫酸盐与 Cl^- 发生氧化还原反应生成。因此推测在同时含有过硫酸盐和 NaCl 的溶液中，苯胺更容易去除。通过实验得到，苯胺在只有过硫酸盐时能够稳定存在，但是加入 NaCl 后能有效降解，这为 HClO 参与苯胺去除提供了直接证据。②如图 4-1-22 所示，在 Fe^{2+}/PS 体系中同时加入自由基猝灭剂（甲醇）和 NaCl，加入过量的甲醇后能够完全猝灭产生的 SO_4^-· 和 ·OH^-，但是加入 NaCl 后同样发现随着 NaCl 浓度升高，苯胺的去除率随之升高，由此可见，苯胺的去除并非来源于自由基诱导的反应，而极有可能来源于其他活性氧化剂，如 HClO。③对 NaCl/PS 中的活性氯（包括 Cl_2、HClO、ClO^-）进行测定，从图 4-1-23 中可以看出随着 Cl^- 浓度升高，活性氯（以 Cl_2 计）逐渐增多，这说明反应中生成了活性氯。

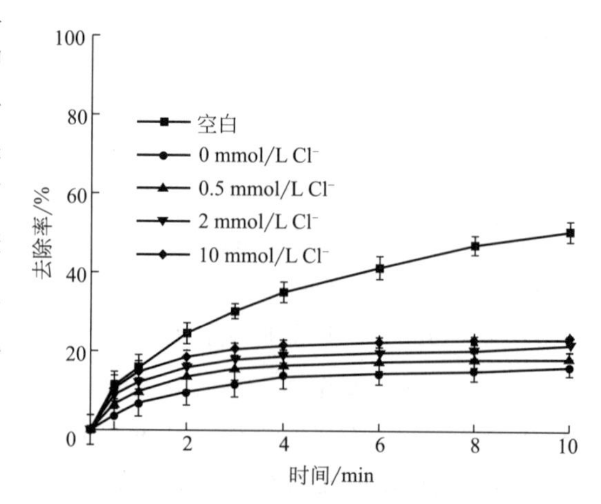

图 4-1-22 加入甲醇后 Cl^- 浓度对苯胺降解率的影响

为了进一步研究反应过程中苯胺是否发生矿化，对其反应体系中 TOC（总有机碳）进行了测定，如图 4-1-24 所示，在加入 10mmol/L Cl^- 后发现 NaCl/PS 体系和

Fe^{2+}/NaCl/PS体系的苯胺去除率明显较Fe^{2+}/PS高，但是其TOC的降解率并没有发生明显变化，这表明HClO可以有效去除苯胺，但不能对其完全矿化。高浓度的氯化物（>100mmol/L）会导致卤代副产物的生成。

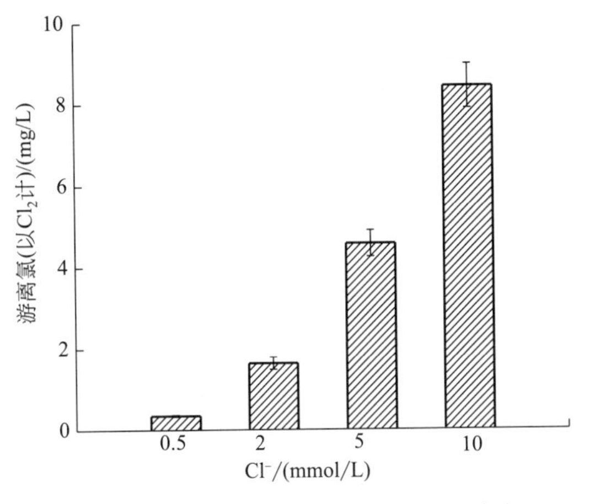

图 4-1-23　不同氯离子浓度时产生的余氯

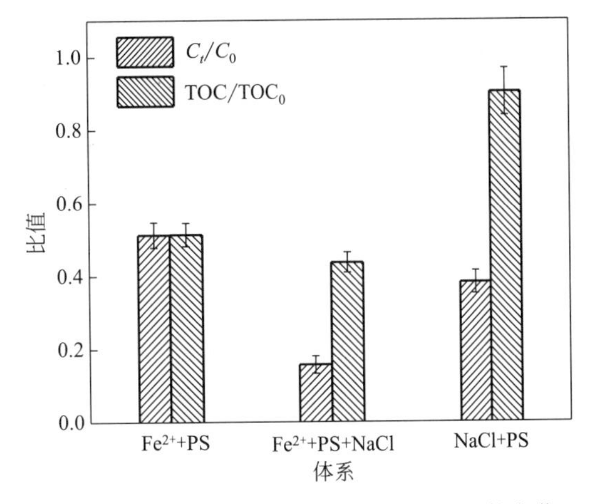

图 4-1-24　苯胺降解过程中浓度和TOC的变化

为了更好地阐述自由基降解（Fe^{2+}/PS）过程和非自由基降解（NaCl/PS）过程，我们利用GC-MS进一步鉴定了NaCl/PS体系中苯胺的降解产物，结构如图4-1-25所示。在Fe^{2+}/PS中识别出几种不同的产物，它们分别为酚类、偶氮苯、苯醌等。在NaCl/PS体系

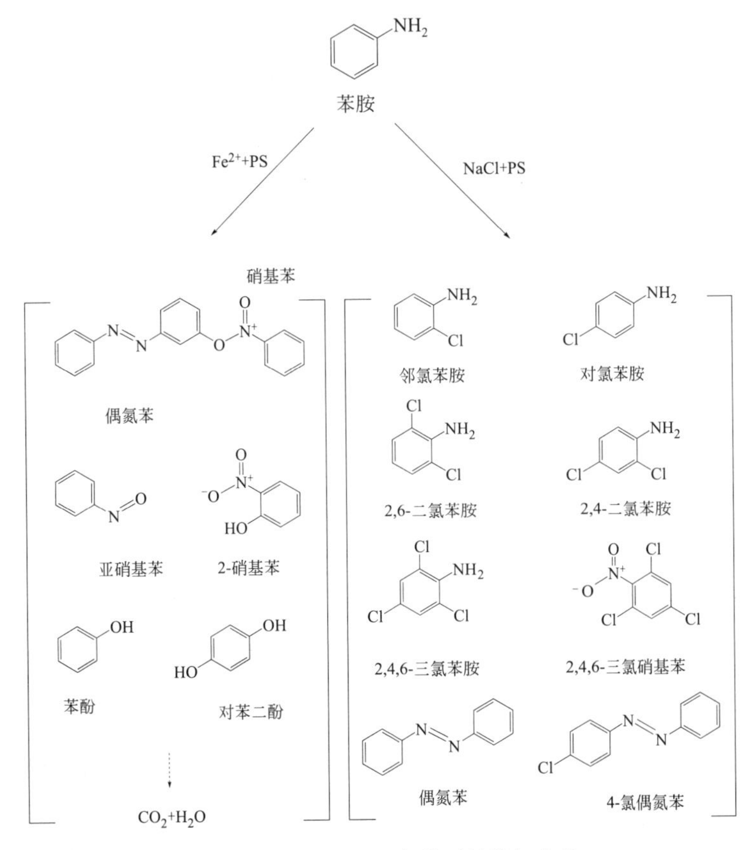

图 4-1-25　不同氧化条件下的降解产物

中发现更多的降解产物，除了在 Fe^{2+}/PS 中观察到的产物外，还观察到几种氯化有机产物，如间氯苯胺、对氯苯胺、2,4-二氯苯胺、2,6-二氯苯胺、2,4,6-三氯苯胺、2,4,6-三氯硝基苯，虽然在这一过程中产生的氯化有机化合物是微量的，但由于它们的持久性和高毒性，对环境产生了显著的影响。

这些结果表明，Cl^- 在过硫酸盐氧化去除有机物的实际废水中起很重要的作用，它不止会起到猝灭自由基的作用，对于某些有机物会起到促进去除的作用，但是并不能对污染物完全降解，而且会可能生成毒性更强的副产物，更好地理解氯的影响会使其负面影响最小化，甚至可能增强其潜在的积极方面。

$$SO_4^- \cdot + Cl^- \longrightarrow SO_4^{2-} + Cl \cdot \qquad k = 2.7 \times 10^8\ L/(mol \cdot s) \tag{4-1-18}$$

$$Cl \cdot + Cl^- \longrightarrow Cl_2^- \cdot \qquad k = 8.5 \times 10^9\ L/(mol \cdot s) \tag{4-1-19}$$

$$Cl_2^- \cdot + Cl_2^- \cdot \longrightarrow Cl_2 + 2Cl^- \qquad k = 2.1 \times 10^9\ L/(mol \cdot s) \tag{4-1-20}$$

$$H_2O + Cl_2^- \cdot \longrightarrow ClOH^- \cdot + H^+ + Cl^- \qquad k = 1.3 \times 10^3\ L/(mol \cdot s) \tag{4-1-21}$$

$$ClOH^- \cdot \longrightarrow Cl^- + \cdot OH \qquad k = 6.1 \times 10^9\ s^{-1} \tag{4-1-22}$$

$$ClOH^- \cdot + H^+ \longrightarrow Cl \cdot + H_2O \tag{4-1-23}$$

$$HSO_5^- + Cl^- \longrightarrow SO_4^{2-} + HOCl \tag{4-1-24}$$

$$HSO_5^- + 2Cl^- + H^+ \longrightarrow SO_4^{2-} + Cl_2 + H_2O \tag{4-1-25}$$

5. HCO_3^- 浓度对苯胺去除率的影响

在苯胺初始浓度为 0.1mmol/L、过硫酸钠浓度为 8mmol/L，硫酸亚铁投加量为 3mmol/L 的条件下，分别添加 0.5mmol/L、2mmol/L、5mmol/L 和 10mmol/L 的 HCO_3^-。由图 4-1-26 可知随着 HCO_3^- 浓度的升高，苯胺的去除率降低。一般认为 HCO_3^- 会与 $SO_4^- \cdot$ 和 $\cdot OH$ 反应生成活性较低的碳酸盐自由基（$HCO_3 \cdot$）[式(4-1-26)、式(4-1-27)]，由于 $HCO_3 \cdot$ 与有机物的反应速率较 $SO_4^- \cdot$ 和 $\cdot OH$ 低，所以加入 HCO_3^- 会导致有机物的去除效率明显降低。本实验中加入 10mmol/L HCO_3^- 后，苯胺的去除率约下降了 8.9%，苯胺的去除率没有明显的降低，这可能是由于：①虽然 $HCO_3 \cdot$ 的氧化性不如 $SO_4^- \cdot$ 和 $\cdot OH$（低 2～3 个数量级），但是它能够以很高的反应速率与富电子化合物 [苯胺，6×10^8 L/(mol·s)] 发生反应，这抵消了由于 HCO_3^- 对 $SO_4^- \cdot$ 的消耗而造成的苯胺去除率的下降。之前也有研究发现，HCO_3^- 的存在可以促进热活化 PS 对磺胺甲噁唑的降解，这可能是由于磺胺甲噁唑结构中存在富电子的苯胺基团。② $HCO_3 \cdot$ 可以催化过硫酸盐分解产生成 $SO_4^- \cdot$ 和 $\cdot OH$ 促进苯胺的降解，Qi 等同样发现该现象存在。这可能抵消了 HCO_3^- 对 $SO_4^- \cdot$ 和 $\cdot OH$ 的消耗，所以苯胺的去除率没有发生明显降低。

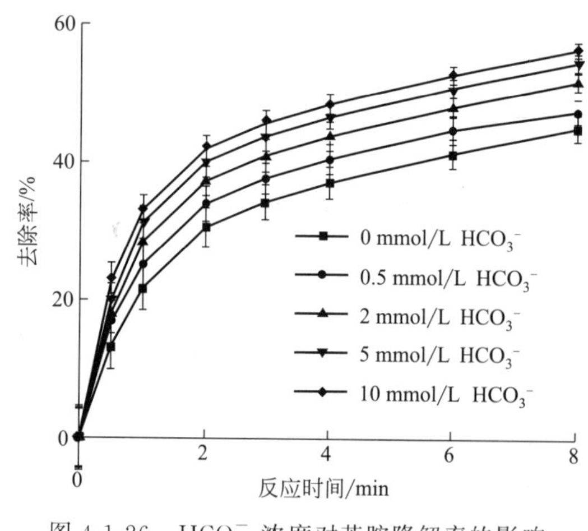

图 4-1-26　HCO_3^- 浓度对苯胺降解率的影响

$$\cdot OH + HCO_3^- \longrightarrow CO_3^- \cdot + H_2O \qquad k = 8.5 \times 10^6\ L/(mol \cdot s) \tag{4-1-26}$$

$$SO_4^- \cdot + HCO_3^- \longrightarrow HCO_3 \cdot + SO_4^{2-} \qquad k = 9.1 \times 10^6\ L/(mol \cdot s) \tag{4-1-27}$$

6. NO_3^- 浓度对苯胺去除率的影响

在苯胺初始浓度为 0.1mmol/L、过硫酸钠浓度为 8mmol/L，硫酸亚铁投加量为 1mmol/L 的条件下，分别添加 0.5mmol/L、2mmol/L、5mmol/L 和 10mmol/L 的 NO_3^-。由图 4-1-27 可以看出随着 NO_3^- 浓度的升高，苯胺的去除率没有明显降低。其他相关文献也同样得出 NO_3^- 对苯胺的降解影响很微弱。理论上 NO_3^- 可以与 $\cdot OH$ 和 $SO_4^- \cdot$ 发生反应生成氧化性较 $\cdot OH$ 和 $SO_4^- \cdot$ 弱的 $NO_2 \cdot$ 和 $NO_3 \cdot$ [式(4-1-28)、式(4-1-29)]，然而该反应的反应速率非常慢，所以 NO_3^- 的猝灭作用可以忽略。

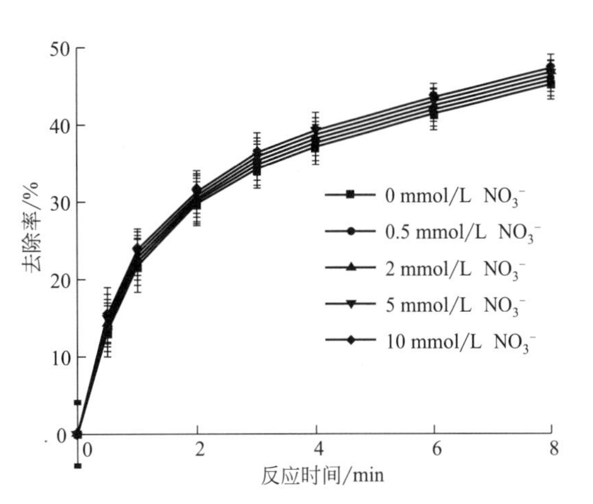

图 4-1-27 NO_3^- 浓度对苯胺降解率的影响

$$\cdot OH + NO_3^- = NO_3 \cdot + OH^- \tag{4-1-28}$$

$$SO_4^- \cdot + NO_3^- = SO_4^{2-} + NO_3 \cdot \qquad k = 5.5 \times 10^4 \, L/(mol \cdot s) \tag{4-1-29}$$

7. 其他有机物对苯胺去除率的影响

实际废水中含有大量的其他有机物，为了研究其他有机污染物对过硫酸钠降解苯胺的影响，分别投加不同浓度的苯酚和硝基苯研究苯胺的降解率。在苯胺初始浓度为 0.1mmol/L、过硫酸钠浓度为 8mmol/L，硫酸亚铁投加量为 1mmol/L 的条件下，分别添加 0.5mmol/L、2mmol/L、5mmol/L 和 10mmol/L 的苯酚和硝基苯。由图 4-1-28 可以看出，随着硝基苯浓度的增大，苯胺的去除率逐渐降低，这可能是由于硝基苯的加入对溶液中的活性自由基产生了竞争反应，导致苯胺的去除率逐渐降低。但是随着苯酚浓度的增大，苯胺的去除率有所增大，这可能是由于苯酚对过硫酸盐进行了活化，苯酚活化过硫酸盐可能是通过：①过硫酸钠在氧化苯酚过程中，苯酚通过亲核攻击分解过硫酸钠产生氢过氧化物 [式(4-1-30)]；②苯酚还原过硫酸钠产生了 $SO_4^- \cdot$ [式(4-1-31)]。反应中生成的 HO_2^- 通过 [式(4-1-32)] 会促

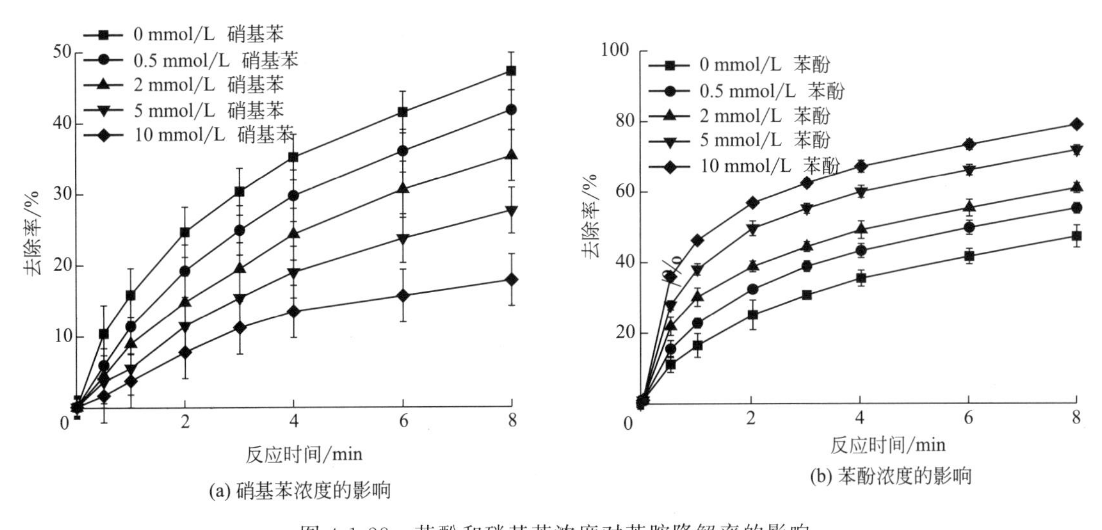

图 4-1-28 苯酚和硝基苯浓度对苯胺降解率的影响

进 $SO_4^- \cdot$ 的生成，从而促进苯胺的去除。文献得到苯酚可以活化过硫酸盐去除有机物，而且随着溶液的 pH 升高，其去除效率越高。

$$2PhO^- + S_2O_8^{2-} \longrightarrow 2SO_4^{2-} + 2PhO_{RP} \tag{4-1-30}$$

$$PhO^- + S_2O_8^{2-} \longrightarrow SO_4^{2-} + SO_4^- \cdot + PhO_{OX} \tag{4-1-31}$$

$$S_2O_8^{2-} + HO_2^- \longrightarrow SO_4^{2-} + SO_4^- \cdot + \cdot O_2^- + H^+ \tag{4-1-32}$$

式中，RP 是指产物，OX 是指氧化性物质。

8. 常规氧化剂对苯胺在实际废水中降解效果比较

常用的水处理氧化剂有过硫酸盐、高锰酸盐、臭氧、过氧化物和芬顿。本书选取过硫酸钠、高锰酸钾和芬顿进行比较，其中氧化剂浓度分别为 2mmol/L、5mmol/L、8mmol/L、10mmol/L，催化剂硫酸亚铁的浓度均为 2mmol/L，反应时间均设定为 10min，取天津市某污水厂二沉池出水作为背景水体（TOC=4.55mg/L）。

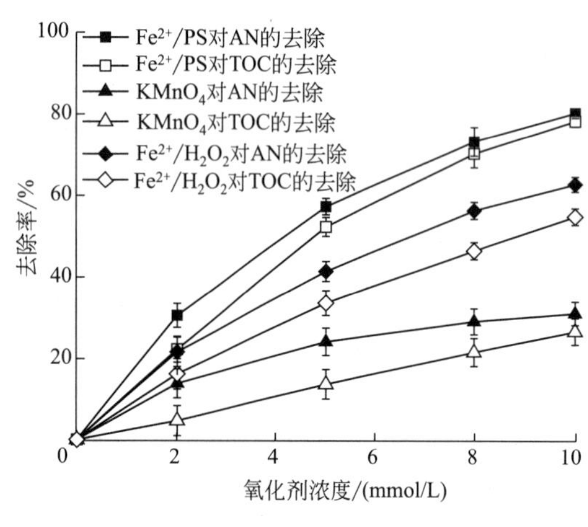

图 4-1-29　不同氧化剂对苯胺的降解

由图 4-1-29 可以看出，实际废水中苯胺的去除率比纯水明显降低，这可能是由于实际废水中的有机物与苯胺的降解产生了竞争，实际废水中的各种成分，包括其他有机物和阴离子对苯胺降解有抑制效果，这些结果表明在实际废水中降解目标物较纯水需要更多的氧化剂和更长的反应时间。

由图 4-1-29 同样可以发现，随着氧化剂投加量增多，苯胺降解率逐渐升高，当投加量为 10mmol/L 时，硫酸亚铁催化过硫酸钠对苯胺的去除率最高，过硫酸钠氧化、芬顿法和高锰酸钾氧化苯胺的去除率分别为 79.56%、62.9% 和 29.12%。与芬顿法相比，$SO_4^- \cdot$ 比 $\cdot OH$ 有更强的选择性和稳定性，这有助于在实际废水中天然有机物和其他非目标有机物对自由基的消耗。过硫酸钠稳定性高且稳定性远大于 O_3、H_2O_2 等，不会因挥发而造成利用率降低，有利于环境修复中的传质过程，过硫酸盐可以在地下水和土壤中保留更长的时间，从而有助于去除有机污染物，这些特征使得它在污染物的降解中具有广阔的前景。

五、难降解有机物废水处理技术的应用

（一）组合工艺对垃圾渗滤液的处理

垃圾渗滤液是一种成分复杂的高浓度难降解有机废水，约含有 93 种有机化合物，其中有 22 种被中国和美国列入环境优先控制污染物“黑名单”，如大量环烷烃、酯类、羟酸类及苯酚类等有毒有害物质。实验水样来自天津市某垃圾填埋场垃圾渗滤液，两次取样测得 COD 在 1824～2680mg/L，变化幅度较大且数值偏大不利于后续物化实验的定性定量分析，故而将尾水以 COD 在 1000mg/L 左右进行稀释作为实验用水，其主要水质参数如表 4-1-6 所示。

表 4-1-6　天津市某垃圾填埋场垃圾渗滤液水质指标

项目	设计进水水质	GB 16889—2008 排放标准	项目	设计进水水质	GB 16889—2008 排放标准
pH	8.2	—	Hg/(μg/L)	1.7	1
COD_{Cr}/(mg/L)	960	100	Cd/(μg/L)	10.64	10
NH_3-N/(mg/L)	217	25	Pb/(μg/L)	110.35	100
TP/(mg/L)	3.32	3			

1.调碱预处理渗滤液实验研究

垃圾渗滤液经过生化处理后，其尾水中仍然含有大量的有机物、重金属等物质。如果直接向其中投加氧化剂或者吸附剂进行处理，往往会药剂投加量过大，经济成本太高，在实际工程中不可行。在较低或较高 pH 条件下，这些物质可与溶液中的离子发生化学反应，通过产生沉淀而得到去除。因此，本书首先采用的处理方法即为调高 pH 值法，通过向垃圾渗滤液尾水中投加 CaO 改变溶液的酸碱环境，可以有效地去除渗滤液中的部分有机物、重金属，从而使出水的 COD、氨氮、TP、重金属等的含量得到降低。

（1）最佳工艺条件的确定

根据实验工艺原理分析，影响调碱预处理效果的最关键因素为 pH，以 COD、氨氮为实验指标，探讨最佳 pH 值，实验具体过程如下。

取一定量实验水样（初始 pH=8.2），将其等分成 5 份，分别加入一定量的 CaO 调节 pH 为 10、11、12、13、14，搅拌 15min，静置沉淀。待沉淀 30min 后，取上清液测 COD、氨氮含量。预处理中 COD 及氨氮的去除率如图 4-1-30 所示。

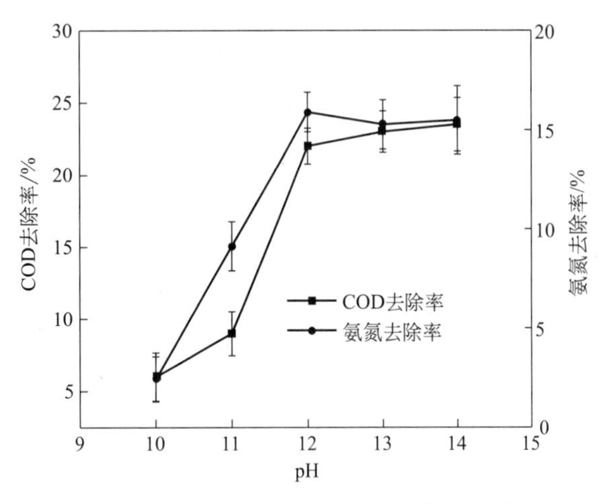

图 4-1-30　调碱预处理对 COD 及氨氮的去除率

由图 4-1-30 可以看出，随着 pH 值的升高，COD 的去除率在 pH=10～12 时迅速上升，之后去除率变化缓慢，调碱预处理对 COD 的去除率在 22%左右；氨氮的去除率先上升后下降，在 pH=12 时，调碱预处理对氨氮的去除率达到最大。综上所述，确定调碱预处理的最佳 pH=12，此时预处理效果最佳。

（2）最佳工艺条件下的实验结果

取一定量实验水样（初始 pH=8.2），加入 CaO 调节其 pH 为 12，进行调碱预处理，反应结束后，取上清液测 COD、氨氮、TP 及重金属含量。实验水样经调碱预处理后各指标如表 4-1-7 所示。

表 4-1-7　天津市某垃圾填埋场垃圾渗滤液水质指标

水质指标	COD/(mg/L)	氨氮/(mg/L)	TP/(mg/L)	Hg/(μg/L)	Cd/(μg/L)	Pb/(μg/L)
原始水样	960	217	3.32	1.7	10.64	110.35
调碱预处理	758	178	0.13	0.23	2.13	31.22

① COD的去除效果　由表4-1-7可以看出，垃圾渗滤液尾水经稀释调碱预处理后，水样的COD含量由960mg/L降低到了758mg/L，去除率为21.1%。这是因为在碱性环境下，难降解的有机物发生了一部分降解，从而降低了COD的含量。图4-1-31为垃圾渗滤液原液及调碱预处理效果图。

图4-1-31　垃圾渗滤液原液及调碱预处理实验过程图片

COD降低的最主要原因：渗滤液是一种高浓度有机废水，含有难以生物降解的萘、菲等非氯化芳香族化合物、氯化芳香族化物，磷酸酯，酚类化合物和苯胺类化合物等。部分有机物结构不稳定，在酸性或碱性条件下具有不稳定的性质，易发生分解。例如，在酸或碱性条件下，酯类物质会发生水解反应。

② 氨氮去除效果　由表4-1-7可知，垃圾渗滤液尾水经稀释调碱预处理后，水样的氨氮含量由217mg/L降低到了178mg/L，去除率为18.0%。分析氨氮含量降低的原因，可能是在投加CaO调节pH的操作过程中，实验水质中的部分氨氮转化为氨气从体系中逸出的缘故。而在投加CaO的过程中，实验装置确有较大氨气味道的产生。

③ TP去除效果　由表4-1-7可知，垃圾渗滤液尾水经稀释调碱预处理后，水样的TP含量由3.32mg/L降低到了0.13mg/L，去除率为96.1%。在碱性条件下，反应体系中的磷酸根主要以PO_4^{3-}的形式存在，向垃圾渗滤液中投加CaO调高体系的pH值，生成的Ca^{2+}可与PO_4^{3-}作用：

$$2PO_4^{3-}+3Ca^{2+} \longrightarrow Ca_3(PO_4)_2 \tag{4-1-33}$$

由于Ca^{2+}与PO_4^{3-}作用生成沉淀，极大地降低了实验水样中的磷含量。

④ 重金属去除效果　由表4-1-7可知，垃圾渗滤液尾水经稀释调碱预处理后，水样的Hg含量由1.7mg/L降低到了0.23mg/L，去除率为86.5%；Cd含量由10.64mg/L降低到了2.13mg/L，去除率为79.98%；Pb含量由110.35mg/L降低到了31.22mg/L，去除率为717.71%。这是因为经过CaO调碱处理后，体系中重金属离子与OH^-发生反应生成沉淀。

由以上实验可知调碱预处理的最佳工艺：pH=12。垃圾渗滤液尾水经调碱预处理后，渗滤液的COD及氨氮含量分别降低了21.1%和18.0%，这两项指标尚未达到《生活垃圾填埋场污染控制标准》（GB 16889—2008）中的排放标准。垃圾渗滤液尾水经稀释调碱预处理后，TP含量降低了96.1%，重金属中含量降低了71%～86%，这两项指标均已满足《生活垃圾填埋场污染控制标准》（GB 16889—2008）中的排放标准，故而在后续的实验中不必再作分析。

2.芬顿-活性炭反应的去除效果

(1) 芬顿氧化的去除效果

① H_2O_2 投加量对 Fenton 处理效果的影响 取 10 份 100mL 经调碱预处理后的上清液(初始 pH=12、COD=758mg/L、氨氮=178mg/L),调节 pH=3,固定 H_2O_2 与 Fe^{2+} 投加比为 2∶1,反应时间为 1h,考察 H_2O_2 投加量分别为 0.5g/L、1g/L、1.5g/L、2g/L、2.5g/L、3g/L、3.5g/L、4g/L、4.5g/L 和 5g/L 时对尾水的处理效果。H_2O_2 投加量对 COD 及氨氮的去除率如图 4-1-32 所示。

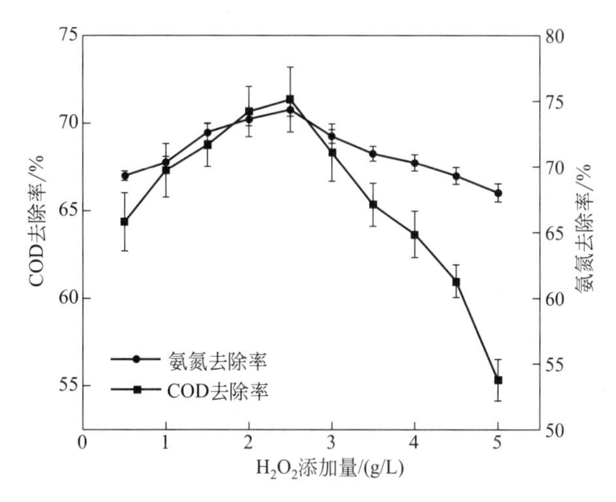

图 4-1-32 H_2O_2 投加量对 COD 及氨氮的去除率

Fenton 试剂氧化降解有机物是依靠 Fe^{2+} 催化 H_2O_2 分解产生的高活性、高氧化还原电位的·OH 完成的。H_2O_2 的浓度直接影响到·OH 的产量及产生速率,进而影响对有机物的氧化降解效率,即 H_2O_2 的用量直接影响着 COD 及氨氮去除率。

由图 4-1-32 可以看出,COD 的去除率随着 H_2O_2 的投加量而逐渐增大,氨氮的去除率随着 H_2O_2 的投加量呈现先增大后减小的趋势。这种现象被理解为在 H_2O_2 浓度较低时,H_2O_2 浓度的增加有利于如下反应:

$$Fe^{2+}+H_2O_2 \longrightarrow Fe^{3+}+\cdot OH+OH^- \tag{4-1-34}$$

随着 H_2O_2 浓度的提高,·OH 浓度也随之提高,氧化降解能力也逐渐增大。当 H_2O_2 浓度过高时,过量的 H_2O_2 不仅不会产生·OH,反而会在反应初期就把 Fe^{2+} 氧化成 Fe^{3+},削弱 Fe^{2+} 的催化作用,这样既消耗了 H_2O_2 氧化能力又抑制了·OH 的产生,从而降低了 Fenton 试剂对有机物的去除能力。

本实验确定最佳 H_2O_2 投加量为 2.5g/L,此时对 COD 的去除率在 65%左右,对氨氮的去除率在 15%左右。

② H_2O_2 与 Fe^{2+} 的投加比对 Fenton 处理效果的影响 取 10 份 100mL 经调碱预处理后的上清液(初始 pH=12、COD=780mg/L、氨氮=167mg/L),调节 pH=3,H_2O_2 投加量为 2.5g/L,反应时间为 1h,考察 H_2O_2 与 Fe^{2+} 的投加比分别为 1、2、3、4、5、6、7、8、9 和 10 时对尾水的处理效果。不同 H_2O_2 与 Fe^{2+} 的投加比对 COD 及氨氮的去除率如图 4-1-33 所示。

影响 Fenton 处理效果最主要的两个因素:Fe^{2+} 和 H_2O_2。H_2O_2 和 Fe^{2+} 的投加比对

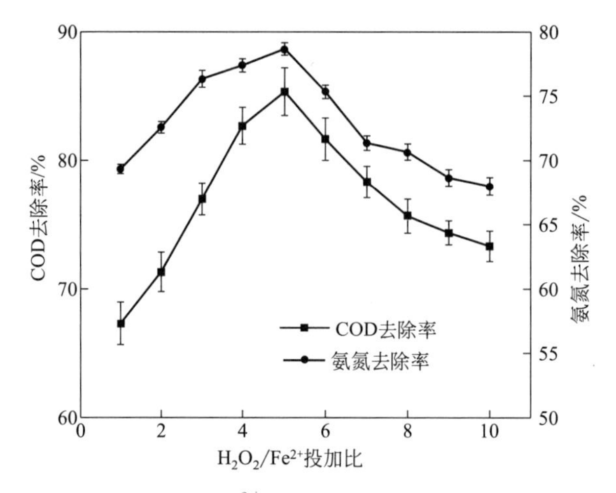

图 4-1-33　H_2O_2 与 Fe^{2+} 的投加比对 COD 及氨氮的去除率

Fenton 反应的处理效果有很大的影响，是因为过量的 H_2O_2 与 Fe^{2+} 都会与·OH 反应。由图 4-1-34 可知，随着 H_2O_2 与 Fe^{2+} 投加比的升高，去除率先缓慢上升后下降，当 H_2O_2 与 Fe^{2+} 投加比达到 5∶1 时（此时 Fe^{2+} 投加量达到 0.8g/L)，COD 及氨氮的去除率均达到最高。因此，Fe^{2+} 投加量过多或过少都会影响 Fenton 反应的去除率。

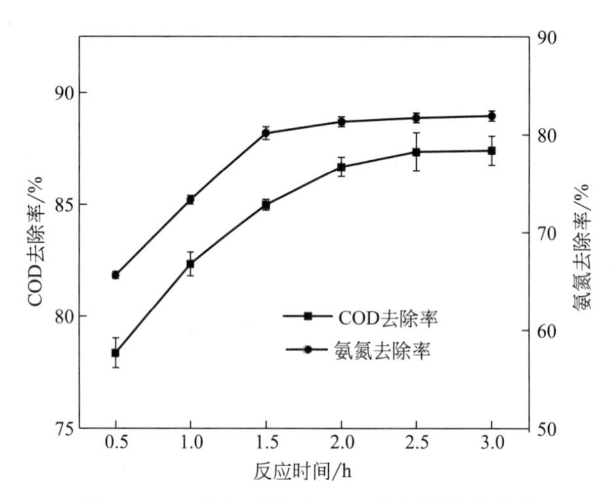

图 4-1-34　反应时间对 COD 及氨氮的去除率

当 H_2O_2 与 Fe^{2+} 的投加比较低时，Fe^{2+} 含量相对较高，此时大量 Fe^{2+} 可以催化 H_2O_2 分解产生大量·OH，而这些·OH 之间会立即发生相互之间的自由基反应，造成·OH 的量的减少，故而使其不能有效氧化分解有机物；而且多余的 Fe^{2+} 在氧化成 Fe^{3+} 的过程中也会消耗大量的·OH，进一步使用于氧化有机物的·OH 的量大大减少。因此，在 H_2O_2 用量一定时，Fe^{2+} 投加量过多反而会使 Fenton 反应的去除率降低。

当 H_2O_2 与 Fe^{2+} 的投加比过高时，作为反应过程催化剂的 Fe^{2+} 过少，H_2O_2 无法快速生成·OH，氧化有机物的·OH 的量不足就会造成 Fenton 反应速率的降低，去除率下降。因此，本实验研究得出的 H_2O_2 与 Fe^{2+} 的最佳投加比为 5∶1。此时，COD 去除率为 67%左右，氨氮去除率为 13%左右。

③ 反应时间对 Fenton 处理效果的影响　取 6 份 100mL 经调碱预处理后的上清液（初

始 pH＝12、COD＝780mg/L、氨氮＝167mg/L)，分别加入 2.5g/L 的 H_2O_2，H_2O_2 与 Fe^{2+} 投加比为 5∶1，考察反应时间分别为 0.5h、1h、1.5h、2h、2.5h 和 3h 时对尾水的处理效果。不同反应时间对 COD 及氨氮的去除率如图 4-1-34 所示。

由图 4-1-34 可见，当反应时间在 0～1.5 h 时，COD 及氨氮的去除率随着反应时间的延长而增大。反应时间大于 1.5 h 后，COD 及氨氮的去除率随时间增加非常缓慢。究其原因，在反应的初始阶段由于 H_2O_2 和 Fe^{2+} 的浓度较大，产生的·OH 的量比较大，对有机物去除能力较强；而随着反应的进行，H_2O_2 逐渐被消耗和分解，Fe^{2+} 逐渐被转化为 Fe^{3+} 形成絮体沉降，产生的·OH 的量逐渐减少，进而使 COD 的降解速率降低。因此，选定 Fenton 反应的最佳反应时间为 1.5 h。此时，COD 去除率为 85%左右，氨氮去除率为 80%左右。

(2) 活性炭对处理效果的影响

① 活性炭投加量对处理效果的影响　取 12 份 100mL 经 Fenton 处理后的上清液（初始 pH＝3、COD＝114mg/L、氨氮＝36mg/L)，分别加入活性炭 0.5g、1g、1.5g、2g、2.5g、3g、3.5g、4g、4.5g、5g、5.5g、6g，于室温下搅拌 30min，静置取其上清液测 COD 和氨氮浓度。活性炭投加量对 COD 及氨氮的去除率如图 4-1-35 所示。

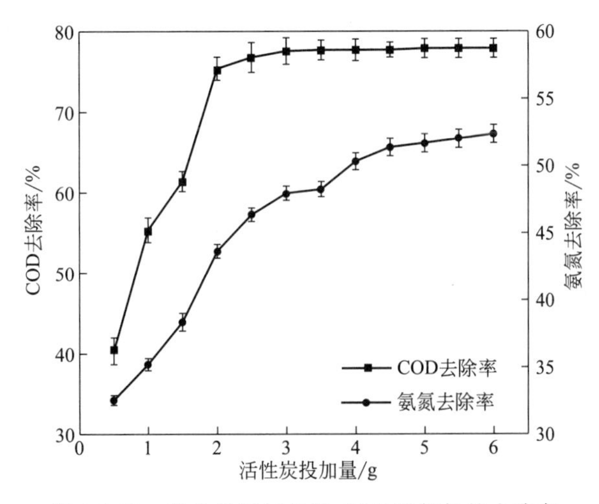

图 4-1-35　活性炭投加量对 COD 及氨氮的去除率

活性炭对 COD 及氨氮的吸附量并不与活性炭的投加量成正比。这是因为，当活性炭投加量不足时，活性炭吸附达到饱和，但随着活性炭投加量的增加，有一部分活性炭的吸附容量未达到最大。造成这种现象的原因主要有两个：一是活性炭颗粒之间存在着个体差异，随着活性炭量的增加，这种个体差异表现得愈加突出；二是渗滤液组分复杂，其不同成分之间存在着竞争吸附，吸附性强的被优先吸附，这样可能会造成活性炭孔的堵塞效应。

每 100mL 实验用水，活性炭投加量为 2g 时，COD 及氨氮的去除效果最好，本实验确定最佳活性炭投加量为 20g/L，此时活性炭吸附反应对 COD 的去除率在 85.38%左右，对氨氮的去除率在 43.65%左右。

② 反应时间对处理效果的影响　取 5 份 100mL 经 Fenton 处理后的上清液（初始 pH＝3、COD＝114mg/L、氨氮＝107mg/L)，分别加入 2g 活性炭，调节 pH＝3，于室温下分别搅拌 30min、60min、90min、120min、150min，静置 30min 取其上清液，测 COD 和氨氮浓度。反应时间不同对 COD 及氨氮去除率的影响如图 4-1-36 所示。

由图 4-1-36 可以看出，当反应时间在 30～60min 时，COD 和氨氮的去除率随着反应时

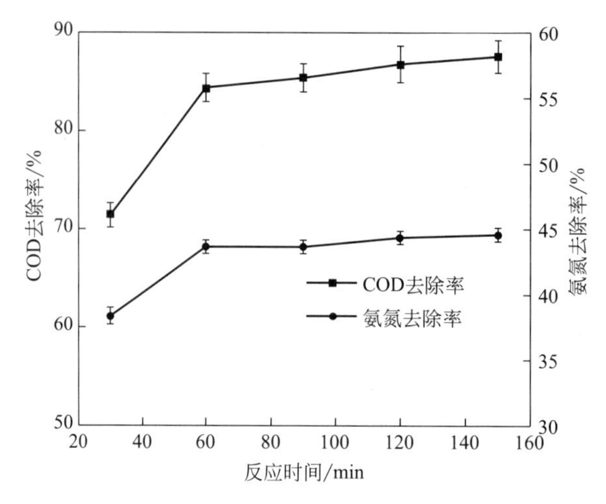

图 4-1-36　反应时间对 COD 及氨氮的去除率

间的增加而显著增大，但当反应时间大于 60min 时，COD 的去除率基本处于平稳状态，不再变化。该研究表明，在反应时间超过 60min 时，活性炭的吸附已基本达到饱和，再延长吸附时间对去除率来说已无多大意义。综合考虑反应时间以及去除率，确定本实验反应时间为 60min，此时活性炭吸附反应对 COD 的去除率在 84%左右，对氨氮的去除率在 43%左右。

③ pH 对活性炭处理效果的影响　取 6 份 100mL 的经调碱预处理后的上清液（初始 pH=3、COD=114mg/L、氨氮=107mg/L），各加入 2g 活性炭，分别调节 pH=1、2、3、4、5、6，于室温下搅拌 30min，静置 30min 取其上清液，测 COD 和氨氮浓度。不同 pH 对 COD 及氨氮的去除率的影响如图 4-1-37 所示。

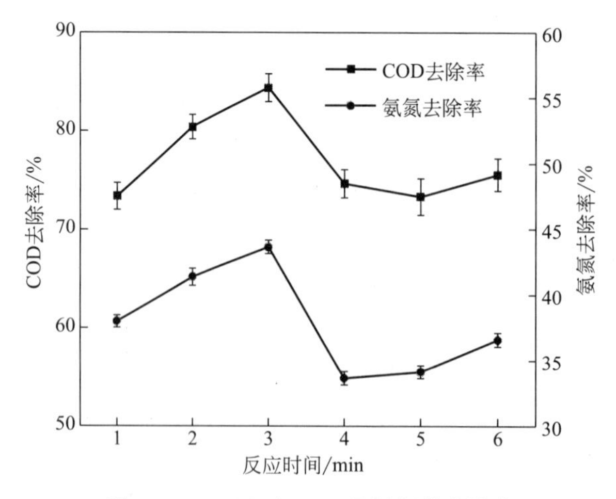

图 4-1-37　pH 对 COD 及氨氮的去除率

由图 4-1-37 可以看出，当 pH 在 2～3 时，COD 和氨氮的去除率较大，pH 在 3～4 时 COD 的去除率迅速减小，之后随 pH 的增大，并没有显示出较大的波动。究其原因，主要也是渗滤液中部分有机物结构不稳定，在酸性或碱性条件下具有不稳定的性质，易发生分解。在 pH=2～3 的强酸性条件下，一部分难降解的有机物发生了降解，从而降低了 COD 及氨氮的含量。综合考虑 COD 及氨氮的去除率，确定反应 pH 为 pH=3。

（3）最佳工艺条件下的实验结果

根据上述最佳工艺条件的确定，取5份100mL经调碱预处理后的上清液（初始pH=12、COD=758mg/L、氨氮=178mg/L），固定pH=3，加入2.5g/L的H_2O_2，H_2O_2与Fe^{2+}投加比为5∶1，于室温下搅拌反应1.5 h；反应完成后投加活性炭量20g/L，搅拌反应60min后，静置取其上清液测COD和氨氮浓度。分别测5组平行试样的COD和氨氮浓度，计算其平均值，确定在该最佳工艺条件下的实验结果。垃圾渗滤液尾水经调碱预处理，Fenton-活性炭反应后各指标如表4-1-8所示。

表4-1-8　尾水水质经调碱预处理、活性炭吸附和Fenton氧化后指标

项目	尾水	调碱预处理	Fenton氧化	活性炭吸附
COD/(mg/L)	960	758	114	18
氨氮/(mg/L)	217	178	36	21

① COD处理效果　如表4-1-8所示，经过调碱预处理后，垃圾渗滤液尾水中的COD含量由960mg/L降低到了758mg/L，去除率为21%，之后进行Fenton-活性炭反应实验，将尾水中的COD含量由758mg/L降低到了18mg/L，去除率为97.6%。经过调碱预处理和Fenton-活性炭反应实验，最终尾水中的COD含量由960mg/L降低到了18mg/L，去除率为98.13%。最终出水COD为18mg/L，出水满足《生活垃圾填埋场污染控制标准》（GB 16889—2008）中的排放标准。如图4-1-38为垃圾渗滤液处理后的效果。

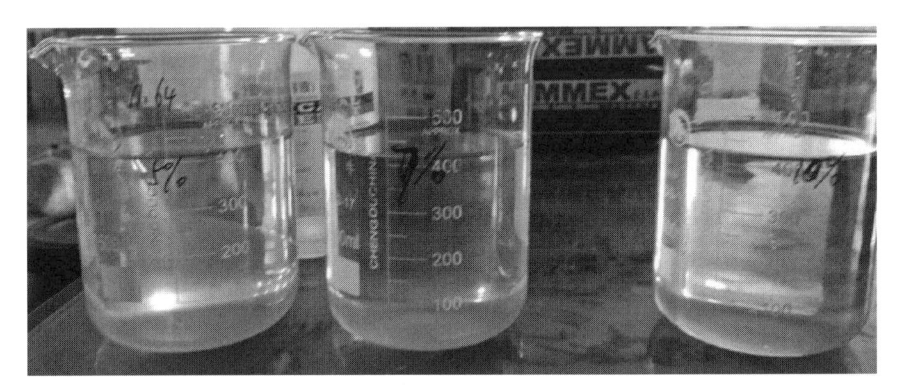

图4-1-38　垃圾渗滤液处理后效果

② 氨氮处理效果　如表4-1-8所示，经过调碱预处理后，垃圾渗滤液尾水的氨氮含量由217mg/L降低到了178mg/L，去除率为18.1%，之后进行Fenton-活性炭反应，将尾水的氨氮含量由178mg/L降低到了36mg/L，去除率为80%。经过调碱预处理和Fenton-活性炭反应，最终尾水中的氨氮含量由217mg/L降低到了21mg/L，去除率为90%。最终出水氨氮为21mg/L，出水满足《生活垃圾填埋场污染控制标准》（GB 16889—2008）中的排放标准。

（二）组合工艺对常州市某企业难降解有机废水的处理

江苏某化工有限公司是一家以光气为主要原料生产农药原药、制剂和农药中间体、化工中间体、精细化工产品以及聚氨酯材料、聚碳酸酯工程塑料等产品的化工生产企业。2019年7月，该化工有限公司签订了关闭搬迁协议，并严格按照协议规定和相关法规要求实施拆迁工作。但原场内存有约6000m^3的难降解有机废水需要进行应急处理。编者所在单位依托

“事故废水现场应急处置装备及监事设备研发（含应急装备和物资库）”中的2000m^3/d难降解有机废水应急处理工艺组合对此部分废水进行现场应急处理。

1. 水质情况

（1）设计进水水质情况

本项目中难降解有机废水中超标水质指标包括pH、COD、甲苯及二甲苯（表4-1-9）。

表4-1-9　江苏某化工有限公司难降解有机废水水质情况

项目	数值	项目	数值
pH	4～5	二甲苯/(mg/L)	2～5
甲苯/(mg/L)	5～12		

（2）设计出水水质情况

为了验证难降解有机废水处理工艺的处理效果，并结合项目园区内江边污水处理厂的实际接管要求，经过单位领导和项目组商议决定，本项目最终的出水目标综合参考《地表水环境质量标准》（GB 3838—2002）中Ⅴ类水质指标和《常州新区江边污水处理厂接管水质标准》，并考虑从严的水质要求，决定执行出水水质指标如表4-1-10所示。

表4-1-10　设计出水水质表

项目	接管要求①	地表Ⅴ类②	设计出水
pH	6～9	6～9	6～9
甲苯/(mg/L)	0.5	0.7	0.5
二甲苯/(mg/L)	1	0.5	0.5

① 接管要求表示江边污水处理厂接管水质要求。

② 地表Ⅴ类表示《地表水环境质量标准》（GB 3838—2002）中Ⅴ类水质，甲苯、二甲苯为集中式生活饮用水地表水源地特定项目标准限值。

（3）设计处理规模

结合编者所在单位的事故废水现场应急处置装备的特点，同时根据该化工有限公司对难降解有机废水的处理要求，本项目的设计处理规模为2000m^3/d。

2. 工艺小试实验

在设备应用现场，进行相关工艺实验，实验结果如图4-1-39所示。

原水中有较大量的油分，在实验室进行工艺实验采用“物理脱油→高级氧化→沉淀分

图4-1-39　工艺实验整体工艺段水质

离→产水”工艺路线，物理性脱油则为了去除水中的油分，避免进入后续处理工艺中影响相应的处理效果，且除油工艺在市场及实际应用中较为普遍，因此在应用过程中主要对高级氧化段进行针对性的实验（图 4-1-40）。

图 4-1-40　氧化实验段的主要步骤

现场实验主要从高级氧化的加药梯度、反应时间、反应条件的确定，最终产水表观水体透明，COD 总去除率 95%以上，甲苯、二甲苯总去除率 99%以上。

第二节　重金属废水应急处置技术工艺研究

一、典型重金属废水处理工艺与药剂

常见的重金属废水处理技术主要有化学法、物理化学法和生物法，包括化学沉淀、电解、离子交换、膜分离、吸附、混凝-化学沉淀、生物絮凝、生物吸附等技术。

重金属废水处理技术各自的特点对比如表 4-2-1 所示。通过实地调研和文献调研可知，危险水域事故废水具有突发性、未知性、复杂性，以及重金属浓度范围分布广、水量大、水质组成变化幅度大、处理时效性要求高等特点，而氧化还原法、电解法、中和沉淀法、化学沉淀法、离子交换法、膜分离法、生物法不适用于处理水质复杂、水量较大、突发性强的重金属废水，因此拟选用混凝-化学沉淀法和吸附法，其具有技术成熟、操作简便、运行稳定、处理效果好、能同时去除多种重金属等优点。

表 4-2-1　重金属废水处理技术对比

类别	技术	特点
化学法	氧化还原法	优点：可以使水中的重金属离子向更容易产生沉淀或毒性更小的价态转换，然后沉淀去除 缺点：(1)污泥产生量大；(2)适用于处理单一重金属废水，不适用于复合重金属废水

续表

类别	技术	特点
化学法	电解法	优点：工艺成熟，占地面积小 缺点：(1)耗电量大，运行成本较高；(2)仅适用于处理浓度较高、水量较小的重金属废水
	中和沉淀法	优点：(1)能同步中和废水中各种酸及其混合液；(2)工艺简单，处理成本低 缺点：(1)反应速度较慢；(2)沉渣量大；(3)出水硬度高；(4)pH 变化大；(5)需分段沉淀
	硫化物化学沉淀法	优点：不易返溶 缺点：(1)硫化剂有毒，且成本较高；(2)导致处理工艺流程较长，运行成本高
	铁氧体化学沉淀法	优点：(1)设备简单，操作简便；(2)水质适用性强 缺点：废水处理后呈碱性，对环境造成二次污染
物理化学法	吸附法	优点：(1)可同时吸附多种重金属，适用于复合重金属废水；(2)吸附剂可再生循环使用，降低运行成本；(3)运行稳定，处理效果好；(4)几乎没有污泥产生 缺点：吸附剂价格偏高
	混凝-化学沉淀法	优点：(1)能够同时去除多种重金属，适用于复合重金属废水；(2)技术成熟，操作简便，运行稳定；(3)处理效果好 缺点：(1)适用于重金属初始浓度较高的废水，对浓度较低的重金属废水的去除效率偏低；(2)易产生大量的污泥
	离子交换法	优点：(1)可回收重金属，(2)处理效果好 缺点：(1)树脂易受污染或氧化失效；(2)运行成本高；(3)不适用于处理水量较大的废水
	膜分离法	优点：(1)占地面积小；(2)适用范围广；(3)处理效率高 缺点：(1)运行成本高；(2)膜易受污染堵塞；(3)不适用于处理水量较大的废水
生物法	生物吸附法	优点：(1)方便无毒；(2)不产生二次污染，絮凝效果好；(3)生长快，易于产业化 缺点：(1)筛选菌种周期较长；(2)运行不稳定；(3)该技术目前尚处于探索阶段，技术不成熟

二、重金属废水混凝-化学沉淀处理技术研究

1. 混凝剂筛选

在进行混凝-化学沉淀处理过程中，混凝剂种类对重金属去除效果有明显影响，因此先进行混凝剂 PFS、PAC 和 $FeCl_3$ 筛选，选出最优混凝剂。

当 Cd 初始浓度为 0.1mg/L（超标 1 倍）时，对比三种混凝剂对 Cd 的混凝-化学沉淀效果，结果如图 4-2-1 所示。结果表明，PFS 对重金属的去除效果优于 PAC 和 $FeCl_3$，其主要原因可能是 PFS 中的铁离子为过渡金属离子，变形性强，比其他两种混凝剂极化能力更为显著，可与配体发生较强的相互极化，产生更为牢固的结合。因而，选用 PFS 作为重金属废水混凝-化学沉淀处理的最佳混凝剂。

2. 单一重金属的混凝-化学沉淀效果分析

为研究配水中单一重金属的最优混凝-化学沉淀条件，设置重金属初始浓度为超标 50 倍，分别为：Cd 5mg/L、Pb 50mg/L、Cu 25mg/L、Zn 100mg/L、Cr(Ⅵ) 25mg/L、Hg

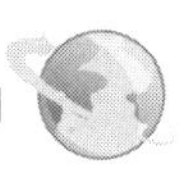

2.5mg/L，开展 PFS 去除实验，结果如图 4-2-2 所示。

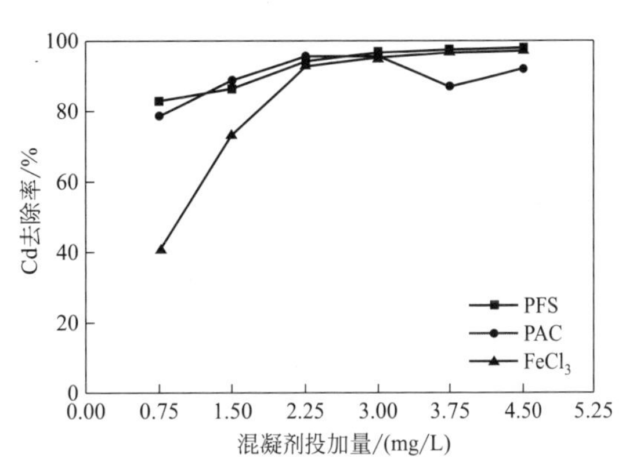

图 4-2-1　混凝剂种类对 Cd 去除效果的影响

实验表明，将重金属浓度降至《污水综合排放标准》，即去除率达到 98%时的最优混凝-化学沉淀条件分别为：针对重金属 Cd，PFS 最优投加量为 30mg/L，最佳 pH 值为 9～10，最优沉淀时间为 70min；针对重金属 Pb，PFS 最优投加量为 15mg/L，最佳 pH 值为 6～7，最优沉淀时间为 60min；针对重金属 Cu，PFS 最优投加量为 3mg/L，最佳 pH 值为 6～7，最优沉淀时间为 30min；针对重金属 Zn，PFS 最优投加量为 100mg/L，最佳 pH 值为 7～8，最优沉淀时间为 40min；针对重金属 Cr(Ⅵ)，选用硫酸亚铁（$FeSO_4$）还原法与 PFS 混凝-化学沉淀法联合处理含 Cr(Ⅵ) 废水，$FeSO_4$ 最优投加量为其理论值的 1.2 倍，PFS 最优投加量为 20mg/L，最佳 pH 值为 7～8，最优沉淀时间为 30min；针对重金属 Hg，选用硫化物沉淀法与 PFS 混凝-化学沉淀法联合处理含 Hg 废水，Na_2S 最优投加量为 5mg/L，PFS 最优投加量为 110mg/L，最佳 pH 值为 9，最优沉淀时间为 30min。

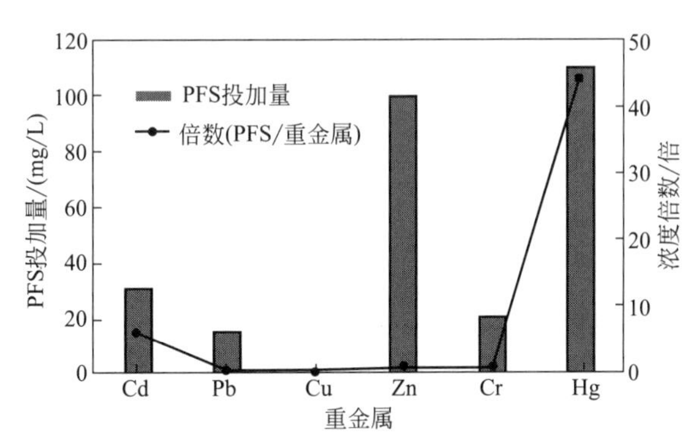

图 4-2-2　配水中单一重金属的 PFS 最优投加量和倍数

实验发现，PFS 最优投加量与重金属初始浓度的倍数值分别为：Cd 6 倍、Pb 0.3 倍、Cu 0.12 倍、Zn 1 倍、Cr(Ⅵ) 0.8 倍、Hg 44 倍。在重金属污染废水处理过程中，可根据水体重金属浓度和倍数值相应调整合适的 PFS 投加量。同时，本实验对其他混凝剂对复合重金属的去除也进行了研究，结果见表 4-2-4。

采用天津市滨海新区临港工业园区胜科污水厂进水配制模拟实际废水，其基本水质条件见表 4-2-2。在初始水质一定的情况下，对单一重金属实际废水混凝-化学沉淀处理的 PFS 投加量进行优化，结果如图 4-2-3 和表 4-2-3 所示。

表 4-2-2　实际废水水质参数

指标	COD/(mg/L)	TN/(mg/L)	TP/(mg/L)	NH_3N/(mg/L)	pH	SS/(mg/L)
数值	260	72	2.5	40	7.5	48
指标	Cd/(mg/L)	Pb/(mg/L)	Cu/(mg/L)	Zn/(mg/L)	Cr/(mg/L)	Hg/(mg/L)
数值	5	50	25	100	25	2.5

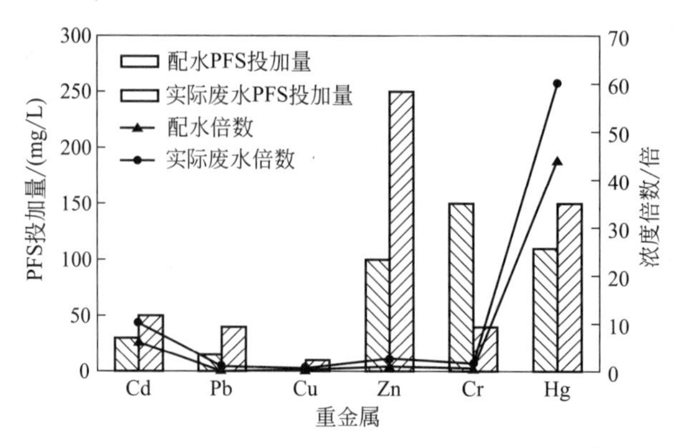

图 4-2-3 单一重金属的 PFS 最优投加量和倍数

表 4-2-3 混凝剂 PFS 对不同重金属的最佳混凝-化学沉淀条件（配水＋实际废水）

重金属	初始浓度/(mg/L)	pH	混凝剂投加量/(mg/L)	反应时间/min	去除率/%
Cd	5	9～10(7.5)	PFS＝30(50)	70	99.5(99.2)
Pb	50	6～7(7.5)	PFS＝15(40)	40	99.2(99.3)
Cu	25	6～7(7.5)	PFS＝3(10)	30	98.5(99.7)
Zn	100	7～8(7.5)	PFS＝100(250)	40	98.2(98.0)
Cr(Ⅵ)	25	7～8(7.5)	$FeSO_4$＝1.2 倍理论量(3Fe/Cr),PFS＝20(40)	30	99.5(98.2)
Hg	2.5	9(7.5)	Na_2S＝5,PFS＝110(150)	30	99.3(98.1)
Cu、Pb、Cd	Cu＝25,Pb＝50,Cd＝5	8	PFS＝60	45	98.4
复合重金属	Cd＝5,Pb＝50,Cu＝25,Zn＝100,Cr＝25,Hg＝2.5	9	$FeSO_4$＝1.6(2)倍理论量(3Fe/Cr),Na_2S＝8(10),PFS＝250(350)	40	99.3(99.1)

研究可知，采用混凝-化学沉淀技术处理单一重金属实际废水时，PFS 最优投加量分别为：Cd 50mg/L、Pb 40mg/L、Cu 10mg/L、Zn 250mg/L、Cr(Ⅵ) 40mg/L、Hg 150mg/L；PFS 最优投加量与重金属初始浓度的倍数值分别为：Cd 10 倍、Pb 0.8 倍、Cu 0.4 倍、Zn 2.5 倍、Cr(Ⅵ) 1.6 倍、Hg 60 倍。对比配水实验，实际废水的 PFS 最优投加量和浓度倍数均相应提高，这是因为水中其他物质对 PFS 产生了一定的消耗。

3. 复合重金属的混凝-化学沉淀效果分析

在水中重金属共存情况下，可以采用 PFS 混凝-化学沉淀技术将其同时去除。当共存的六种重金属均超标 50 倍时，最优参数下的重金属去除率如图 4-2-4 所示，结果表明，PFS 最优投加量为 250mg/L，$FeSO_4$ 最优投加量为理论所需量的 1.6 倍，比单一含 Cr(Ⅵ) 废水 $FeSO_4$ 所需量增加的原因可能是水中其他共存离子对 $FeSO_4$ 也有所消耗，最佳 pH 值为 9，Na_2S 最优投加量为 8mg/L，此参数下处理出水的六种重金属浓度均可满足《污水综合排放标准》。

以天津滨海工业带临港工业园区胜科污水处理厂的进水为原水，配制同时含有六种重金属（均超标 50 倍）的实际废水。实验确定六种重金属复合废水混凝-化学沉淀处理的最优参数，该参数下的重金属去除率如图 4-2-5 和表 4-2-3 所示。同时，本实验对其他混凝剂对复合重金属的去除也进行了研究，结果见表 4-2-4。

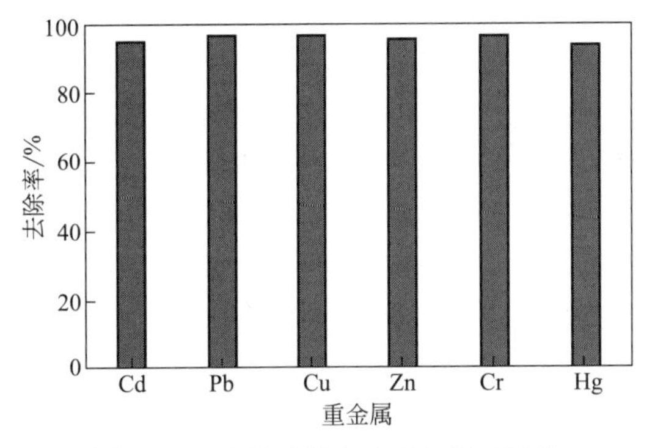

图 4-2-4 PFS 对配水中复合重金属的混凝-化学沉淀处理效果

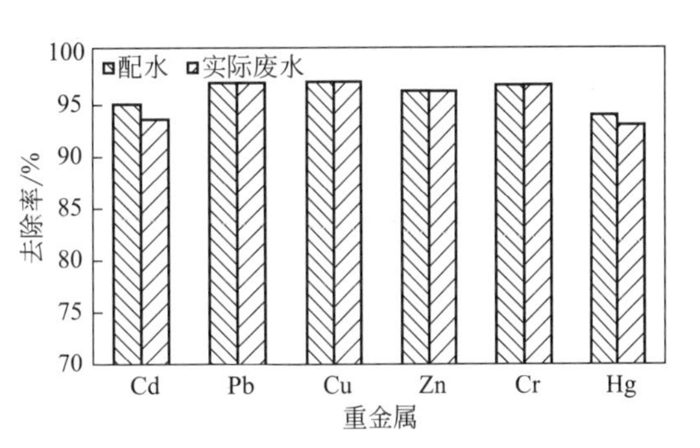

图 4-2-5 PFS 对复合重金属的混凝-化学沉淀处理效果

表 4-2-4 不同混凝剂对不同重金属（20mg/L）配水的最佳去除率

重金属	最佳去除率/%				
	$FeCl_3$	$Al_2(SO_4)_3$	PSAF	PAC	$FeSO_4 \cdot 7H_2O$
Cd	98(pH=10)	90(pH=10)	99(pH=10)	100(pH=6)	100(pH=9)
Pb	96(pH=7)	94(pH=8)	96(pH=9)	100(pH=6)	100(pH=9)
Cu	98(pH=8)	98(pH=7)	98(pH=8)	99(pH=6)	100(pH=9)
Zn	98(pH=9)	99(pH=8)	96(pH=9)	100(pH=6)	100(pH=9)
Cr(Ⅵ)	41(pH=8)	15(pH=10)	2(pH=6)	14(pH=6)	100(pH=9)
As(Ⅲ)	80(pH=8)	9(pH=9)	7(pH=9)	14(pH=6)	97(pH=9)
Cd+Cr(Ⅵ)	—	—	—	—	99(pH=8)
Cu+Cr(Ⅵ)	—	—	—	—	100(pH=6)
Zn+Cr(Ⅵ)	—	—	—	—	100(pH=8)
As(Ⅲ)+Cr(Ⅵ)	—	—	—	—	98(pH=9)

注：$FeSO_4 \cdot 7H_2O$ 投加量为 320mg/L，其余混凝剂投加量均为 10mg/L。

实验表明，当实际废水中六种重金属共存时，PFS 最优投加量为 350mg/L，$FeSO_4$ 最优投加量为理论所需量的 2.0 倍，最佳 pH 值为 9～10，Na_2S 最优投加量为 10mg/L，此条件下各个重金属的去除效果最好，去除率达 90%以上，均满足《污水综合排放标准》。对比配水和实际废水，使重金属去除率达 90%以上的实际废水药剂投加量远高于配水，这是因为实际废水中其他物质会消耗一部分药剂。

4. 硫酸亚铁混凝去除重金属

针对常见的絮凝剂如氯化铁（$FeCl_3$）、硫酸铝［$Al_2(SO_4)_3$］、聚合硫酸铁（PSF）、聚合氯化铝（PAC）以及聚合硅酸铝铁（PSAF）对 As(Ⅲ）和 Cr(Ⅵ）的去除效果不理想问题，本部分研究重点在于选择有效的混凝剂来增强废水中 As(Ⅲ）和 Cr(Ⅵ）的絮凝去除效果。Fe^{2+} 具有良好的还原性，当有 Cr(Ⅵ）存在时，Fe^{2+} 能够有效地将 Cr(Ⅵ）还原为 Cr^{3+}，同时 Fe^{2+} 被氧化为 Fe^{3+}，而 Fe^{3+} 在水中水解形成的 $FeOH^{2+}$、$Fe(OH)_2^+$、$Fe(OH)_3$ 等物质具有对重金属离子吸附的作用，通过控制体系的 pH 值可达到对水中重金属良好的絮凝去除效果。同时，已有文献报道，在 Fe^{2+} 被氧化为 Fe^{3+} 的过程中，可产生高铁 Fe(Ⅳ）活性物质并将 As(Ⅲ）氧化为较易吸附去除的 As(Ⅴ）。

混凝过程：配制含有铜、镉、锌、铬（Ⅵ）、砷（Ⅲ）浓度为20mg/L的混合溶液，取溶液500mL，然后用1mol/L的NaOH和1mol/L的HCl调节初始pH为3、5、7、9，投加不同量的七水合硫酸亚铁（160.5mg、240.5mg、321mg、401.25mg和481.5mg），先在搅拌速率为150r/min的条件下快速搅拌5min，然后在搅拌速率为50r/min的条件下慢速搅拌10min，静置30min后取上清液过滤测定重金属残留的浓度，同时测定溶液pH的变化，另外，取500mL以上浓度的溶液，先后加入不同剂量的七水合硫酸亚铁，在150r/min的条件下搅拌反应10min，然后用1mol/L的NaOH调节pH为6、7、8、9，按照以上的混凝程序进行混凝，混凝结束后静置30min后取上清液过滤测定残留重金属的浓度，分析重金属混凝去除效果。

（1）$FeSO_4 \cdot 7H_2O$对不同pH废水中重金属的絮凝去除效果

首先，考察了不同初始pH条件下，投加不同剂量硫酸亚铁对重金属离子的混凝去除效果。如图4-2-6所示，在初始pH为3、5、7时，随着硫酸亚铁投加量的增加，对重金属Cu、Cd和Zn的去除并不明显，而对Cr（Ⅵ）和As（Ⅲ）的去除效果随着初始pH的增加而明显提高。当初始pH增加到7以上，硫酸亚铁的投加量在321mg/L及以上时，Cr（Ⅵ）能够完全被去除。当初始的pH增大到9时，经混凝处理后，As（Ⅲ）和Cr（Ⅵ）的浓度分别为5.05mg/L和0mg/L，去除率分别为74.88%和100%。对Cu的混凝效果在投加硫酸亚铁为321mg/L时为最佳，此时Cu的残留浓度为7.44mg/L，去除率为66.18%。而硫酸亚铁对Cd和Zn有一定的混凝去除效果，且残留浓度随着硫酸亚铁投加量呈现先降低后

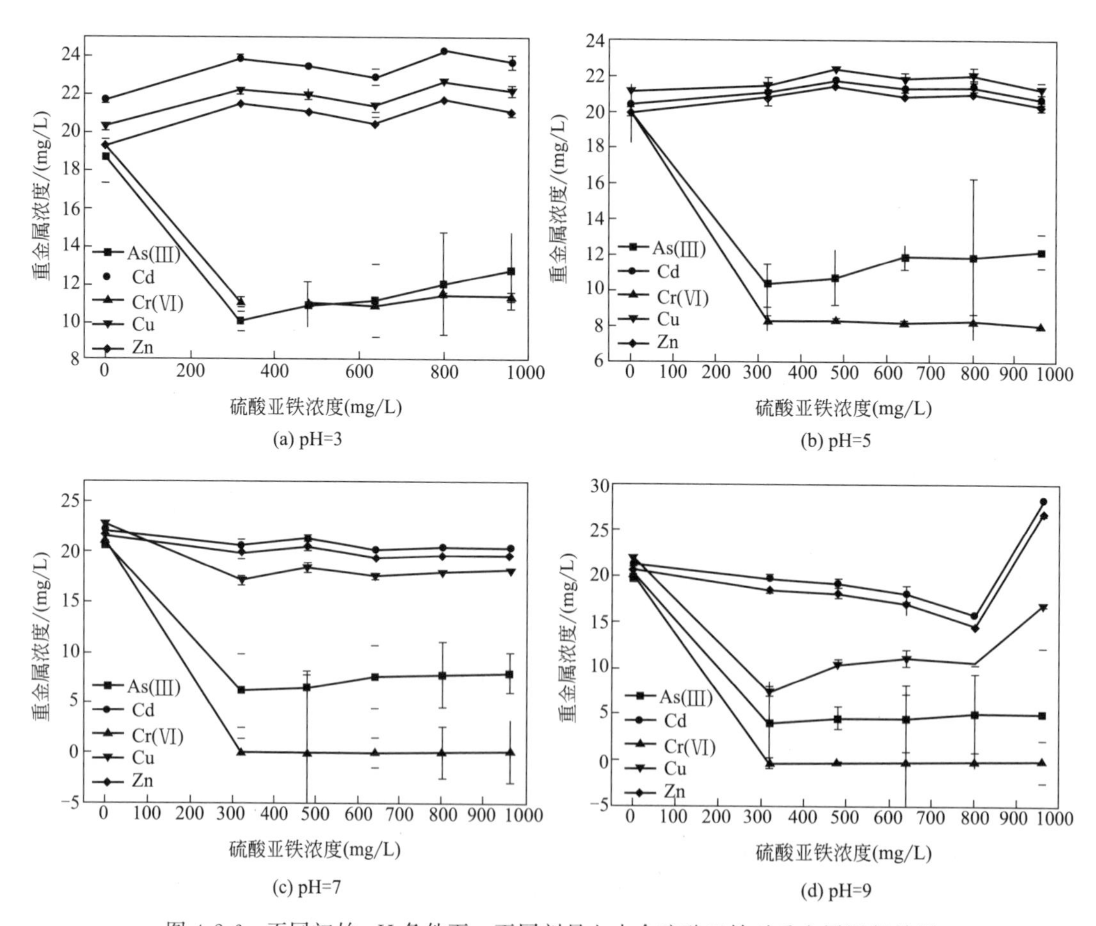

图4-2-6 不同初始pH条件下，不同剂量七水合硫酸亚铁对重金属混凝效果

升高的趋势，在硫酸亚铁的投加量为802.5mg/L时，残留的Cd和Zn的浓度分别为15.6mg/L和14.6mg/L，去除率分别为26.76%和29.47%。

对混凝后溶液的pH进行的测定，测定结果如图4-2-7所示。由结果可知，随着硫酸亚铁的投加量，溶液的pH也会降低，且随着投加量的增加，pH也会下降明显，这使硫酸亚铁对Cu、Cd和Zn的混凝去除效果不理想，因此，应考虑投加硫酸亚铁后调节溶液的pH以提高重金属的去除效果。

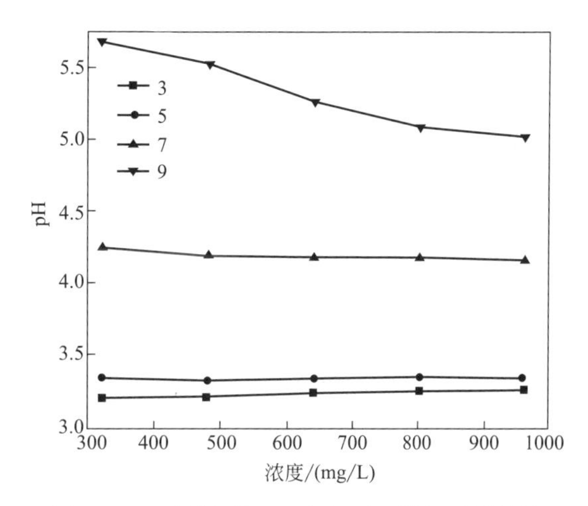

图4-2-7　不同初始pH条件下，投加不同剂量七水合硫酸亚铁后pH值的变化

(2) 投加硫酸亚铁后调节pH对重金属的混凝去除效果

对于不同pH废水，投加硫酸亚铁后，被Cr(Ⅵ)氧化生成的Fe^{3+}的水解使得溶液中初始的pH降低，使重金属的混凝去除效果不佳。在投加药剂后，调整溶液的pH会极大地提高重金属的混凝去除效果，结果如图4-2-8所示。当调整溶液的pH为6时，投加硫酸亚铁对Cr(Ⅵ)、As(Ⅲ)和Cu^{2+}的效果显著，

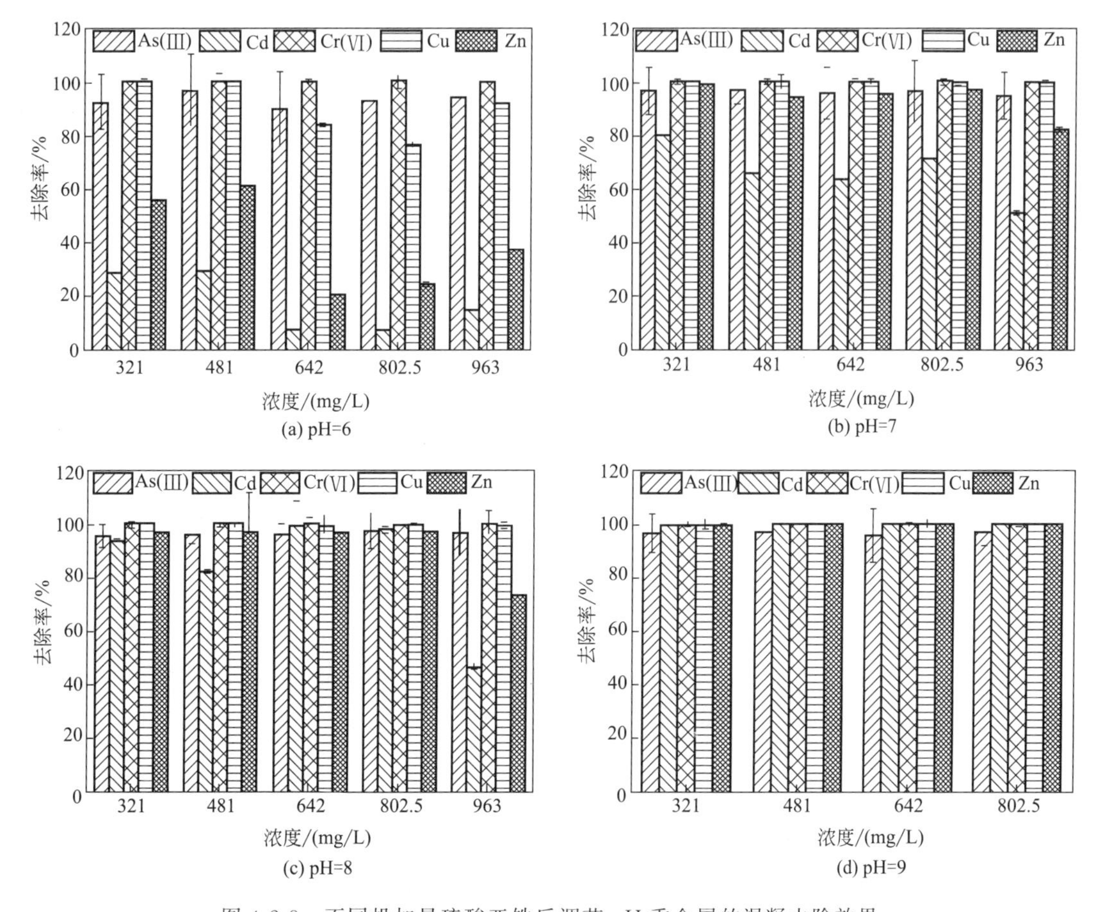

图4-2-8　不同投加量硫酸亚铁后调节pH重金属的混凝去除效果

在投加硫酸亚铁为481mg/L时，三者的去除率分别可达100%、96.94%和100%，而对Cd^{2+}和Zn^{2+}的去除效果较差。随着调节的溶液的pH升高，硫酸亚铁对Cr(Ⅵ)、As(Ⅲ)、Cu^{2+}、Cd^{2+}和Zn^{2+}五种重金属的混凝效果也相应提高。当调节pH为8时，投加642mg/L的七水合硫酸亚铁时，对Cr(Ⅵ)、As(Ⅲ)、Cu^{2+}、Cd^{2+}和Zn^{2+}的去除率可达100%、96.66%、100%、99.54%和97.10%。而当调节pH至9时，在$FeSO_4 \cdot 7H_2O$投加量为321mg/L的条件下，对Cr(Ⅵ)、As(Ⅲ)、Cu^{2+}、Cd^{2+}和Zn^{2+}的混凝去除率分别为99.9%、96.66%、99.9%、99.54%和97.10%。以上结果表明，与投加聚合硫酸铁与聚合硅酸铝铁混凝剂相比，投加硫酸亚铁预还原Cr(Ⅵ)后调整溶液的pH能够达到对含Cr(Ⅵ)废水中重金属完全混凝去除的效果。

(3) $FeSO_4 \cdot 7H_2O$对多元重金属的絮凝去除效果

对于不同pH的废水，投加七水合硫酸亚铁321mg/L混凝后，结果如图4-2-9所示，当Cr(Ⅵ)与As(Ⅲ)混合时，在初始pH为9时，两者的去除效果分别能达到96.76%和97.29%。而对于Cu、Zn和Cd分别与Cr(Ⅵ)两者混合时，当初始pH值由3逐渐升高至9时，虽然去除效果有所提升，但均不能达到满意效果，而对Cr(Ⅵ)的去除，当初始pH升高至11时，去除率均能达到100%。考察混凝后溶液pH的变化，结果如图4-2-9所示。结果表明投加$FeSO_4 \cdot 7H_2O$后，溶液的pH会很大程度上降低，这是导致硫酸亚铁混凝去除重金属效果不佳的主要原因，因此需要在投加药剂后，对溶液中的pH进行调整以提高硫酸亚铁对重金属的混凝效果。

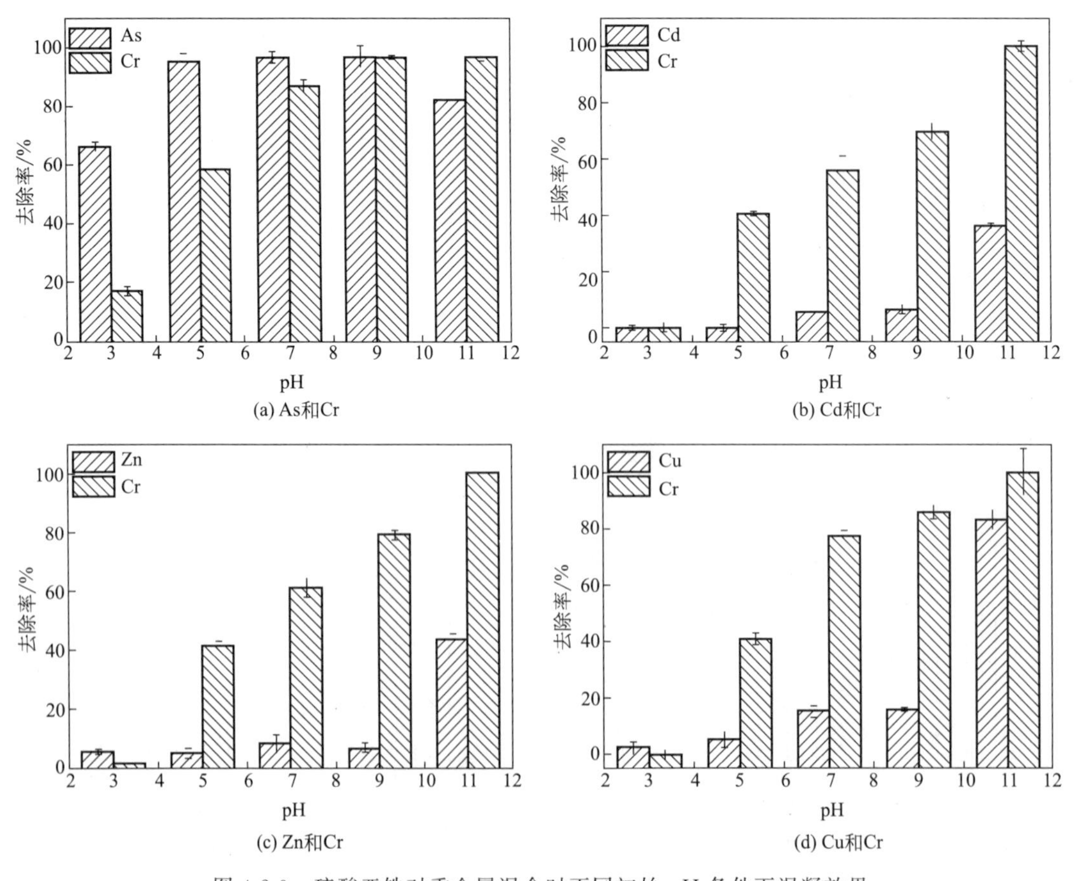

图4-2-9　硫酸亚铁对重金属混合时不同初始pH条件下混凝效果

投加硫酸亚铁（321mg/L）后调节 pH，对重金属的去除效果如图 4-2-10 所示，当调节 pH 至 5 以上，对 Cr(Ⅵ) 的去除率均能达到 100%。而当 Cr(Ⅵ) 与 As(Ⅲ) 混合时，调节 pH 至 9 时，投加 321mg/L 的硫酸亚铁对两者的去除率分别为 99%和 97.98%。Cr(Ⅵ) 和 Cd 混合时，投加硫酸亚铁（321mg/L）后调节 pH 为 8 时，对两者的去除率分别为 98.97%和 100%。当 Cr(Ⅵ) 和 Zn 混合时，投加 321mg/L 硫酸亚铁，调节 pH 至 8 时，两者的去除率均能达到 100%。投加相同量的硫酸亚铁，对 Cr(Ⅵ) 和 Cu 的混合液，调节 pH 至 6 时，对两者的去除率也均能达到 100%。以上结果表明，当只有 Cr(Ⅵ) 或 Cr(Ⅵ) 与其他重金属离子同时存在时，投加硫酸亚铁调整 pH 后，均能实现对重金属完全混凝去除的效果。

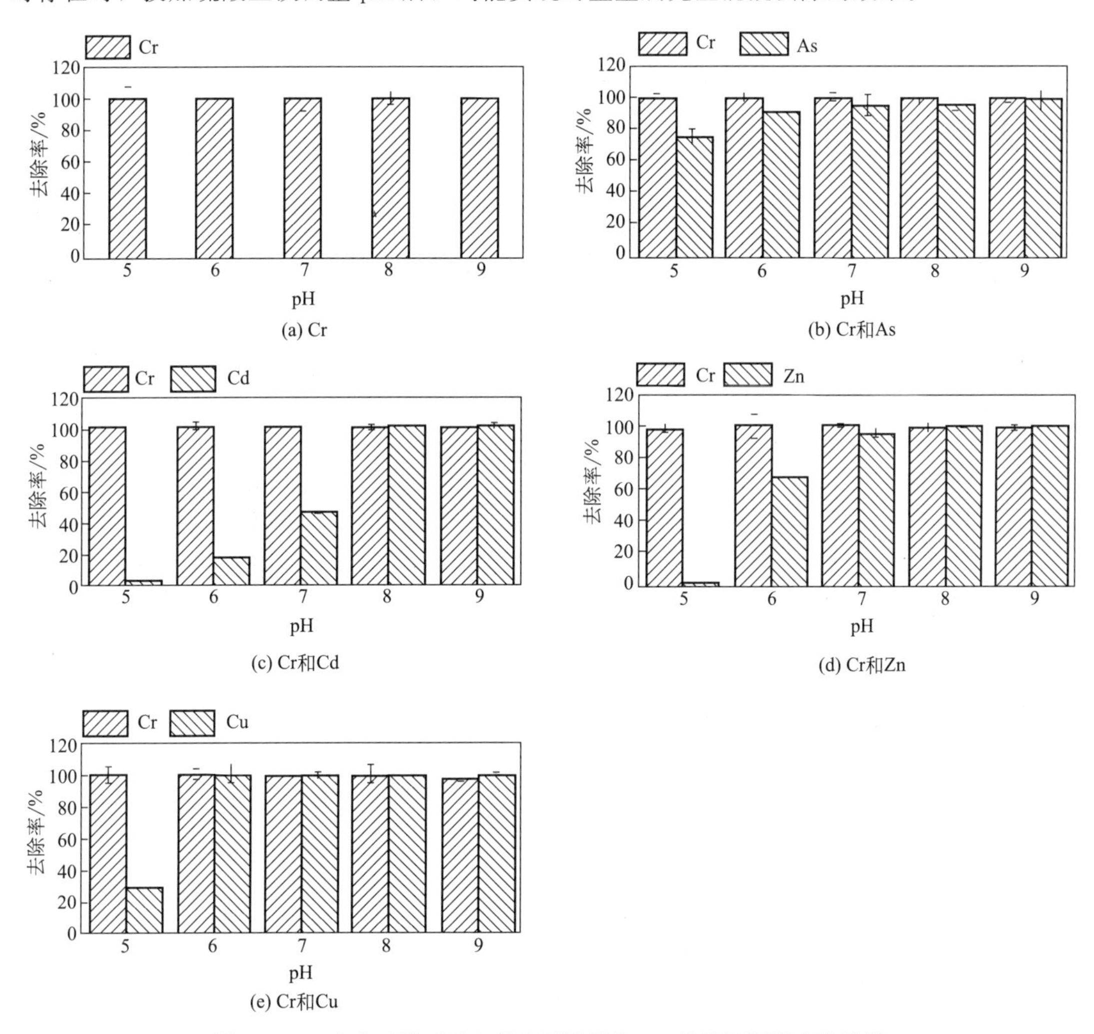

图 4-2-10 硫酸亚铁对重金属在不同最终 pH 条件下混凝去除效果

(4) 腐殖酸（HA）对 $FeSO_4 \cdot 7H_2O$ 混凝去除水中重金属的影响

实际废水中重金属多以络合态存在，在本部分实验中考察腐殖酸浓度对硫酸亚铁混凝去除重金属的影响。在重金属浓度均为 20mg/L，腐殖酸浓度分别为 10mg/L、20mg/L、30mg/L、40mg/L 时，不同初始 pH 条件下，投加 $FeSO_4 \cdot 7H_2O$（321mg/L）对重金属的混凝去除效果如图 4-2-11 所示，结果表明，腐殖酸的浓度对硫酸亚铁混凝去除重金属的效果并无影响，其中对于重金属 As(Ⅲ)、Cr(Ⅵ) 和 Cu 较容易去除，在不同的腐殖酸浓度条件下，当初始 pH 为 11 时，三者的去除率均能达到 100%。而对于 Cd 和 Zn 这两种重金属，在不同腐殖酸浓度条件下，去除率均随着初始 pH 的升高而提高，但不能完全去除。通过调节溶液的 pH 后，不同腐殖酸浓度下，硫酸亚铁对重金属的混凝去除效果如图 4-2-12 所示，结果显示当调整溶液中的 pH 为 9 时，不同腐殖酸浓度下，重金属 As(Ⅲ)、Cr(Ⅵ)、Cu、Cd 和 Zn 几乎能完全去除。以上结果表明，通过调整溶液的 pH 为 9，$FeSO_4 \cdot 7H_2O$ 对络合态的重金属同样具有良好的去除效果。

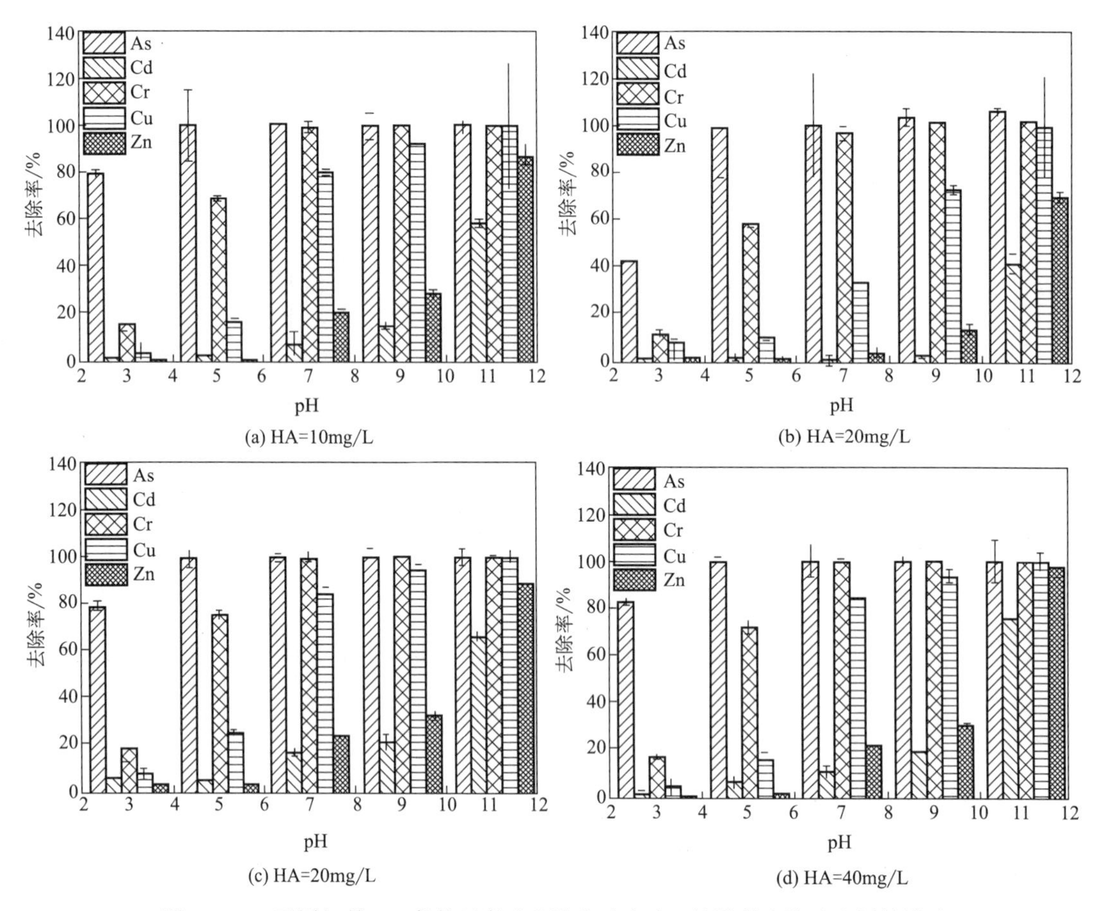

图 4-2-11 不同初始 pH 条件下腐殖酸浓度对硫酸亚铁混凝去除重金属的影响

(5) 实际废水中重金属的 $FeSO_4 \cdot 7H_2O$ 混凝去除

由以上的实验可知在 $FeSO_4 \cdot 7H_2O$ 的投加量为 312mg/L，调节溶液的 pH 为 9，Fe^{2+} 对重金属的混凝效果最佳。进一步研究了硫酸亚铁在实际废水中对重金属的混凝去除效果，对采集的实际废水中的重金属进行了混凝去除，控制 $FeSO_4 \cdot 7H_2O$ 的投加量为 312mg/L，投加后调节溶液的 pH 为 9，混凝后实际废水中重金属的混凝去除效果如图 4-2-13 所示。由结果可知，在不同的实际废水的水质条件下，废水中的 As(Ⅲ)、Cr(Ⅵ)、Cu、Cd、Zn 重金属能够良好地去除，去除率均在 95%以上，从而可知，对于含 Cr(Ⅵ) 的事故废水，或是不含 Cr(Ⅵ) 的事故废水，都可以通过投加 $FeSO_4 \cdot 7H_2O$ 的混凝方式进行去除，这是因为硫酸亚铁具有良好的还原性，可以还原废水中难混凝去除的高价态金属离子，如 Cr(Ⅵ)，通过控制混凝条件，如调整溶液的 pH，可达到对事故废水中重金属良好的混凝去除效果，研究为事故废水中重金属污染的应急处理提供了依据。

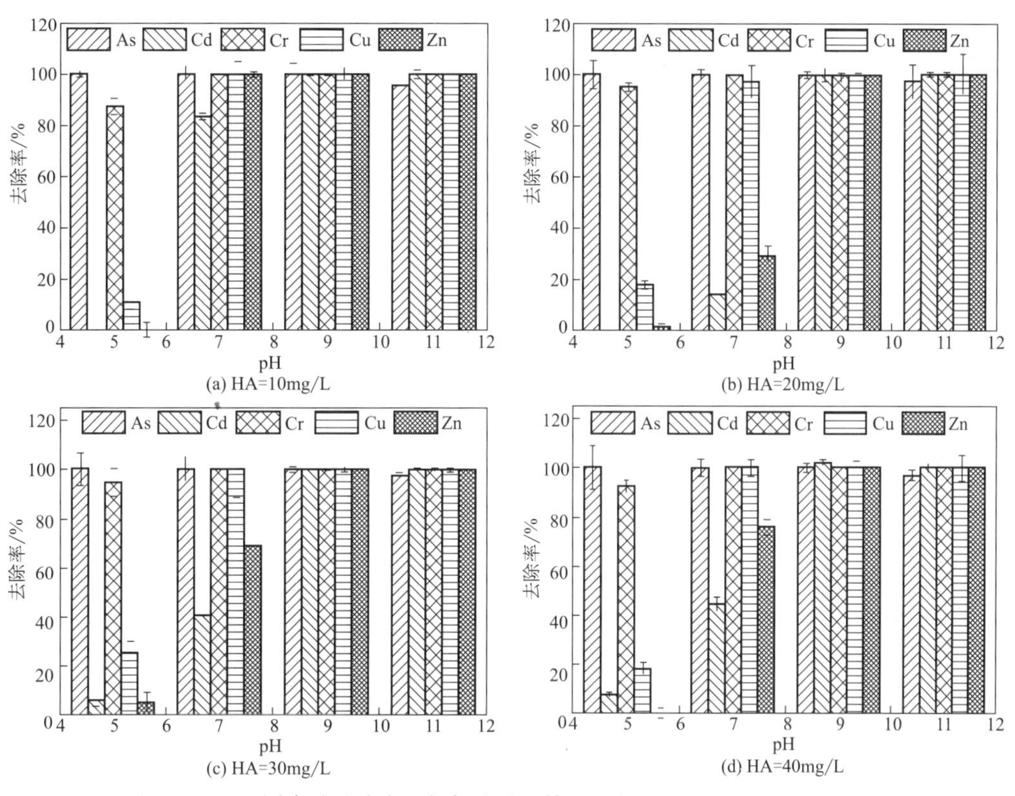

图 4-2-12　不同腐殖酸浓度下投加硫酸亚铁后调节 pH 对重金属的去除效果

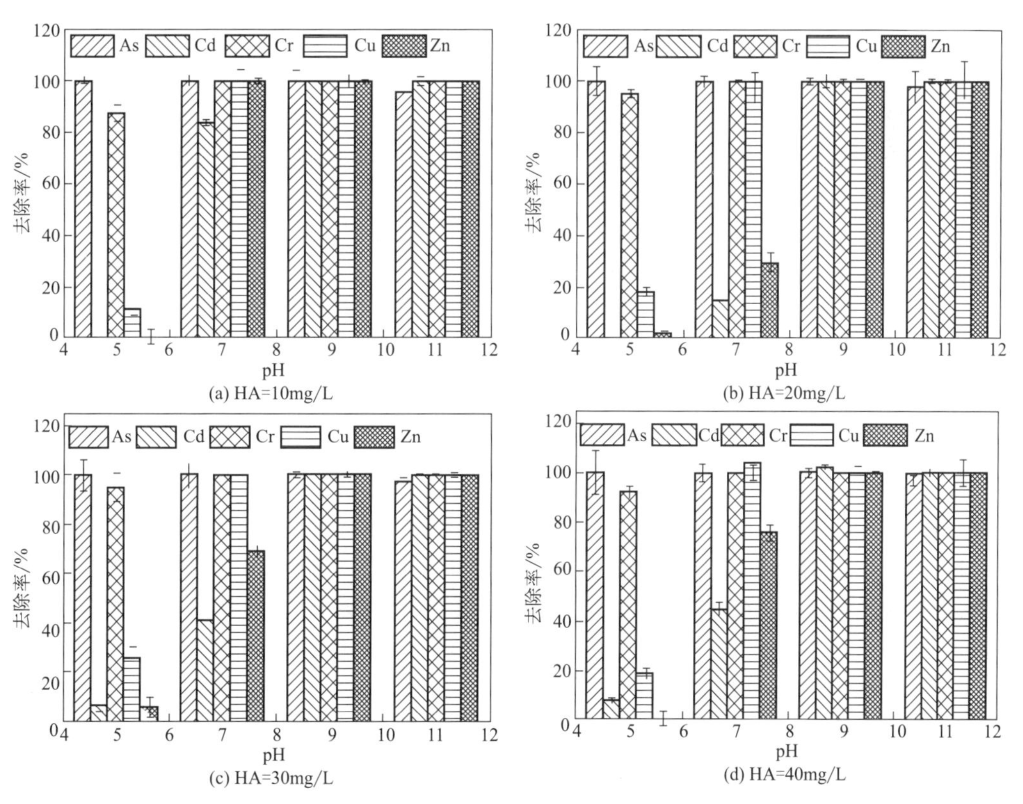

图 4-2-13　硫酸亚铁对实际废水中重金属的混凝去除效果

三、重金属废水吸附处理技术研究

1. 吸附剂筛选

因颗粒活性炭吸附容量高、吸附速率快、处理效果稳定，并且技术研究与应用相对成熟，因此选取颗粒活性炭作为吸附剂对重金属进行吸附。

研究发现，颗粒活性炭粒径大于200目时，对重金属的吸附效果较好，因此在吸附重金属的试验中，活性炭粒径选择200目。

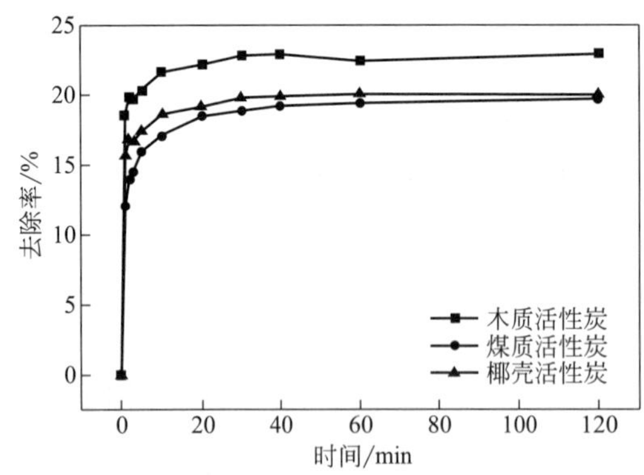

图 4-2-14　活性炭材质对Cu吸附效果的影响

选取常用的三种颗粒活性炭：椰壳活性炭、煤质活性炭和木质活性炭，通过对比其对重金属Cu的吸附效果进行筛选，如图4-2-14所示。结果表明，当Cu初始浓度为25mg/L、活性炭投加量为0.8g/L时，三种活性炭对Cu均能有效去除，且去除速率均较快。但是从最终平衡条件下的去除效果来看，木质活性炭的吸附效果优于椰壳活性炭和煤质活性炭。因此，木质活性炭更适宜作为处理重金属污染废水的吸附剂。

2. 单一重金属的吸附效果分析

为研究木质颗粒活性炭对单一重金属的吸附效果，设置Cd、Pb、Cu、Zn和Cr(Ⅵ)的初始浓度均为25mg/L，温度为25℃，转速为250r/min，在此条件下分别开展活性炭对不同重金属的吸附实验，结果如图4-2-15和表4-2-5所示。

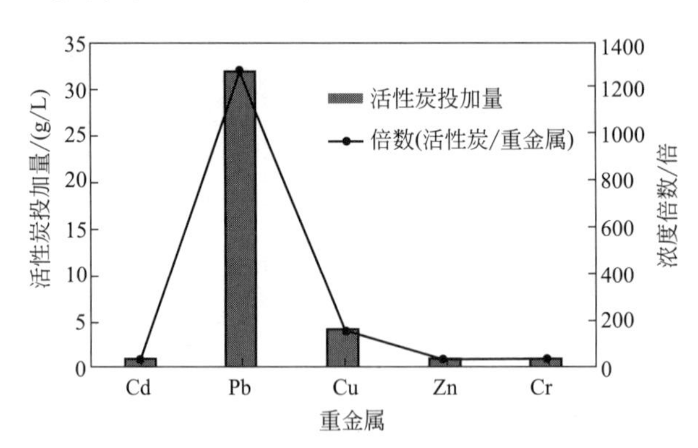

图 4-2-15　配水中单一重金属的活性炭最优投加量和倍数

研究表明，将重金属浓度降至《污水综合排放标准》时的最优吸附条件分别为：针对重金属Cd，活性炭最优投加量为0.8g/L，最佳pH为7～9，吸附平衡时间为40min；针对重金属Pb，活性炭最优投加量为32g/L，最佳pH为5～6，吸附平衡时间为60min；针对重金属Cu，活性炭最优投加量为4g/L，最佳pH为6～7，吸附平衡时间为60min；针对重金属Zn，活性炭最优投加量为0.8g/L，最佳pH为6～7，吸附平衡时间为120min；针对重金属Cr(Ⅵ)，活性炭最优投加量为0.8g/L，最佳pH为3，吸附平衡时间为40min。研究发现，活性炭最优投加量与重金属初始浓度的倍数值分别为：Cd 32倍、Pb 1280倍、Cu 160倍、Zn 32倍、Cr(Ⅵ) 32倍。在重金属污染废水处理过程中，可根据水体重金属浓度和倍

数值相应调整合适的活性炭投加量。

3.复合重金属的吸附效果分析

为确定活性炭对复合重金属的吸附效果，设置Cd、Pb、Cu、Zn和Cr(Ⅵ）初始浓度均为25mg/L，在pH值为2～10条件下分别研究活性炭对各个重金属的去除率，实验结果见表4-2-5。

表4-2-5　活性炭对不同重金属配水的最佳吸附条件

重金属	初始浓度/(mg/L)	pH	吸附时间/min	活性炭粒径/目	最佳活性炭投加量/(g/L)	去除率/%
Cd	25	7～9	40	>200	0.8	90
Pb	25	5～6	60	≥100	32	99
Cu	25	6～7	60	>200	4	99
Zn	25	6～7	120	>200	0.8	99
Cr	25	3	40	>200	0.8	80
Pb、Cr、Cu、Cd、Zn	25	6	60	>200	10	Pb=100，Cr=100，Cu=100，Cd=94，Zn=95

结果发现，当pH为2时，只有Pb能达标排放，其余重金属均不能达标，去除率排序为：Pb>Cr(Ⅵ）>Cu>Cd>Zn；当pH为3、4或5时，活性炭投加量增大至20g/L，五种重金属均能达标，去除率排序为：Pb>Cr(Ⅵ）>Cu>Cd>Zn；当pH为6时，活性炭投加量增大至10g/L，五种重金属均能达标，去除率排序为：Pb>Cu>Cr(Ⅵ）>Zn>Cd；当pH为7时，活性炭投加量增大至12g/L，五种重金属均能达标，去除率排序为：Pb=Cu>Zn>Cd>Cr(Ⅵ)；当pH为8时，活性炭投加量增大至13g/L，五种重金属均能达标，去除率排序为：Pb=Cu>Zn>Cd>Cr(Ⅵ)；当pH为9时，碱性环境不利于Cr(Ⅵ）的吸附，Cr(Ⅵ）无法达标排放，去除率排序为：Pb=Cu=Zn>Cd>Cr(Ⅵ)；当pH为10时，Cr(Ⅵ）去除率仅为45%，不能达标排放，去除率排序为：Pb=Cu=Zn=Cd>Cr(Ⅵ)。

因此，当五种重金属共存时，水体pH为6条件下重金属达标所需的活性炭投加量最低，仅为10g/L，其重金属去除率如图4-2-16所示。

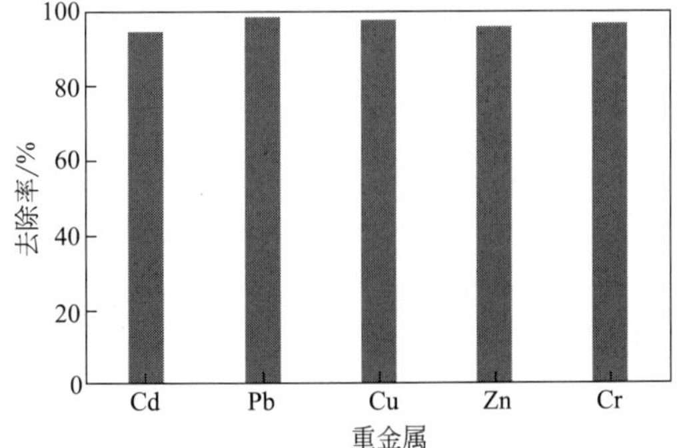

图4-2-16　活性炭对配水中复合重金属的吸附效果

采用活性炭处理复合重金属实际废水时，设置Cd、Pb、Cu、Zn和Cr(Ⅵ）初始浓度均为25mg/L，pH为2、3、7和8，研究活性炭对水中各个重金属的去除效果。结果表明，因实际废水中其他物质占据了活性炭部分吸附位点，导致活性炭对实际废水的去除率低于配水，20g/L的活性炭无法使实际废水中所有重金属同时达标排放。当pH为2时，仅有Pb达标；当pH为3时，仅有Pb、

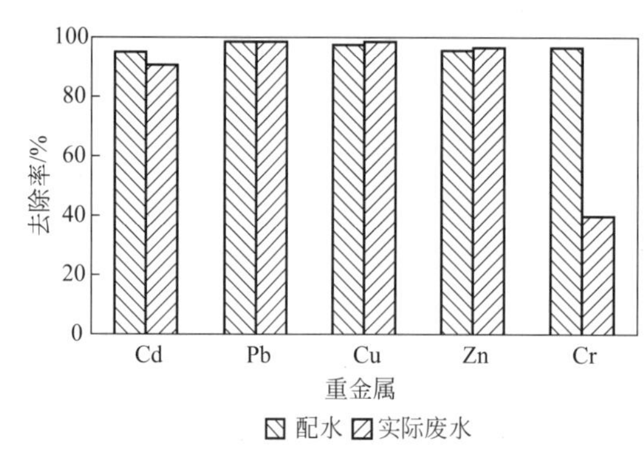

图 4-2-17 活性炭对复合重金属的吸附效果

Cu 和 Cr(Ⅵ) 达标；当 pH 为 7 和 8 时，Cr(Ⅵ) 不能达标，去除率仅为 40% 和 10%，如图 4-2-17 所示。因此，不宜单独使用活性炭技术处理复合重金属实际废水。

四、重金属废水去除的机理研究

1. 不同 pH 下混凝去除重金属机理分析

水体中重金属离子的种类分布会随着 pH 的变化而变化，为了考察调节 pH 后重金属离子的含量，在不同的 pH 条件下，对溶液中溶解态的重金属离子的浓度进行了测定，分析了在不投加混凝剂调节 pH 的条件下，Cu、Cd、Pb、Zn 的去除率和 As(Ⅲ) 和 Cr(Ⅵ) 的浓度变化，结果如图 4-2-18 所示。结果表明，随着 pH 的升高，溶解态的 Cu、Cd、Pb、Zn 的浓度快速地减小，当 pH 分别为 8、9、10 时，溶解态的 Cu、Zn、Pd 浓度为 0mg/L。而当溶液中的 pH 为 10 时，残留的溶解态 Cd 的浓度为 2.5mg/L。对于 As(Ⅲ) 和 Cr(Ⅵ)，其浓度不随溶液 pH 变化。

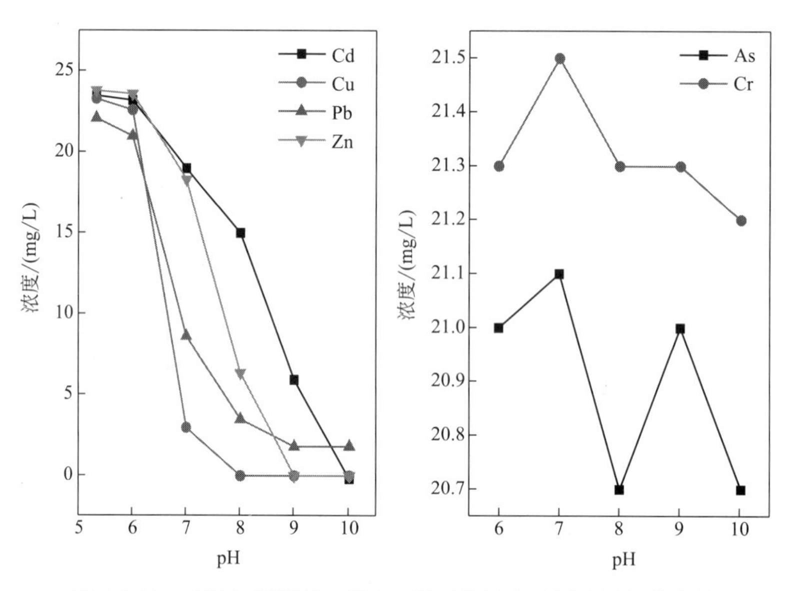

图 4-2-18 不投加混凝剂，调节 pH 后溶解态金属离子浓度变化

不同的重金属离子，在水溶液中，其种类分布区别很大，对于 Cu^{2+}、Cd^{2+}、Pb^{2+}、Zn^{2+}，随着 pH 的增大，其将以氢氧化物的形态存在，最终将转化为氢氧化物沉淀。因此，可推断，在不同的 pH 条件下，对于不同形态的金属离子，混凝法去除水中重金属的机理也不同。

对于金属阳离子，当溶液中的 pH 小于 6 时，絮凝去除依靠产生的氢氧化铁或氢氧化铝的化学吸附作用去除，而当溶液中 pH 逐步升高，混凝去除重金属的机理则包括氢氧化铁或氢氧化铝的化学吸附和金属阳离子氢氧化物的共沉淀作用。而对于 As(Ⅲ) 和 Cr(Ⅵ)，由于其溶解态浓度并不会随着 pH 的变化而变化，因此可推断絮凝去除 As(Ⅲ) 和 Cr(Ⅵ) 则

依靠生成的氢氧化铁表面的吸附作用。众所周知，利用吸附去除 As(Ⅲ) 较为困难，需先将 As(Ⅲ) 氧化为 As(Ⅴ) 后，才能实现砷的高效吸附去除；对于 Cr(Ⅵ)，则需要将其还原为 Cr(Ⅲ)，才能实现高效的吸附沉淀去除。

2. 硫酸亚铁混凝去除重金属 Cr(Ⅵ) 和 As(Ⅲ) 的机理分析

对絮凝沉淀中的 Cr 和 As 元素的价态进行了 XPS 分析，以研究 $FeSO_4 \cdot 7H_2O$ 絮凝去除 Cr(Ⅵ) 和 As(Ⅲ) 的机理。如图 4-2-19 和图 4-2-20 所示，在絮凝沉淀中大部分 Cr(Ⅵ) 被还原成 Cr(Ⅲ)，而 As(Ⅲ) 被氧化为 As(Ⅴ)。

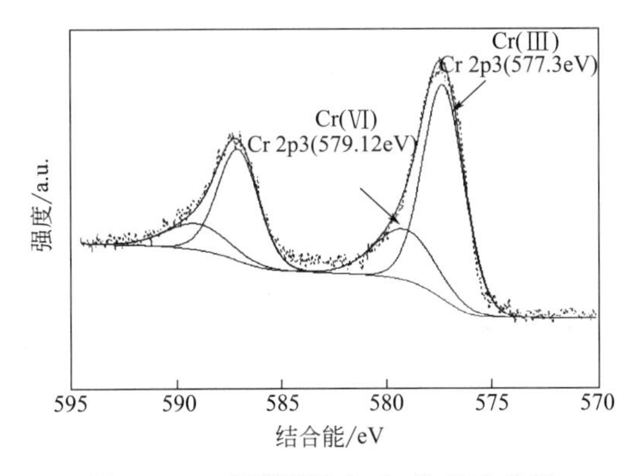

图 4-2-19　絮凝沉淀中 Cr 的 XPS 分析

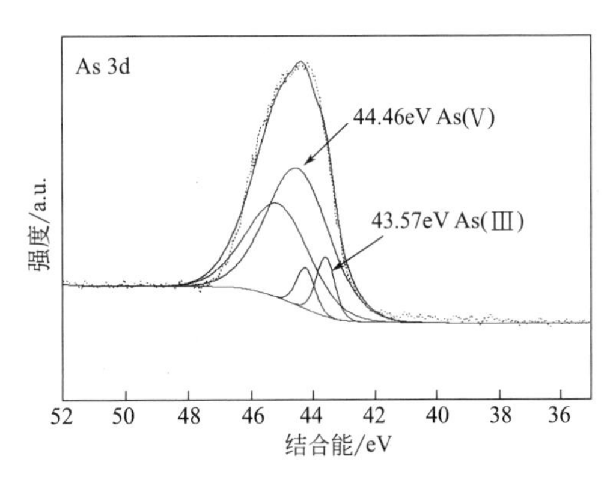

图 4-2-20　絮凝沉淀中 As 的 XPS 分析

我们推断 Cr(Ⅵ) 可被 Fe^{2+} 还原为 Cr(Ⅲ)：

$$6Fe^{2+} Cr_2O_7^{2-} + 14H^+ \longrightarrow 2Cr^{3+} 6Fe^{3+} + 7H_2O \tag{4-2-1}$$

同时，根据文献报道，在 Fe^{2+} 氧化过程中，可生成一系列自由基和活性物种。在酸性条件下，Fe^{2+} 为 Fe（Ⅱ）的主要形态；而在中碱性条件下，$Fe^{Ⅱ}OH^+$ 为其主要形态。在酸性条件下，Fe^{2+} 与 H_2O_2 反应生成 ·OH 自由基［式(4-2-5)］；而在中碱性条件下，$Fe^{Ⅱ}OH^+$ 与 H_2O_2 反应生成活性物种四价铁［Fe(Ⅳ)］［式(4-2-6) 和式(4-2-7)］。

$$Fe^{2+} + O_2 \longrightarrow Fe^{3+} + \cdot O_2^- \tag{4-2-2}$$

$$Fe^{2+} \cdot O_2^- + 2H^+ \longrightarrow Fe^{3+} + H_2O_2 \tag{4-2-3}$$

$$\cdot O_2^- + HO_2 \cdot + H^+ \longrightarrow O_2 + H_2O_2 \tag{4-2-4}$$

$$Fe^{2+} + H_2O_2 \longrightarrow Fe^{3+} + \cdot OH + OH^- \tag{4-2-5}$$

$$Fe^{Ⅱ}OH^+ + H_2O_2 \longrightarrow INT-OH \tag{4-2-6}$$

$$INT-OH \longrightarrow Fe(Ⅳ) \tag{4-2-7}$$

其中，生成的 Fe(Ⅳ) 具有强氧化性，可将 As(Ⅲ) 氧化为 As(Ⅴ)：

$$Fe(Ⅳ) + As(Ⅲ) \longrightarrow Fe(Ⅲ) + As(Ⅴ) \tag{4-2-8}$$

因此，在 $FeSO_4 \cdot 7H_2O$ 絮凝去除 Cr(Ⅵ) 和 As(Ⅲ) 的过程中，Cr(Ⅵ) 和 As(Ⅲ) 分别转化为容易去除的 Cr(Ⅲ) 和 As(Ⅴ)。

随后，通过调控 pH，Fe^{3+} 可发生以下水解反应：

$$Fe^{3+} + H_2O \longrightarrow FeOH^{2+} + H^+ \tag{4-2-9}$$

$$Fe^{3+} + 2H_2O \longrightarrow Fe(OH)_2^+ + 2H^+ \tag{4-2-10}$$

$$Fe^{3+}+3H_2O \longrightarrow Fe(OH)_3(aq)+3H^+ \tag{4-2-11}$$

$$Fe^{3+}+3OH^- \longrightarrow Fe(OH)_3\downarrow \tag{4-2-12}$$

生成的$Fe(OH)_3$可吸附Cr(Ⅲ)和As(Ⅴ)，实现其高效去除。同时，调节废水的pH至一定范围，废水中的Cr(Ⅲ)还会转化为氢氧化物颗粒，依靠Fe^{3+}的絮凝作用而去除。

$$Cr^{3+}+3OH^- \longrightarrow Cr(OH)_3\downarrow \tag{4-2-13}$$

3. 天然有机物对活性炭吸附重金属的机理研究

活性炭吸附作为最广泛应用于重金属去除的水处理工艺之一，在去除重金属的过程中必定会受水质条件的影响。天然有机物（NOM）作为水中最常见的有机物，必定会影响活性炭的物化性质，以及重金属在水中的物化状态和溶解状态，进而影响活性炭对重金属的吸附作用和去除效果。因此，本实验主要研究NOM的浓度对活性炭在吸附重金属过程中的影响；通过在不同NOM浓度的条件下，对吸附动力学进行分析，解释NOM存在条件下的吸附过程；通过吸附前后活性炭的表征，探讨吸附过程中NOM对重金属吸附效果的影响。

实验选用的NOM为国际腐殖质IHSS密西西比河NOM，它的主要成分如表4-2-6所示。

表4-2-6 密西西比河中NOM的主要成分

成分	C	H	O	N	S	P	As
比例/%	48.8	3.9	39.7	1.02	0.6	0.02	7.0

此实验在模拟废水中进行，配制重金属与NOM混合水样，水样中重金属初始浓度为0.5mmol/L，NOM浓度梯度设置为1mg/L、5mg/L、10mg/L，编号分别为重金属-1、重金属-5、重金属-10，重金属单一溶液编号为重金属-0，水样样品体积为25mL，置于50mL离心管中。样品水样的pH值设置为6，活性炭投加量选取0.8g/L，振荡器转速设置为250r/min，振荡时候的环境温度定为25℃，取样后的样品均经0.45μm的滤膜进行过滤，吸附后样品溶液中重金属的残余浓度用电感耦合等离子体原子发射光谱法（ICP-OES）进行检测。将吸附后的样品溶液进行压滤，从而将样品中的活性炭与重金属分离，分离后的活性炭用去离子水反复冲洗至pH呈中性为止，将处理后的活性炭放在干燥箱中进行恒温干燥，并用塑封袋装封放于干燥器中。后期将对吸附前和对单一重金属吸附后以及重金属-10吸附后的活性炭进行SEM、BET表征分析，以下为活性炭对重金属Pb处理过程中NOM的影响机制研究。

（1）吸附动力学

常见的吸附动力学公式主要有以下3种。

① 伪一级动力学　伪一级动力学是基于平衡吸附量、吸附速率和时刻t时的吸附容量的差值成正比的假设之上成立的。满足伪一级动力学的吸附，限制这些吸附过程的吸附速率的因素为颗粒内部传质的阻力。伪一级动力学的方程见式(4-2-14)：

$$q_t=q_e(1-e^{-k_1t}) \tag{4-2-14}$$

式中　q_t——时刻t时的吸附量，mg/g；

q_e——平衡吸附量，mg/g；

k_1——伪一阶模型的吸附速率常数。

② 伪二级动力学　满足伪二级动力学的吸附过程中吸附速率的控制因素主要为化学过程，是基于吸附过程的吸附速率和吸附剂表面的吸附位点的平方成正比的假设成立的。伪二

级动力学的方程见式（4-2-15）：

$$q_t = \frac{k_2 q_e^2 t}{(1 + k_2 q_e t)} \tag{4-2-15}$$

式中　q_t——时刻 t 时的吸附量，mg/g；

q_e——平衡吸附量，mg/g；

k_2——伪二阶模型的吸附速率常数。

③ 颗粒内扩散模型　采用 Furusaw 和 Smith 提出的颗粒内扩散方程可得到颗粒内传质系数，用于探究吸附过程吸附质在吸附剂孔隙中的扩散快慢。其方程见式（4-2-16）：

$$q_t = kt^{1/2} + d \tag{4-2-16}$$

式中　q_t——时刻 t 时的吸附量，mg/g；

k——颗粒内扩散模型的速率常数；

d——颗粒内扩散模型的吸附常数。

为了考察活性炭对 Pb-0、Pb-1、Pb-5 和 Pb-10 的吸附动力学特性，采用 3 种动力学模型对实验结果数据进行非线性拟合，研究 NOM 及其浓度对活性炭吸附 Pb 的影响，从而确定吸附反应特性和吸附机理。Pb-0、Pb-1、Pb-5 和 Pb-10 条件下吸附动力学拟合图像如图 4-2-21 所示。

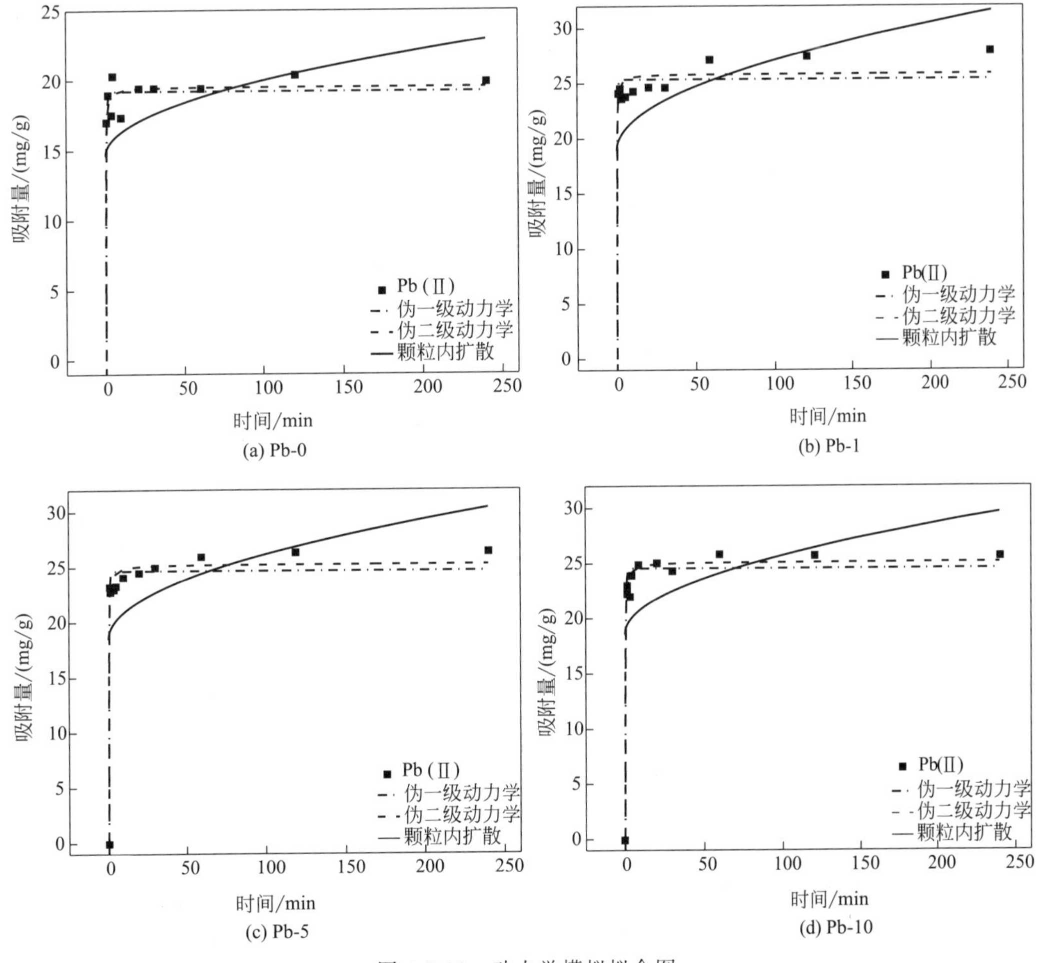

图 4-2-21　动力学模拟拟合图

由图可知，在吸附开始的5min内，活性炭对Pb-0、Pb-1、Pb-5和Pb-10的吸附量急剧增加，可基本达到最大吸附量的90%左右。随后，随着接触时间的增加，吸附量曲线的上升趋势变慢，在30min左右时候，吸附达到了动态平衡，吸附量基本不再发生变化。

Pb-0、Pb-1、Pb-5和Pb-10条件下吸附动力学拟合参数如表4-2-7所示。

表4-2-7 动力学模拟拟合参数

种类	伪一级动力学			伪二级动力学			颗粒内扩散		
	q_e	k_1	R^2	q_e	k_2	R^2	k	d	R^2
Pb-0	19.208	2.195	0.969	19.522	0.374	0.973	0.528	14.643	0.101
Pb-1	25.357	2.954	0.959	25.838	0.337	0.968	0.815	18.948	0.169
Pb-5	24.659	2.593	0.968	25.252	0.259	0.983	0.765	18.502	0.153
Pb-10	24.554	2.233	0.977	25.127	0.234	0.990	0.714	18.570	0.124

由表4-2-7可知，对动力学模型的线性关系参数（R^2）进行比较可知伪二级模型优于伪一级模型和颗粒内扩散模型，活性炭对Pb-0、Pb-1、Pb-5、Pb-10的吸附均符合伪二级模型，活性炭对Pb及Pb与NOM的混合吸附过程均属于化学吸附。由伪二级动力学平衡吸附量（q_e）可知，Pb-1(25.838mg/L)＞Pb-5(25.252mg/L)＞Pb-10(25.127mg/L)＞Pb-0(19.522mg/L)，由平衡吸附量可知，NOM对活性炭吸附Pb有促进作用，并且这种促进作用随着NOM浓度的增加而降低。

（2）BET表征

Pb-0和Pb-10条件下，吸附后活性炭吸脱附等温线、孔径分布的情况如图4-2-22、图4-2-23所示。由图4-2-22可知，Pb-0和Pb-10活性炭吸脱附等温线均符合Ⅰ型等温线，低压区吸附量直线上升，表明活性炭微孔发生吸附反应，进而证明活性炭中微孔的存在，并在吸附过程中占主导作用。此外，在P/P_0=0.75处，等温线显现微小的滞回环，可推测有类似于层状结构的孔状。在同等P/P_0条件下，Pb-0比Pb-10的吸附容量大一些，表明NOM占用了活性炭的一部分微孔和活性位点。

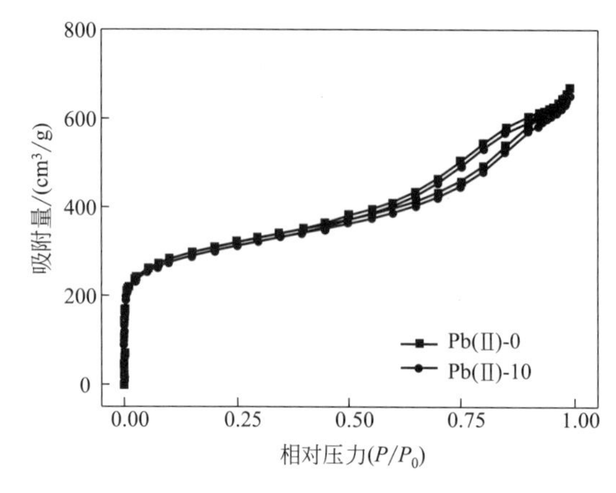

图4-2-22 Pb吸附后活性炭N_2的吸脱附等温线

由图4-2-23可知，Pb-0和Pb-10活性炭的孔径主要分布在0～0.75nm、1.0～1.25nm，从图中看出，相同孔径的孔，Pb-0比Pb-10的孔容大，从而证明了NOM占用了一部分孔体积。吸附前活性炭的比表面积为1128.32m^2/g，吸附之后活性炭的比表面积为：Pb-0 1124.62m^2/g，Pb-10 1097.92m^2/g。证明在吸附Pb过程中，微孔有很重要的作用，因为微孔的孔径为＜2nm，而Pb的水合离子半径为0.238nm，微孔为吸附的主要孔径。但是NOM为大分子物质，微孔的作用很小，Pb-10的比表面大幅度减小，说明NOM分子堵塞了孔径，但是被活性炭吸附的NOM分子为Pb提供吸附位点，从而促进了活性炭对Pb的吸附。但是随着NOM浓度的增加，孔径堵塞增加，而被吸附在活性炭表面的NOM分子相互黏结，提供的有效的活性位点的密度减少，因此随着NOM浓度的增加，活性炭对Pb的

促进作用随之减弱。

（3）SEM 表征

活性炭吸附前与 Pb-0 和 Pb-10 条件下吸附后活性炭扫描电镜（SEM）图像如图 4-2-24 所示。由图（a）和（b）可知，吸附前活性炭呈明显的块状，表面有清晰的孔径，且有少量的白色杂质；由图（c）和（d）可知，活性炭表面附着物明显增多，密度明显增大；由图（e）和（f）可知，活性炭表面附着物增大程度更大，能明显看见呈球状的 NOM 分子附着在活性炭表面，且 NOM 分子表面有明显的附着物。说明活性炭表面不仅能吸附重金属和 NOM，并且在 NOM 分子上能提供 Pb 的吸附点，从而证实了上述分析。

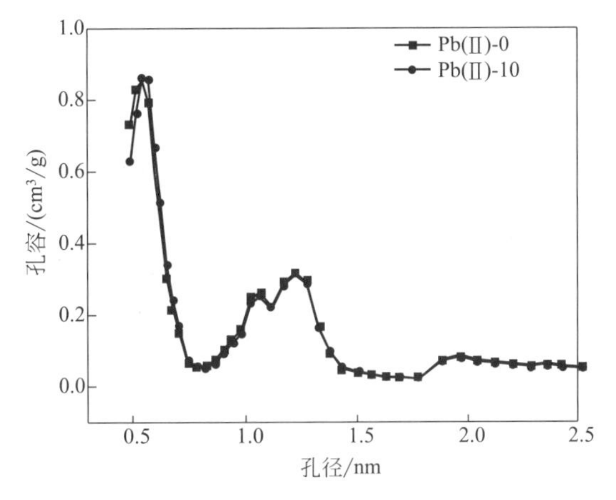

图 4-2-23 Pb 吸附后活性炭孔径分布

(a) 吸附前活性炭

(b) 吸附前活性炭

(c) Pb-0

(d) Pb-0

图 4-2-24

(e) Pb-10

(f) Pb-10

图 4-2-24　Pb 吸附前后活性炭扫描电镜图

同样，NOM 对活性炭去除重金属 Zn、Cu 和 Cr(Ⅵ）的机制也进行了相应研究。实验结果表明活性炭对不同重金属的吸附均符合伪二级动力学模型。且由平衡吸附量得出，NOM 对活性炭吸附 Pb、Zn 和 Cd 有促进作用，Pb、Zn 的促进作用随着 NOM 浓度的增加而降低，但 Cd 的促进作用随着 NOM 浓度的增加而变强。NOM 对活性炭吸附 Cu 和 Cr(Ⅵ）有抑制作用，且这种抑制作用随着 NOM 浓度的增加而增强。

第三节　基于含油废水颗粒化快速分离装置研发

对于含油废水的处理，实验主要针对颗粒化诱导凝集技术处理含油废水进行了研究。该技术主要目的是利用油水高效分离，分离出漂浮在水面上多种成分的废油，包括机油、煤油、柴油、润滑油、植物油及其他密度小于水的液体，不管水面上的油层厚薄，均可使其聚集回收至油箱。通过不同类型填充材料运用过滤诱导凝集技术对含有乳化油的含油废水进行深度处理，探索出不同流速对乳化油含油废水处理效果的影响，并为最终设备提供设计和分离数据参考。

一、颗粒化诱导凝集技术实验原理

颗粒化诱导凝集技术是对含油相对较低的乳化油的深度处理，当含油污水通过一个装有填充物的装置时，污水中的油滴会由小变大，这一过程就称为颗粒化诱导凝集技术，所用的填充材料称为颗粒化材料。它是利用油、水两相对颗粒化材料亲和力相差悬殊的特性，油粒被材料捕获而滞留于材料表面和孔隙内形成油膜，油膜增大到一定厚度时，在水力和浮力等作用下脱落合并聚结成较大的油粒。经过粗粒化处理后的污水，其含油量及原油性质并不发生改变，只是更容易用重力分离法将油除去。

“诱导凝集”理论是建立在亲油性颗粒化材料的基础上研发的一种用于处理含油废水中处于溶解状态的油脂的深度处理技术。当含油废水通过亲油性材料组成的粒化床的过滤时，含油废水中的微小油滴会在过滤介质的表面截留，被截留时材料表面将会被油包住，再流来的油滴也更容易润湿附着在上面，因而附着的油滴不断聚结扩大并形成油膜。由于浮力和反

向水流冲击作用，油膜会经过渗透作用传递到下一个填料层，油脂在水相中仍会形成油滴，该油滴粒径比聚结前的油滴粒径要大，便于更好地进行油水分离，从而实现粗粒化诱导凝集技术进行油水分离的目的。

二、颗粒化诱导凝集技术实验装置和材料

研究使用进水机配件的膜壳为各种填料的载体，经计算和测量本实验采用的膜壳直径为5.5cm，有效高度为26cm，有效容积为580mL。使用的填料由下到上分别为聚酯纤维材料、粒径为5～10mm的竹制活性炭、粒径为1～5mm的竹制活性炭、粒径为0.5～1mm的竹制活性炭、粒径为0.2～0.5mm的竹制活性炭、粒径为1～3mm的蛭石、粒径为2～4mm的煤粉活性炭和粒径为5～10mm的煤渣，见图4-3-1和图4-3-2，具体介绍如下。

(a) 粒径2～4mm煤粉活性炭

(b) 粒径0.5～1mm竹制活性炭

图4-3-1　粒径为2～4mm的煤粉活性炭和粒径为0.5～1mm的竹制活性炭

(a) 粒径5～10mm竹制活性炭

(b) 粒径1～5mm竹制活性炭

图4-3-2　粒径为5～10mm的竹制活性炭和粒径为1～5mm的竹制活性炭

1.纤维材料（浮油）

本装置使用的聚酯纤维材料为编者所在单位自行改性的聚酯纤维材料，与传统的聚酯纤维材料相比有更好的亲油性和更大的吸油量，可吸油量通常为自身质量的10～15倍，该材

料在本装置中主要用于吸附含油废水中的粒径较大的浮油，减缓后续处理层的压力和过滤掉含油废水中颗粒较大的杂质，该纤维材料可以定期进行更换，以便防止较大的颗粒进入其他层造成堵塞，影响出水质量。

2. 不同粒径的竹制活性炭（乳化油、溶解油）

本实验装置分别采用不同粒径的竹制活性炭，竹制活性炭具有机械强度高、细孔结构发达、吸附速度快、吸附容量高、易于再生、经久耐用等特点。由于油水混合物在不同粒径竹制活性炭中的停留时间不同，因此对于含油废水中不同粒径的油滴有不同的吸收效果，其中0.2～0.5mm的竹制活性炭层只用于吸附含油废水中的乳化油和溶解油。当竹制活性炭吸附饱和后，油脂将会通过渗析作用通过竹制活性炭，进入下一层，此外通过不同粒径的层次装填还可以有效地减缓由于流量的冲力对于各个填料层的冲击影响，增加装置运行的稳定性。

3. 1～3mm的蛭石（保护垫层）

蛭石表面光滑，具有一定的油脂光泽。在本装置中蛭石的主要作用是使竹制活性炭中渗透过的油脂快速脱离竹制活性炭，促进装置内油脂的转移速度。此外，蛭石也可以对细竹制活性炭起到一定的缓冲作用。

4. 2～4mm的煤粉活性炭（凝聚）

本装置中增加了一定厚度2～4mm粒径的煤粉活性炭，该活性炭表面具有一定的粗糙度，经过蛭石层的小油滴将会在煤粉活性炭的表面聚集，使小油滴凝结成较大的油滴而流出。因此该区域主要用于小油滴的凝聚，使出水中的油和水分离效果更加明显。

5. 5～10mm的煤渣

在装置的出水口装填一层颗粒较大的煤渣主要是防止装置内的其他填料随水流出，减缓水流不稳定对出水和装置内各填料层的影响。

实验中使用大豆油配制的含油量为50mg/L的油水混合物作为目标污染物。实验装置见图4-3-3和图4-3-4。

(a) 乳化油水混合物

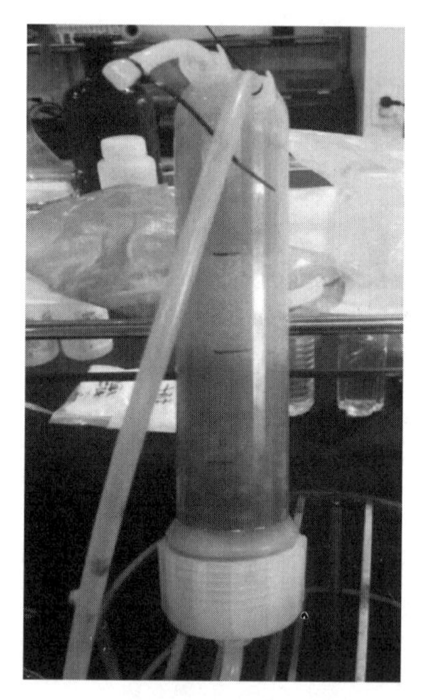

(b) 过滤分离装置

图4-3-3　实验进水采用的质量分数5%的乳化油水混合物和过滤分离装置

图 4-3-4　实验装置及油水分离过滤流程

三、颗粒化诱导凝集技术实验内容

实验过程中分别使用流速为 21.5mL/min、27.3mL/min、33.3mL/min、40.0mL/min、46.2mL/min、51.7mL/min、57.7mL/min、66.7mL/min、78.9mL/min 进行实验，并收集当前流速下水样进行含油量监测。在最快流速下继续进行油水分离实验，并检测装置运行 1h 和 2h 后产生水样的含油量。实验过程中分别记录流速为 21.5mL/min 时流经各个填料层的时间，并记录出水产生油花时流经膜壳的总流量，理论计算膜壳内填料对油脂的总饱和吸附量。

四、颗粒化诱导凝集技术实验结果分析

1. 含油废水在各个填料层的停留时间

流速为 21.5mL/min 时各个填料层的过滤情况如表 4-3-1 所示。

表 4-3-1　流速为 21.5mL/min 时各个填料层的过滤情况

编号	装填材料	装填高度/cm	水力停留时间/s	水面上升速度/(cm/min)
1	聚酯纤维材料	5	290	1.04
2	5～10mm 的竹制活性炭	2	38	3.16
3	1～5mm 的竹制活性炭	4	62	3.87
4	0.5～1mm 的竹制活性炭	2	29	4.14

续表

编号	装填材料	装填高度/cm	水力停留时间/s	水面上升速度/(cm/min)
5	0.2～0.5mm 的竹制活性炭	1	15	4.00
6	1～3mm 的蛭石	5	70	4.29
7	2～4mm 的煤粉活性炭	5	100	3.00
8	5～10mm 的煤渣	2	30	4.00
	总计	26	634	—

从表 4-3-1 可以看出乳化油水混合物在各个填料区的过滤情况，乳化油水混合物在聚酯纤维材料中有较慢的上升速度，主要是由于纤维材料有较大的孔内空间，能够容纳较大的水量。乳化油水混合物在蛭石填料层中具有较大的上升速度，主要是基于蛭石具有相对比较光滑的表面，对于水的吸收具有较弱的吸收效果。综合上表可以看出，当乳化含油废水以 21.5mL/min 进入该过滤分离装置时，总的停留时间为 634s，乳化油水混合物在该过滤装置内的平均上升速度为 2.46cm/min。

2. 填料对含油废水的总饱和吸附量

图 4-3-5 为乳化含油废水的进水情况和油水分离过程。在实验过程中发现当乳化含油废水总过水量为 2400mL 时，过滤后的出水开始出现浮油，过滤装置达到吸附饱和情况。因此本小试模型实验装置的饱和吸油量为 2400mL，当达到吸附饱和后出现明显的油水分离现象。

(a) 乳化含油废水进水情况

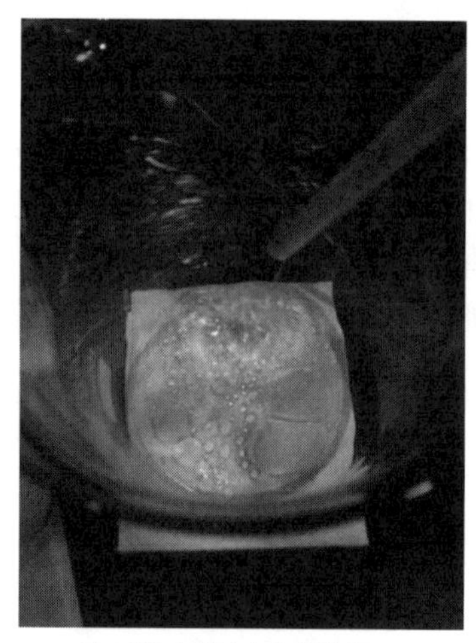

(b) 开始出现油水分离情况

(c) 明显的油水分离

图 4-3-5 乳化含油废水的进水情况和油水分离过程

3. 流通时间对含油废水处理的影响

(1) 流通时间对植物油废水处理的影响

实验过程中分别在装置吸油饱和后，进水流量为 78.9mL/min 时，测量油水分离现象开始 1h 后和 3h 后油水分离出水中水层的含油量（图 4-3-6）。经过分析可知油水分离现象开始 1h 后和 3h 后水层的含油量分别为 0.30mg/mL 和 0.32mg/mL，由表 4-3-2 可知反应 1～10h 后出水含油量基本不变，流通时间对出水的质量没有明显的影响，该装置出水具有很强的稳定性。

(a) 处理1h后

(b) 处理3h后

图 4-3-6　处理 1h 和 3h 后的油水分离情况

表 4-3-2　流通时间对植物油废水出水水质的影响分析

编号	时间/h	流量/(mL/min)	含油量/(mg/L)	油层中含水率/%
1	1	78.9	0.38	3.27
2	2	78.9	0.39	3.75
3	3	78.9	0.35	3.79
4	4	78.9	0.36	3.56
5	5	78.9	0.35	3.88
6	6	78.9	0.33	3.92
7	7	78.9	0.32	3.58
8	8	78.9	0.36	3.95
9	9	78.9	0.33	3.88
10	10	78.9	0.32	3.37

(2) 流通时间对柴油废水处理的影响

由表 4-3-3 可以看出，装置对于柴油的含油废水的处置效果随时间的变化并不大，说明该技术对于柴油废水同样具有很强的出水稳定性。

表 4-3-3　流通时间对柴油废水出水水质的影响分析

编号	时间/h	流量/(mL/min)	含油量/(mg/L)	油层中含水率/%
1	1	77.6	0.42	4.23
2	2	77.6	0.44	4.17
3	3	77.6	0.50	4.28
4	4	77.6	0.44	4.44
5	5	77.6	0.47	3.98

续表

编号	时间/h	流量/(mL/min)	含油量/(mg/L)	油层中含水率/%
6	6	77.6	0.51	4.20
7	7	77.6	0.55	4.36
8	8	77.6	0.48	4.50
9	9	77.6	0.44	4.10
10	10	77.6	0.47	4.18

(3) 流通时间对润滑油废水处理的影响

由表 4-3-4 可以看出，装置对于柴油的含油废水的处置效果随时间的变化并不大，说明该技术对于润滑油废水同样具有很强的出水稳定性。

表 4-3-4　流通时间对润滑油废水出水水质的影响分析

编号	时间/h	流量/(mL/min)	含油量/(mg/L)	油层中含水率/%
1	1	75.9	0.55	3.89
2	2	75.9	0.52	4.17
3	3	75.9	0.60	3.97
4	4	75.9	0.47	3.99
5	5	75.9	0.58	4.20
6	6	75.9	0.57	4.20
7	7	75.9	0.66	4.36
8	8	75.9	0.48	4.21
9	9	75.9	0.58	4.17
10	10	75.9	0.55	4.28

4. 流速对含油废水处理的影响

(1) 流速对含植物油废水处理的影响

表 4-3-5 为不同流速时对植物油废水的处理，由表中可以看出最大流量为 78.9mL/min、最小流量为 21.5mL/min 时该装置的处理出水很稳定，出水最大含油量为 0.35mg/L。本表可以看出在一定的流速范围内出水的含油量并不随着出水流量的升高而降低，具有很强的出水稳定性（图 4-3-7）。

表 4-3-5　流速对植物油废水出水水质的影响分析

编号	流量/(mL/min)	停留时间/s	含油量/(mg/L)
1	21.5	634	0.35
2	27.3	499	0.28
3	33.3	409	0.32
4	40.0	340	0.29
5	46.2	295	0.18
6	51.7	263	0.35
7	66.7	204	0.28
8	78.9	170	0.25

图 4-3-7　不同流速下的出水情况

（2）流速对柴油废水处理的影响

由表 4-3-6 可以看出最大流量为 77.6mL/min、最小流量为 22.3mL/min 时该装置的处理出水很稳定，出水最大含油量为 0.35mg/L。本表可以看出在一定的流速范围内出水的含油量并不随着出水流量的升高而降低，对于柴油废水具有很强的出水稳定性。

表 4-3-6　流速对柴油废水出水水质的影响分析

编号	流量/(mL/min)	含油量/(mg/L)	油层中含水率/%
1	22.3	0.49	4.44
2	28.6	0.53	4.43
3	34.7	0.55	4.52
4	40.2	0.58	4.83
5	44.8	0.49	3.89
6	52.3	0.58	5.11
7	68.9	0.60	4.18
8	77.6	0.55	4.37

（3）流速对润滑油废水处理的影响

由表 4-3-7 可以看出最大流量为 75.9mL/min、最小流量为 21.3mL/min 时该装置的处理出水很稳定，出水最大含油量为 0.65mg/L。本表可以看出在一定的流速范围内出水的含油量并不随着出水流量的升高而降低，对于润滑油废水具有很强的出水稳定性。

表 4-3-7　流速对润滑油废水出水水质的影响分析

编号	流量/(mL/min)	含油量/(mg/L)	油层中含水率/%
1	21.3	0.58	3.98
2	30.0	0.57	4.27
3	35.4	0.60	4.88
4	41.2	0.65	4.20
5	45.3	0.63	4.28
6	53.7	0.59	4.37
7	70.2	0.60	4.50
8	75.9	0.58	4.27

五、颗粒化诱导凝集技术各个填料层功能分析

在本实验过程中分别对含油废水在各个填料层的停留时间、填料对油脂的总饱和吸附量、流量对出水质量的影响以及流通时间对出水质量的影响进行了详细的记录和分析。结果表明该装置无论是在水流量变动较大的情况下还是在出水较长的时间下均具有比较稳定的出水质量。以上各个实验结果也说明了该技术方案具有很好的油水分离效果，同时也具有非常强的稳定性。

同样，本实验有力证明了颗粒化诱导凝集技术在含油废水油水分离过程中具有非常优异的效果。本实验探讨了含油废水在装置中的水力停留时间以及在各个填料层的流通速度，为工程化装置提供了有力的设计依据。同时也为该技术的工程化应用的可行性提供了强有力的证明和技术支持。

参考文献

[1] Zhang W, Zhou S, Sun J, et al. Impact of chloride ions on UV/H_2O_2 and UV/persulfate advanced oxidation processes [J]. Environmental Science & Technology, 2018, 52 (13): 7380-7389.

[2] Chen J, Zhang L, Huang T, et al. Decolorization of azo dye by peroxymonosulfate activated by carbon nanotube: Radical versus non-radical mechanism [J]. Journal of Hazardous Materials, 2016, 320: 571-580.

[3] Ma J, Yang Y, Jiang X, et al. Impacts of inorganic anions and natural organic matter on thermally activated persulfate oxidation of BTEX in water [J]. Chemosphere, 2018, 190: 296-306.

[4] Choi J, Cui M, Lee Y, et al. Hydrodynamic cavitation and activated persulfate oxidation for degradation of bisphenol A: Kinetics and mechanism [J]. Chemical Engineering Journal, 2018, 338: 323-332.

[5] Dong H, Qiang Z, Hu J, et al. Accelerated degradation of iopamidol in iron activated persulfate systems: Roles of complexing agents [J]. Chemical Engineering Journal, 2017, 316: 288-295.

[6] 聂永平，邓正栋，袁进. 苯胺废水处理技术研究进展 [J]. 环境工程学报，2003，4 (3)：77-81.

[7] 高金龙，马玉琳，孟庆来. 二价铁活化过硫酸盐降解土壤中十溴联苯醚 [J]. 环境工程学报，2016，10 (12)：7339-7343.

[8] Chen Y, Deng P, Xie P, et al. Heat-activated persulfate oxidation of methyl-and ethyl-parabens: Effect, kinetics, and mechanism [J]. Chemosphere, 2017, 168: 1628-1636.

[9] Wang S, Wu J, Lu X, et al. Removal of acetaminophen in the Fe^{2+}/persulfate system: Kinetic model and degradation pathways [J]. Chemical Engineering Journal, 2019, 358: 1091-1100.

[10] Neta P, Madhavan V, Zemel H, et al. Rate constants and mechanism of reaction of sulfate radical anion with aromatic compounds [J]. Journal of the American Chemical Society, 1977, 99 (1): 163-164.

[11] Li H, Wan J, Ma Y, et al. Reaction pathway and oxidation mechanisms of dibutyl phthalate by persulfate activated with zero-valent iron [J]. Science of the Total Environment, 2016, 562: 889-897.

[12] Ji Y, Dong C, Kong D, et al. New insights into atrazine degradation by cobalt catalyzed peroxymonosulfate oxidation: Kinetics, reaction products and transformation mechanisms [J]. Journal of Hazardous Materials, 2015, 285: 491-500.

[13] Long A, Lei Y, Zhang H. Degradation of toluene by a selective ferrous ion activated persulfate oxida-

tion process [J]. Industrial & Engineering Chemistry Research, 2014, 53 (3): 1033-1039.

[14] Cassidy D, Northup A, Hampton D. The effect of three chemical oxidants on subsequent biodegradation of 2, 4-dinitrotoluene (DNT) in batch slurry reactors [J]. Journal of Chemical Technology & Biotechnology Biotechnology, 2010, 84 (6): 820-826.

[15] Wang S, Wang J. Trimethoprim degradation by Fenton and Fe(Ⅱ)-activated persulfate processes [J]. Chemosphere, 2018, 191: 97-105.

[16] Kolthoff I M, Miller I K. The chemistry of persulfate I: The kinetics and mechanism of the decomposition of the persulfate ion in aqueous medium [J]. Journal of the American Chemical Society, 1951, 73 (7): 3055-3059.

[17] Li S, Wei D, Mak N, et al. Degradation of diphenylamine by persulfate: Performance optimization, kinetics and mechanism [J]. Journal of Hazardous Materials, 2009, 164: 26-31.

[18] Liu C, Shih K, Sun C, et al. Oxidative degradation of propachlor by ferrous and copper ion activated persulfate [J]. Science of the Total Environment, 2012, 416: 507-512.

[19] Rastogi A, Alabed S R, Dionysiou D D. Sulfate radical-based ferrous-peroxymonosulfate oxidative system for PCBs degradation in aqueous and sediment systems [J]. Applied Catalysis B-environmental, 2009, 85 (3/4): 171-179.

[20] Xu X, Li X. Degradation of azo dye Orange G in aqueous solutions by persulfate with ferrous ion [J]. Separation and Purification Technology, 2010, 72 (1): 105-111.

[21] Hussian I, Zhang Y, Huang S. Degradation of aniline with zero-valent iron as an activator of persulfate in aqueous solution [J]. RSC Advances, 2014, 4 (7): 3502-3511.

[22] Jiang L, Liu L, Xiao S, et al. Preparation of a novel manganese oxide-modified diatomite and its aniline removal mechanism from solution [J]. Chemical Engineering Journal, 2016, 284: 609-619.

[23] Rickman K A, Mezyk S P. Kinetics and mechanisms of sulfate radical oxidation of β-lactam antibiotics in water [J]. Chemosphere, 2010, 81: 359-365.

[24] 朱杰,罗启仕,郭琳.碱热活化过硫酸盐氧化水中氯苯的试验 [J]. 环境化学, 2013, 32 (12): 2256-2262.

[25] Qi C, Liu X, Ma J, et al. Activation of peroxymonosulfate by base: Implications for the degradation of organic pollutants [J]. Chemosphere, 2016, 151: 280-288.

[26] Li C, Chen C, Wang Y, et al. Insights on the pH-dependent roles of peroxymonosulfate and chlorine ions in phenol oxidative transformation [J]. Chemical Engineering Journal, 2019, 362: 570-575.

[27] 葛勇建,蔡显威,林翰.碱活化过一硫酸盐降解水中环丙沙星 [J]. 环境科学, 2017, 38 (12): 5116-5223.

[28] Fang G D, Dionysiou D D, Wang Y, et al. Sulfate radical-based degradation of polychlorinated biphenyls: Effects of chloride ion and reaction kinetics [J]. Journal of Hazardous Materials, 2012, 227: 394-401.

[29] Qi C, Liu X, Li Y, et al. Enhanced degradation of organic contaminants in water by peroxydisulfate coupled with bisulfite [J]. Journal of Hazardous Materials, 2017, 328: 98-107.

[30] Peng J, Lu X, Jiang X, et al. Degradation of atrazine by persulfate activation with copper sulfide (CuS): Kinetics study, degradation pathways and mechanism [J]. Chemical Engineering Journal, 2018, 354: 740-752.

·第五章·

复合应急工艺与装备快速组合集成系统构建

在实际应急废水处理中，往往由于水质复杂，含多种有机物、重金属和其他无机离子等，单一水处理工艺难以实现达标排放，需要应用多种模块化水处理设备组合处理。本书针对突发性水污染事故的特点及目前应急处置设备通用性、适用性、移动性、操作性不强的问题，进行了应急处理设备的比选、研究和开发。

第一节　应急处置单体设备研发

一、模块化设备划分

根据水环境应急要求组合工艺单元，应用于多种事故废水处理现场的需求，共研究形成13套模块化设备，分别为调节储存模块、高效固液分离模块、加药反应模块、高效吸附过滤模块、超声微电解模块、药剂存储及投加模块、污泥处理模块、撬装式生化模块、大型拼装式生化模块、高效膜分离模块、无动力油水快速分离模块、引气气浮油水分离模块和高效无动力油水过滤分离模块。

二、调节储存模块

1. 模块介绍

调节储存模块的主要作用为对污水原水缓冲调节，实现均质均量的同时，可以辅助pH调节等初步加药调节功能减少污水特征上的波动，为后续的水处理系统提供一个稳定和优化的操作条件。

2. 适用范围及能力

根据加药的种类，本模块适用于原水水量水质调节、pH调节、混凝絮凝加药等预处理工艺段。

3. 模块作用

① 起到了调节水量的作用，保证设备能够正常运行，不会因为水量大而溢出，也不因为水量小而空转。

② 减少污水特征上的波动，为后续的水处理系统提供一个稳定和优化的操作条件。在调节的过程中通常要进行混合，以保证水质的均匀和稳定。

③ 通过调节和均衡作用主要达到以下目的：提高对污水处理负荷的缓冲能力，防止系统负荷急剧变化，减少进入处理系统污水流量的波动，控制污水的 pH 值，稳定水质，减少中和化学品消耗量，防止高浓度的有毒物质进入生物化学处理系统；工厂或其他系统暂停排放污水时，保证系统的正常运行；对不同时间或不同来源的污水进行混合，使流出的水质比较均匀。

4. 工作原理

图 5-1-1 为调节储存模块，考虑每一个装置的处理量（$40m^3/h$）、反应时间（30～60min）、运输要求（撬装设备，便于进行长距离转运），设备尺寸为普通 40 尺集装箱（此处为英尺，俗称 40 尺集装箱）大小，有效工艺尺寸 $L\times B\times H=12.0m\times2.0m\times2.2m$，内部按工作性能设置 2 个分区隔开。

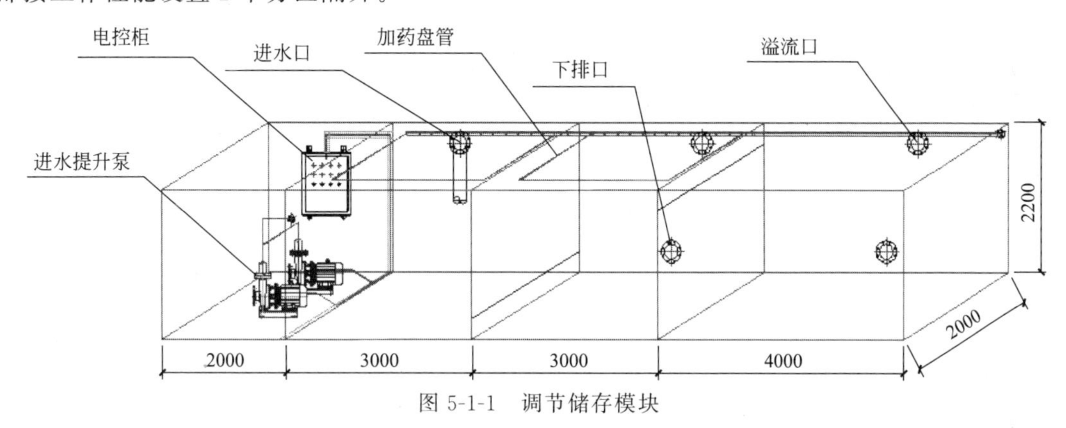

图 5-1-1　调节储存模块

分区之间用钢板隔离，其中设备区 2.0m×2.0m×2.2m，设备区内设置有 2 台离心进水泵、电控柜。

处理区尺寸为 10.0m×2.0m×2.2m，沿进水方向分为三区，尺寸分别为：2.0m×2.0m×2.2m，2.0m×2.0m×2.2m，3.0m×2.0m×2.2m，一区和二区采用下通式，二区与三区采用溢流式出水，由此在内部形成流通廊道，处理分区均设置下排排空口以及溢流回流口，口径尺寸为 DN200。

5. 主要技术参数

（1）主要设备

主要设备如表 5-1-1 所示。

表 5-1-1　主要设备统计表

名称	性能尺寸参数	单位	数量	备注
调节水槽	10.0m×2.0m×2.2m	座	1	共分三区
设备间	2.0m×2.0m×2.2m	座	1	
进水离心泵	$Q=42m^3/h,H=13m,P=2.2kW$	台	2	可一用一备
电控柜	0.8m×0.6m×0.02m	个	1	
液位浮球		台	2	

（2）外形尺寸及处理能力

单台套设备有效池容 $V=40m^3$，外形尺寸 12.0m×2.0m×2.2m。

（3）管道的选择及连接

设备进出水口均采用法兰式出口连接，进口尺寸 DN150，出口尺寸 DN200，内部连接管道为 UPVC 管道连接；初级加药管线采用法兰式预留进药口，预留进口储存 DN40，加药管线采用 UPVC，设备内加药点处采用管线穿孔，加药区位于进水端。若处理设备较远，另设输送泵尽可能采用潜水泵，管线可使用无渗漏耐压钢丝软管、消防管以及 UPVC 管或钢制管线。

6. 设备运输

本单体设备重量为 6～8t。

按照通用集装箱的尺寸，将设备框架和设备整体组合，主骨架上设有吊装挂钩连接处，方便吊装运输。采用集装箱运输车可进行长距离运输。

三、高效固液分离模块

1. 模块介绍

高效固液分离模块是根据浅池沉淀理论设计出的一种高效组合式沉淀池，也称浅池沉淀池。

在沉降区域设置许多密集的斜管或斜板，使水中悬浮杂质在斜板或斜管中进行沉淀，水沿斜板或斜管上升流动，分离出的泥渣在重力作用下沿着斜板（管）向下滑至池底，再集中排出。这种池子可以提高沉淀效率 50%～60%，在同一面积上可提高处理能力 3～5 倍。可根据原废水的试验数据来设计不同流量的斜管沉淀器，使用时一般都要投加凝聚剂。斜管沉淀净水法是在泥渣悬浮层上方安装倾角 60°的斜管组建，使原水中的悬浮物、固体物或经投加混凝剂后形成的絮体矾花，在斜管底侧表面积积聚成薄泥层，依靠重力作用滑回泥渣悬浮层，继而沉入集泥斗。由排泥管排入污泥池另行处理和综合利用。上清液逐渐上升至集水管排出，可直接进行排放或回用。

填料吸附法是利用编者所在单位自主研发的碳纤维复合生物材料吸附污水中某种或几种污染物以回收或去除这些污染物质，从而使污水得到净化的方法。在该模块处理水过程中，碳纤维复合生物材料主要用于脱除水中的微量污染物，应用范围包括脱色、除臭味，脱除重金属、各种溶解性有机物、放射性元素等。在处理流程中，可作为离子交换、膜分离等方法的预处理手段，可去除有机物及余氯等，也可作为二级处理后的深度处理手段，以保证回用水的质量。

2. 适用范围及能力

① 电镀废水中含多种金属离子的混合废水，铬、铜、铁、锌、镍等去除率均在 90%以上，一般电镀废水经处理后均可达到排放标准。

② 煤矿、选矿废水，可使浊度从 500～1500mg/L 降至 5mg/L。

③ 印染、漂染等废水，色度去除率 70%～90%，COD 去除率 50%～70%。

④ 制革、食品等行业废水含大量有机质，COD 去除率 50%～80%，杂质固体去除率 90%以上。

⑤ 化工废水的 COD 去除率 60%～70%，色度去除率 60%～90%，悬浮物达排放标准。

3. 模块作用

高效固液分离模块是以填料吸附和斜管沉淀池相结合的模块单元，斜管沉淀池不采用传统的斜板或者斜管作为固液分离填料，而采用编者所在单位自主研发的碳纤维复合生物材料，在进行斜管过滤的同时有一定的生物吸附性，同时纤维为生物提供附着载体，可以形成生物膜，从而在固液分离的同时具有部分生物吸附作用。

4. 工作原理

碳纤维材料中微孔为主要孔，达到总体积 90%以上，无大孔过渡孔，孔径单分散而且小。碳纤维材料的孔径小，所以吸附分子进入微孔时被孔壁向内辐射的引力所握持，所以碳纤维材料不仅吸附量大，而且吸附力强。它的微孔直接分布于纤维的表面，所以吸附时能够直接与吸附质接触，吸附和解吸过程很短，因此有较高的吸附速率和解吸速率。

碳纤维材料内碳元素量达到 80%以上，主要由碳原子组成，还有少量氧元素和氢元素，部分还有少量 N、S 等杂原子。活性碳纤维表面的碳和氧元素能结合形成一系列支配表面化学结构的含氧官能团。

传统活性炭是通过活化处理的多孔炭，呈现颗粒状或者粉末状，活性碳纤维为纤维状，纤维上很多微孔，对于有机气体，活性碳纤维的吸附力比传统活性炭在空气中高几倍至几十倍，水溶液中也高 5～6 倍，吸附速率快到 100～1000 倍。根据它的超强吸附能力可用在工业上回收有机溶剂，净化用水和空气。活性碳纤维具有比表面积大、孔径适中、分布均匀、吸附速度快、杂质少等优点，被广泛运用于工业、食品、空气净化、水处理、航空、军事等行业。

斜管沉淀池的每两块平行斜管间相当于有一个很浅的沉淀池，使被处理的水（或废水）与沉降的污泥在沉淀浅层中相互运动并分离。根据其相互运动的力的方向可分为同向流、异向流和侧向流三种不同分离方式。斜管沉淀池运用“浅层沉淀”原理，缩短颗粒沉降距离，从而缩短了沉淀时间，并且增加了沉淀池的沉淀面积，从而提高了处理效率。理想沉淀池在同样的处理效率时，沉淀池深度越浅，就越能缩短沉淀时间。在同样的处理水量条件下，沉淀面积愈大，沉淀池的效率愈高。在沉淀池内增设一组斜板（斜管）既增大了沉淀面积，也缩短了沉淀时间，与此同时，板间（管间）的水流也由紊流变为层流，同样提高了沉淀效率。为了及时排泥，板（管）与水平面成 45°～60°安装。

5. 主要技术参数

图 5-1-2 为高效固液分离模块，单台套处理能力 $32m^3/h$，设备进水设置进水提升泵机，由于该单元高度尺寸要求较高，因此来水采用泵送方式，处理装置中心设置进水中心导管进行缓冲，管道尺寸为 DN500，下端配有喇叭口式倒流口。出口采用重力自流方式，内部设备三角堰板，溢流后汇入溢流渠经重力自流排除，排放口为 DN200。

考虑每一个装置的处理量（$50m^3/h$）、运输要求（尺寸合适，便于进行长距离转运），设备有效工艺尺寸 $L\times B\times H=3.0m\times3.0m\times5.0m$。

中心导流管尺寸 $\Phi500mm\times3.0m$，碳钢防腐。

溢流水槽尺寸 $L\times B\times H=12.0m\times200mm\times200mm$。

四、加药反应模块

1. 模块介绍

经过固液分离模块后的出水，进入此模块进行进一步处理，以高级氧化为例，通过加入

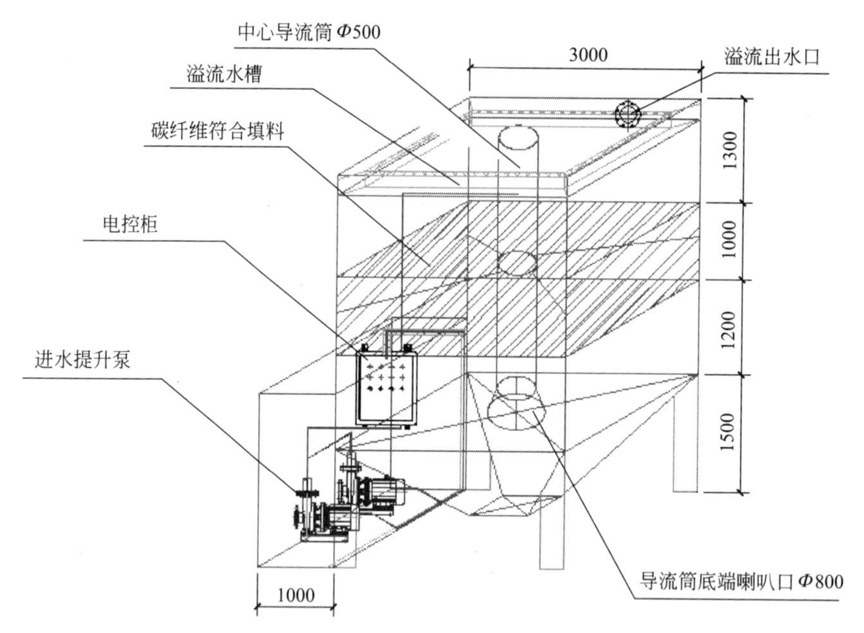

图 5-1-2　高效固液分离模块

药剂对污染水体进行深度处理，通过强氧化剂的引入，使污染水体中不易生化的 COD 以及 NH_3-N 得以去除。根据处理污染物的不同投加药剂不同，本单元可以作为中和反应模块、氧化模块、还原模块、消毒模块等其他以药剂处理工艺用途的模块。

2. 适用范围

本设备自带泵机适用于设备与处理源位置较近的情况，若污染源较远，需在污染源中另设输送泵，本机设备可用于工艺组合，当作中间处理单元或者后期深度处理单元，可根据实际情况采用重力自流进入处理区，无须开启设备进水泵机。

3. 模块作用

考虑每一个装置的处理量（$40m^3/h$）、反应时间（30～60min）、运输要求（撬装设备，便于进行长距离转运），设备尺寸为普通 40 尺集装箱大小，有效工艺尺寸 $L\times B\times H=$ 12.0m×2.0m×2.2m，内部按工作性能设置 2 个分区隔开。分区之间用钢板隔离，其中设备区 2.0m×2.0m×2.2m，设备区内设置有 2 台离心进水泵、电控柜和仪表柜；处理区尺寸为 10.0m×2.0m×2.2m，沿进水方向分为三区，尺寸分别为：2.0m×2.0m×2.2m，2.0m×2.0m×2.2m，3.0m×2.0m×2.2m，一区和二区采用下通式，二区与三区采用溢流式出水，由此在内部形成流通廊道，处理分区均设置下排排空口以及溢流回流口，口径尺寸为 DN200。

设备配上耐腐蚀内衬和铸造材料，便于运输，经济实用，且具有以下优点：

① 本反应器可根据不同的现场情况灵活组合，并联、串联、独用皆可以。

② 装置可以快速投入使用，启动时间短，无基建需求。

③ 反应器内部滤板采用碳钢内衬，具有化学性能稳定、耐腐蚀、耐酸碱、耐盐、无毒无味等特点。

④ 根据现场实际，可直接安置在水源地，且可直接进行生化处理的污染水，达到了省时、省力的效果。

4. 工作原理

加药反应池包括反应池槽体，在槽体的一侧设置有数个加药硬管，在每个加药硬管的一侧分别连接有不同的药罐，在加药硬管的另一侧插入槽体内设置有加药软管，在槽体内每个加药软管的外侧分别设置有限位套，在槽体的上方设置有限位上盖板，在槽体的内部还分别设置有数个搅拌板，每个搅拌板分别通过设置在限位上盖板上方的电机带动转动。该设备结构简单、设计合理，操作方便，多个不同药罐加药，药物之间无混用现象，并且加药均匀，药剂能快速与反应池内液体混合，提高效率，缩短时间。

5. 主要技术参数

（1）处理能力

图 5-1-3 为加药反应模块，单台有效池容 $V=40m^3$，外形尺寸 12.0m×2.0m×2.2m，停留反应时间 30～60min，处理能力 40～$60m^3/h$。

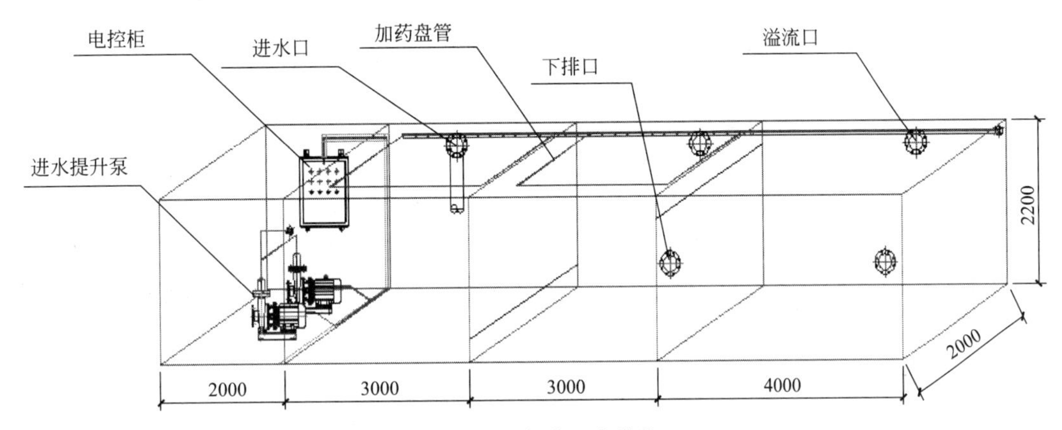

图 5-1-3　加药反应模块

（2）主要设备

主要设备如表 5-1-2 所示。

表 5-1-2　主要设备统计表

名称	性能尺寸参数	单位	数量	备注
调节水槽	10.0m×2.0m×2.2m	座	1	共分三区
设备间	2.0m×2.0m×2.2m	座	1	
进水离心泵	$Q=42m^3/h$，$H=13m$，$P=2.2kW$	台	2	可一用一备
电控柜	0.8m×0.6m×0.02m	个	1	
液位浮球		台	2	

（3）管道的选择及连接

设备进出水口均采用法兰式出口连接，进口尺寸 DN150，出口尺寸 DN200，内部连接管道为 UPVC 管道连接；初级加药管线采用法兰式预留进药口，预留进口储存 DN40，加药管线采用 UPVC，设备内加药点处采用管线穿孔，加药区位于进水端。若处理设备较远，另设输送泵尽可能采用潜水泵，管线可使用无渗漏耐压钢丝软管、消防管以及 UPVC 管或钢制管线。

6. 设备运输

本单体设备 6～8t。

按照通用集装箱的尺寸，将设备框架和设备整体组合，主骨架上设有吊装挂钩连接处，方便吊装运输。采用集装箱运输车可进行长距离运输。

五、高效吸附过滤模块（活性炭吸附）

1. 模块介绍

吸附分离技术是指将流动相（气体或液体）与具有较大表面积的多孔固体颗粒相接触，流动相的一种或多种组分选择性地吸附或截止在微孔内，从而达到分离目的的方法。为了回收该组分和吸附剂的净制，作为吸附剂的固体颗粒需要再生，吸附和再生构成吸附分离的循环操作。常用的吸附剂包括硅胶、氧化铝、活性炭、碳分子筛、沸石分子筛等。

2. 适用范围

① 电镀废水中含多种金属离子的混合废水，铬、铜、铁、锌、镍等去除率均在 90%以上，一般电镀废水经处理后均可达到排放标准。

② 煤矿、选矿废水，可使浊度从 500～1500mg/L 降至 5mg/L。

③ 印染、漂染等废水，色度去除率 70%～90%，COD 去除率 50%～70%。

④ 制革、食品等行业废水含大量有机质，COD 去除率 50%～80%，杂质固体去除率 90%以上。

⑤ 化工废水的 COD 去除率 60%～70%，色度去除率 60%～90%，悬浮物达排放标准。

3. 模块作用

高效吸附过滤模块以填料吸附为载体单元，对污水处理后期深度处理，内设 1m 层高填料床，填料以沸石、石英砂、活性炭物理吸附类为主，同时还可以应用于其他填料无烟煤、火灰岩、纤维填料等生活膜法的工艺。

4. 工作原理

活性炭吸附器的使用：由于活性炭具有吸附性和比表面积非常大的特性，活性炭广泛运用于各个领域。水处理可用于去除水中的有机物和游离氯以保护后续设施。

活性炭过滤主要是去除水中的有机物和游离氯，防止水中游离氯对反渗透膜的氧化性破坏。研究表明，用活性炭过滤法除去水中游离氯能进行得很彻底。活性炭脱氧并不是单纯的物理吸附作用，而是在其表面发生了催化作用，促使游离氯通过活性炭滤层时，很快水解。活性炭能吸附水中的余氯有机物等，对某些阳离子也有一定的吸附作用，当过滤达到一定时间或活性炭过滤器进水压力的差值大于 0.1MPa 时，需进行反洗；当吸附量达到吸附容量时，活性炭就需要更换。按理论估算，吸附塔中活性炭可以使用 2 年以上，其实际使用寿命取决于进水水质和使用条件。

5. 主要技术参数

(1) 工序说明

以填料吸附为载体单元，对污水处理后期深度处理，内设 1m 层高填料床，填料以沸石、石英砂、活性炭物理吸附类为主，同时还可以应用于其他填料无烟煤、火灰岩、纤维填料等生活膜法的工艺。

(2) 处理能力

图 5-1-4 为高效吸附过滤模块(活性炭吸附),单台有效池容 $V=40m^3$,外形尺寸 12.0m×2.0m×2.2m,设计负荷不高于 $3kg/(m^3 \cdot d)$(以 COD_{Cr} 计),进水水质 COD 要求不高于 80mg/L,最小处理量 $37.5m^3/h$,本处理单元处理能力需参照实际污水水质决定。

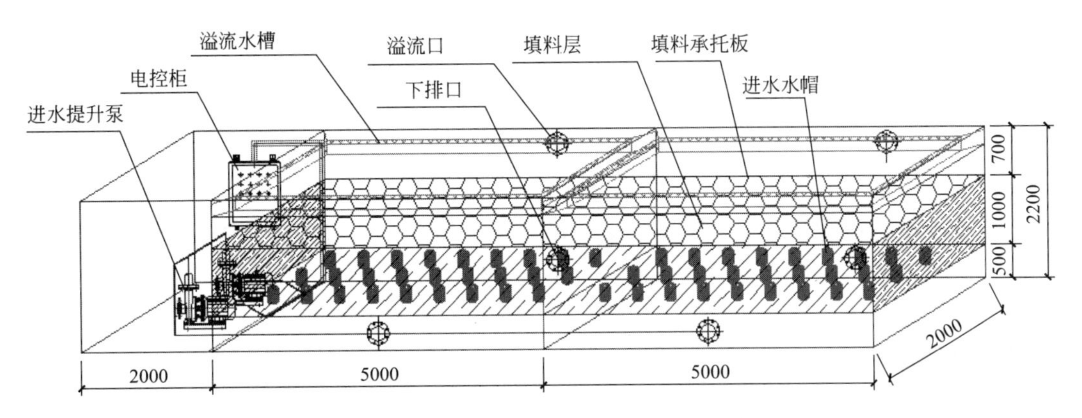

图 5-1-4 高效吸附过滤模块(活性炭吸附)

(3) 进出水方式

设备配备离心泵 2 台,单台泵处理量 $Q=48m^3/h$,$H=16m$,$P=3.0kW$,本设备自带泵机适用于设备与处理源位置较近的情况,且可直接进行吸附处理的污染水,若污染源较远,需在污染源中另设输送泵,本设备可用于不同的工艺组合,根据填料载体的不同,可作为中间处理单元或者后期深度处理单元,根据实际情况采用重力自流进入处理区,无须开启设备进水泵机。

(4) 管道的选择及连接

设备进出水口均采用法兰式出口连接,整体进水方向为下进上出,进口尺寸 DN150,出口尺寸 DN200,内部连接管道为 UPVC 管道连接。

若处理设备较远,另设输送泵尽可能采用潜水泵,管线可使用无渗漏耐压钢丝软管、消防管以及 UPVC 管或钢制管线。

(5) 设备尺寸

考虑每一个装置实际应用的处理量、反应时间、运输要求(撬装设备,便于进行长距离转运),设备尺寸为普通 40 尺集装箱大小,有效工艺尺寸 $L \times B \times H=12.0m \times 2.0m \times 2.2m$,内部按工作性能设置 2 个分区隔开。分区之间用钢板隔离,其中设备区 2.0m×2.0m×2.2m,设备区内设置有 2 台离心进水泵、电控柜;处理区尺寸为 10.0m×2.0m×2.2m,沿进水方向分为并联两区,尺寸分别为:5.0m×2.0m×2.2m,5.0m×2.0m×2.2m,通过固定管道污水从填料底部进入后,经过过滤床,溢流式出水,一区二区溢流管线均采用 DN150 出水管线,汇集后出水母管为 DN200,处理分区均设置下排排空口以及溢流回流口,口径尺寸为 DN200。

主要设备如表 5-1-3 所示。

表 5-1-3　主要设备统计表

名称	性能尺寸参数	单位	数量	备注
吸附过滤池	5.0m×2.0m×2.2m	座	2	
设备间	2.0m×2.0m×2.2m	座	1	
进水离心泵	$Q=42m^3/h$,$H=13m$,$P=2.2kW$	台	2	可一用一备
电控柜	0.8m×0.6m×0.02m	个	1	
填料承载池	5.0m×2.0m×1.0m	台	2	内嵌吸附过滤池
进水管帽	不锈钢材质	个	54	
溢流水槽	12.0m×0.2m×0.2m,$\delta=1mm$	座	1	碳钢防腐,三角堰板

(6) 运输要求

按照通用集装箱的尺寸，将设备框架和设备整体组合，主骨架上设有吊装挂钩连接处，方便吊装运输。采用集装箱运输车可进行长距离运输。

六、超声微电解模块

1. 模块介绍

铁炭微电解（又称铁炭法），在药物、染料及杀虫剂生产的废水处理中被广泛研究和应用。该方法作用机制多，协同效应强，操作方便、运行费用低、处理效果好。超声波是频率高于 20000Hz 的声波，具有方向性好，穿透能力强，声能集中，在水中传播距离远等特点，在医学、军事、工农业生产中应用广泛。而利用超声波降解水中的化学污染物，尤其是难降解的有机物，则是近年发展起来的一项新型的水处理技术。此外，超声波能很好地弥补微电解的缺点。因此，超声波与微电解技术结合处理废水，具有很大的发展潜力。

2. 适用范围

① 制药废水，染料生产废水，其他化工废水-脱色，提高废水 pH 值，提高 BOD/COD。

② 有机碳磷农药废水，有机氯农药废水，其他难生化降解的有机废水——对 COD 与氨氮有效去除，提高 BOD/COD。

③ 有色冶炼水，轧钢废水，电镀废水，其他含有重金属的酸性废水。

3. 模块作用

低电位铁和高电位碳产生较大的电位差，具有导电性的废水溶液充当电解质，形成无数微小原电池，其中铁为阳极，碳为阴极，且在酸性条件下电极反应更易于发生。反应生成的产物具有较高的化学活性，其中新生态的氧和氢均能与废水中的许多组分发生氧化还原反应，破坏某些有机物的结构，使大分子降解为小分子物质，难降解的有机物转化为易降解物质，提高废水的可生化性，达到去除有害物的目的。

超声波具有空化效应、机械效应以及自由基效应，处理各种碳氧化合物、苯酚、杀虫剂、卤代有机物等，均取得了较好的处理效果，且能有效缓解微电解填料板结。

4. 设备的工艺参数及运输

处理能力：单台有效池容 $V=6m^3$。外形尺寸 2.2m×2.2m×2.2m。按照通用集装箱的尺寸，将设备框架和设备整体组合，主骨架上设有吊装挂钩连接处，方便吊装运输。采用集装箱运输车可进行长距离运输。主要设备如表 5-1-4 所示。

表 5-1-4　主要设备统计表

名称	性能尺寸参数	单位	数量	备注
加酸泵	$Q=42m^3/h$，$H=13m$，$P=2.2kW$	台	2	可一用一备
罗茨风机	JQ-GFL125	座	2	可一用一备
加碱泵	$Q=42m^3/h$，$H=13m$，$P=2.2kW$	台	2	可一用一备
填料箱	0.8m×0.6m×0.02m	个	8	
液位浮球		台	2	
超声波发生器	DSZ-1024 1200W	座	2	玻璃钢防腐
设备间	1.0m×3.0m×2.2m，$\delta=3mm$	座	1	玻璃钢防腐
进水离心泵	$Q=42m^3/h$，$H=13m$，$P=2.2kW$	台	2	可一用一备
电控柜	0.8m×0.6m×0.02m	个	1	
中心导流管	Φ500mm×3.0m，$\delta=3mm$	个	1	玻璃钢防腐
溢流水槽	12.0m×0.2m×0.2m，$\delta=1mm$	座	1	玻璃钢防腐，三角堰板

七、药剂存储及投加模块

1.模块介绍

本模块为辅助设施模块，以配药和加药为主的功能单元模块，分别配备储药罐、加药计量泵。

2.适用范围

每个单独的模块共设有三个单体药剂投加系统，分别适用于 pH 调节药剂投加、氧化还原药剂投加、消毒药剂投加。药剂存储及投加模块能自动按水处理技术要求自动、准确、定量投加水处理药剂，如阻垢剂、缓蚀剂、消毒灭菌剂、污水处理中的营养剂、助凝剂、絮凝剂、污泥处理中的脱水剂等，适用于各种规模的水处理装置，从每小时数百吨至每小时数万吨的水系统。

3.工作原理

先将供水系统电磁阀打开，电磁流量计检测到供水流量，经延时启动投加机或螺杆泵运行，系统按设定浓度进行比例配料。如絮凝剂是干粉药剂，则水和干粉絮凝剂同时进入旋流预混器中进行预混后流入配制箱中搅拌混合；如絮凝剂为液体药剂，则水和液体絮凝剂直接进入配制箱。

当配制箱充满液后自行溢流至熟化箱，并在此再次搅拌和混合。当它充满后自行溢流至储存箱，这时已达到要求的药液便可通过加药（螺杆）泵连续自动投加到脱水设备上。当储存箱内药液达到高液位时，系统自动停止配液直到储存箱内液位低于中液位时，系统又自动启动进行配液。如果储存箱内液位低到低液位时，系统自动报警并经延时后停机。

4.设备的工艺参数及运输

（1）处理能力

单个模块设有三个投加单元，分别备有储药槽、加药泵，以及统一配备溶药用水来水管路，每个储药槽有效容积 $5m^3$。

（2）主要设备

主要设备如表5-1-5所示。

表5-1-5　主要设备统计表

名称	性能尺寸参数	单位	数量	备注
药剂存储池	2.0m×2.0m×2.2m	座	3	
设备间	2.0m×2.0m×2.2m	座	3	
磁力化工泵	$Q=2m^3/h$，$H=10m$，$P=0.75kW$	台	6	每区2台，可一用一备
电控柜	0.8m×0.6m×0.02m	个	1	
仪表柜	0.8m×0.6m×0.02m	个	1	
离心搅拌机	桨叶直径Φ800，$P=0.35kW$	台	3	

（3）管道的选择及连接

图5-1-5为药剂存储及投加模块，本模块溶药的进水为统一配水，母管采用DN80管道，分三路通往三个药剂存储槽，进溶解槽之前均设置阀门。每种药剂的投加配备2台化工泵投加，单台化工泵工作性能满足$Q=2m^3/h$，$H=10m$，泵机出水管路配备流量计。

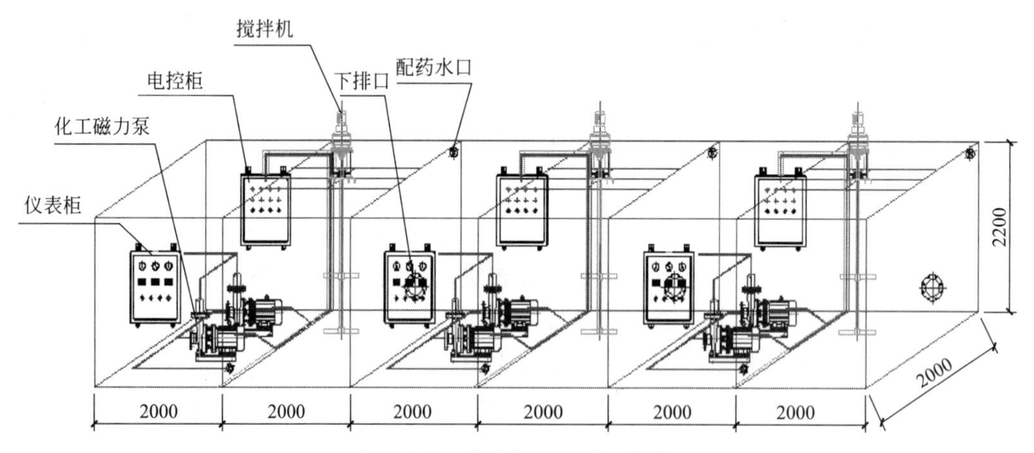

图5-1-5　药剂存储及投加模块

5.设备运输

本单体设备6～8t（不含药剂）。

按照通用集装箱的尺寸，将设备框架和设备整体组合，主骨架上设有吊装挂钩连接处，方便吊装运输。采用集装箱运输车可进行长距离运输。

八、污泥处理模块（板框式压滤机）

1.模块介绍

板框压滤机是一种较新型的高效、快速的过滤器，电动机型采用了液压执行、PLC控制模式，提高了设备控制的可靠性、稳定性和安全性。板框压滤机的过滤面积比一般的滤器面积大几倍，广泛使用在悬浮液的过滤、分离领域。板框压滤机的结构简单、设备紧凑、过滤面积大而占地面积小、操作压力高、滤饼含水量少、对各种物料的适用能力强，适用于间歇操作的场合。

2.适用范围

① 化工。染料、颜料、荧光粉、保险粉、净水剂等污泥处置。

② 医院。抗生素、植酸钙、中药、有机磷、糖化酶等污泥处置。

③ 食品。白酒、饮料、啤酒、酵母、柠檬酸、植物蛋白、豆奶、海藻等污泥处置。

④ 冶金。金矿、银矿、铜矿、铁矿、锌矿、稀土等粉末选矿等污泥处置。

⑤ 陶土。高岭土、膨润土、活性土、瓷土、电子陶瓷土等污泥处置。

⑥ 污水处理。化工污水、冶炼污水、电镀污水、皮革污水、印染污水、酿造污水、制药污水、环境污水等污泥处置。

3.工作原理

工作前将滤布套在滤板上，然后操作压滤机，驱动压紧杆，将压紧板紧紧地压紧滤板。启动进料泵将物料通过进料口输入压滤机，物料通过滤板上的通道进入滤室，在进料泵压力的作用下，清液透过滤布进入滤板上密布的圆点式滤面，再通过滤板上的通道进入出液口汇集后流出。而滤饼被截留在滤室中，直至滤饼充满滤室，然后停止进料泵，松开压紧板，再将滤板一块一块地拉往压紧板方向卸掉框中的滤饼，再重新进入下一个工作循环。

4.设备组成

板框压滤机由压滤机滤板、液压系统、压滤机框、滤板传输系统和电气系统五大部分组成。机架多采用高强度钢结构件，安全可靠，功率稳定，经久耐用。滤板、滤框采用增强聚丙烯一次膜压成形，相对尺寸和化学性质稳定，强度高，重量轻，耐酸耐碱，无毒无味，所有过流面均为耐腐介质。

板框压滤机采用液压压紧，液压压紧机构由液压站、油缸、丝杆、锁紧螺母组成。液压站的组成有：电机、集成块、齿轮泵、溢流阀（调节压力）、手动换向阀、压力表、油管、油箱。

板框压滤机的滤室结构由成组排列的滤板和滤框组成。板框压滤机的滤板在表面设计有凹槽，用以安装、支撑滤布，并引导过滤液的流向，而滤框和滤板在组装后构成液体流通通道，用以通入悬浮液、洗涤水和引出滤液。

板框压滤机的滤板和滤框都由压紧装置压紧，同时在滤板和滤框的部位设有把手，用于支撑整个滤室结构。板框压滤机的滤板和滤框之间所安装的滤布，除了承担过滤的工作之外，还能起到密封垫片的作用。

5.设备的工艺参数

该污泥处理模块的重量为2～5t（不含药剂）。按照通用集装箱的尺寸，将设备框架和设备整体组合，主骨架上设有吊装挂钩连接处，方便吊装运输。采用集装箱运输车可进行长距离运输。

工艺参数如表5-1-6所示。

表5-1-6　工艺参数

技术项目	型号参数	技术项目	型号参数
过滤面积/m^2	100	额定过滤压力/MPa	0.5
板框尺寸/(mm×mm)	1250×1250	压紧板最大位移/mm	600
滤板厚度/mm	30	油缸额定压力/MPa	16
滤板数量/块	54	外形尺寸/(mm×mm×mm)	长3900×宽1500×高1450
过滤容积/L	1890	整机重量/kg	2000～5000

九、撬装式生化模块

1. 模块介绍

以生化处理为核心工艺的模块，用于各类污水处理深度处理段，以活性污泥法去除污染水中易生化降解的部分 COD、NH_3-N、TP 等常规性指标，适用于多种类型的污染水处理，但受外部环境温度以及污染水中无毒性、无重金属离子等含有毒性的污染物的影响。

2. 适用范围

设备配备离心泵 1 台，单台泵处理量 $Q=48m^3/h$，$H=16m$，$P=3.0kW$，本设备自带泵机适用于设备与处理源位置较近的情况，且可直接进行生化处理的污染水，若污染源较远，需在污染源中另设输送泵。本模块一般用于污染水处理的中间处理单元或者后期深度处理单元，根据实际情况采用重力自流进入处理区，无须开启设备进水泵机。

3. 模块特点

考虑每一个装置实际应用的处理量、反应时间、运输要求（撬装设备，便于进行长距离转运），设备尺寸为普通 40 尺集装箱大小，有效工艺尺寸 $L\times B\times H=12.0m\times2.0m\times2.2m$，内部按工作性能设置 3 个分区隔开。分区之间不隔离，每个分区内配备 $L\times B\times H=2.0m\times2.0m\times2.2m$ 药剂储存槽，药剂储存槽配备离心搅拌机，槽体为碳钢结构，内部玻璃钢防腐处理，每个药剂槽配备底部排放口，口径 DN200。化工泵设备区尺寸 $L\times B\times H=2.0m\times2.0m\times2.2$，共安置 2 台化工泵、电控柜以及相关仪表，化工泵工作启停通过储液槽的液位控制，药剂配药投加方式为人工投加方式。撬装设备配上耐腐蚀内衬和铸造材料，便于运输。

4. 工作原理

好氧生物处理技术是在废水处理领域里最早开始研究和应用的生物处理技术，常见的废水好氧生物处理技术有传统活性污泥法、序批式活性污泥池（SBR）、深井曝气、生物流化床等。

目前比较完善的厌氧生物处理技术理论是三阶段理论，该理论认为厌氧处理可分为三个阶段，即水解发酵阶段、产氢产乙酸阶段和产甲烷阶段。水解发酵阶段主要是在专性厌氧菌和兼性厌氧菌以及它们的胞外酶的作用下，先将复杂的有机物分解为简单的有机物，再通过氧化或发酵作用将简单的有机物转化成乙酸、丙酸、丁酸等脂肪酸和醇类等；产氢产乙酸阶段是在产氢产乙酸菌的作用下，把水解发酵阶段产生的脂肪酸和醇类转化为乙酸和 H_2，同时产生 CO_2；产甲烷阶段是在产甲烷菌的作用下，将前两阶段产生的乙酸、H_2 和 CO_2 等转化为 CH_4。

5. 设备的工艺参数

（1）处理能力

该模块适用于生化阶段的厌氧和好氧段，每个模块均能实现厌氧和好氧，单个模块有效容积为 $40m^3$，以常规生化停留时间厌氧段 6～12h，好氧段 8～12h 计算，该模块作为厌氧处理模块日处理量为 80～160m^3，好氧处理模块 80～120m^3。

（2）主要设备

主要设备如表 5-1-7 所示。

表 5-1-7　主要设备统计表

名称	性能尺寸参数	单位	数量	备注
生化处理池	10.0m×2.0m×2.2m	座	1	可作缺氧、好氧系统
设备间	2.0m×2.0m×2.2m	座	3	
进水离心泵	$Q=48m^3/h$，$H=16m$，$P=3.0kW$	台	3	
回转鼓风机	$5.33m^3/min$，24.5kPa，$P=3.0kW$	台	3	
电控柜	0.8m×0.6m×0.02m	个	1	
仪表柜	0.8m×0.6m×0.02m	个	1	
盘式曝气器	Φ215	台	51	
液位浮球		台	2	
溶解氧仪表		台	1	
pH 仪表		台	1	

（3）管道的选择及连接

图 5-1-6 为撬装式生化模块，设备进出水口均采用法兰式出口连接，进口尺寸 DN150，出口尺寸 DN200，内部连接管道为 UPVC 管道连接；曝气管线采用法兰式预留进口，进口口径 DN80，处理区底部设有微孔盘式曝气盘，共分三路支管，每路支管口径为 DN50，处理区底部曝气分布管采用 DN25，材质均为 UPVC 硬质塑料管，鼓风风机与处理区之间连接管路为碳钢管路。若处理设备较远，另设输送泵尽可能采用潜水泵，管线可使用无渗漏耐压钢丝软管、消防管以及 UPVC 管或钢制管线。

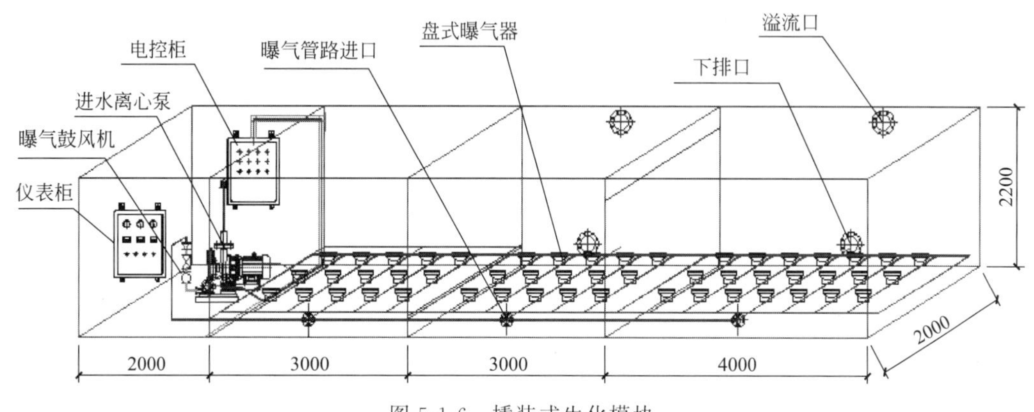

图 5-1-6　撬装式生化模块

6. 设备运输

本单体设备 6～8t。

按照通用集装箱的尺寸，将设备框架和设备整体组合，主骨架上设有吊装挂钩连接处，方便吊装运输。采用集装箱运输车可进行长距离运输。

十、大型拼装式生化模块

1. 模块介绍

以生化处理为核心工艺的模块，用于各类污水处理深度处理段，以活性污泥法去除污染水中易生化降解的部分 COD、NH_3-N、TP 等常规性指标，适用于多种类型的污染水处理，但受外部环境温度的影响以及污染水中无毒性、无重金属离子等含有毒性的污染物。

2. 适用范围

设备配备离心泵 1 台，单台泵处理量 $Q=48m^3/h$，$H=16m$，$P=3.0kW$，本设备自带泵机适用于设备与处理源位置较近的情况，且可直接进行生化处理的污染水，若污染源较远，需在污染源中另设输送泵。本模块一般用于污染水处理的中间处理单元或者后期深度处理单元，根据实际情况采用重力自流进入处理区，无须开启设备进水泵机。

3. 工作原理

好氧生物处理技术是在废水处理领域里最早开始研究和应用的生物处理技术，常见的废水好氧生物处理技术有传统活性污泥法、序批式活性污泥池（SBR）、深井曝气、生物流化床等。

目前比较完善的厌氧生物处理技术理论是三阶段理论，该理论认为厌氧处理可分为三个阶段，即水解发酵阶段、产氢产乙酸阶段和产甲烷阶段。水解发酵阶段主要是在专性厌氧菌和兼性厌氧菌以及它们的胞外酶的作用下，先将复杂的有机物分解为简单的有机物，再通过氧化或发酵作用将简单的有机物转化成乙酸、丙酸、丁酸等脂肪酸和醇类等；产氢产乙酸阶段是在产氢产乙酸菌的作用下，把水解发酵阶段产生的脂肪酸和醇类转化为乙酸和 H_2，同时产生 CO_2；产甲烷阶段是在产甲烷菌的作用下，将前两阶段产生的乙酸、H_2 和 CO_2 等转化为 CH_4。

4. 设备的工艺参数

（1）处理能力

该模块适用于生化阶段的厌氧和好氧段，每个模块均能实现厌氧和好氧，单个模块有效容积为 $40m^3$，以常规生化停留时间厌氧段 6～12h，好氧段 8～12h 计算，该模块作为厌氧处理模块日处理量为 80～160m^3，好氧处理模块 80～120m^3。

（2）主要设备

主要设备如表 5-1-8 所示。

表 5-1-8 主要设备统计表

名称	性能尺寸参数	单位	数量	备注
碳钢拼装模块	90°,弧长 4.71m,宽 1.2m	块	1	机床冲压,厚度 8mm
提升式曝气盘	直径 500mm,微孔曝气	个	8	
曝气软管	Φ10,耐酸碱塑料软管	米	100	
进水泵	$Q=42m^3/h$,$H=13m$,$P=2.2kW$	台	3	根据实际情况后配
回转鼓风机	$5.33m^3/min$,24.5kPa,$P=3.0kW$	台	2	根据实际情况后配
电控柜	0.8m×0.6m×0.02m	个	1	根据实际情况后配
仪表柜	0.8m×0.6m×0.02m	个	1	根据实际情况后配
液位浮球		台	2	
溶解氧仪表		台	1	
pH 仪表		台	1	

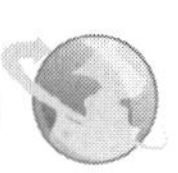

(3) 管道的选择及连接

图 5-1-7 为大型拼装式生化模块，设备进出水口均采用法兰式出口连接，进口尺寸 DN150，出口尺寸 DN200，内部连接管道为 UPVC 管道连接；曝气管线采用可提升式曝气管，曝气管线需现场就地安装，主管路采用 UPVC 管路，池内采用塑料软管直接连接提升式曝气器；若处理设备较远，另设输送泵尽可能采用潜水泵，管线可使用无渗漏耐压钢丝软管、消防管。

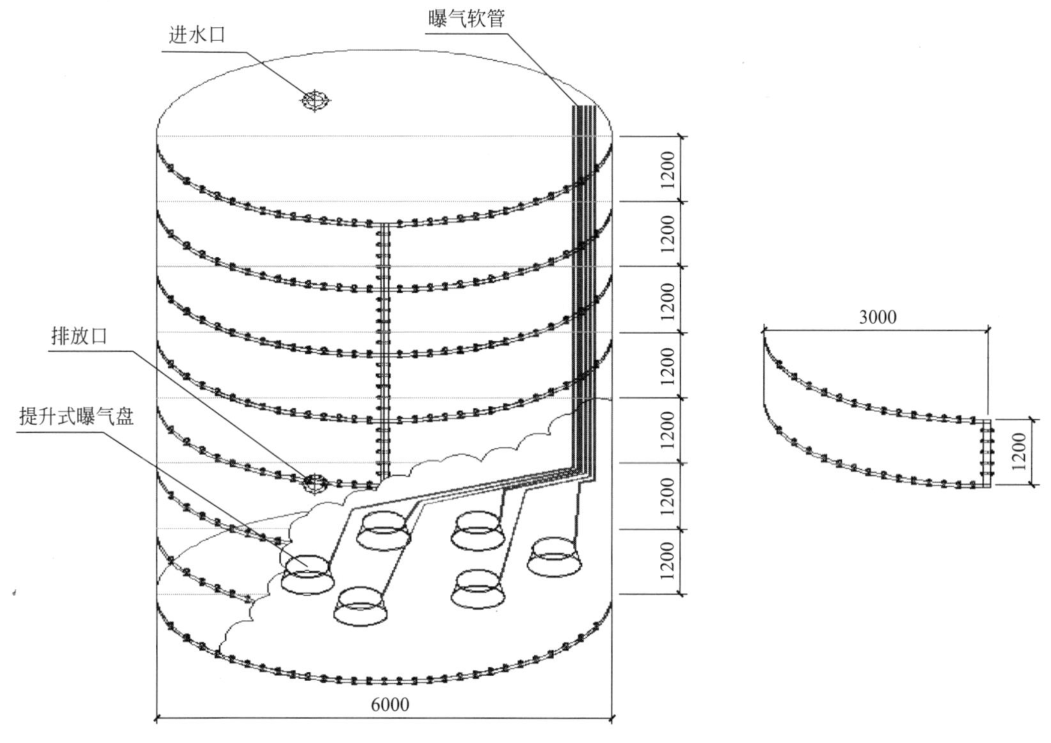

图 5-1-7 大型拼装式生化模块

(4) 设备运输

本拼装块单块设备约 0.45t，拼装单体共需 28 块，共重 12.6t。

拼装式水箱可组装拆卸，运输采用普通货车即可。

十一、高效膜分离模块

1. 模块介绍

以生化处理为核心工艺的模块，结合超滤膜的膜生物反应器，模块内设有超滤膜组，用于各类污水处理深度处理段，以活性污泥法去除污染水中易生化降解的部分 COD、NH_3-N、TP 等常规性指标，适用于多种类型的污染水处理，但受外部环境温度的影响以及污染水中无毒性、无重金属离子等含有毒性的污染物；也可用于非生化反应的固液分离，通过超滤膜的高效截留性，有效地实现固液分离，从而净化水质，一般用于污染水处理后段深化处理段。

2. 适用范围

膜分离是在 20 世纪初出现，20 世纪 60 年代后迅速崛起的一门分离新技术。膜分离技术由于兼有分离、浓缩、纯化和精制的功能，又有高效、节能、环保、分子级过滤及过滤过程简单、易于控制等特征，因此，已广泛应用于食品、医药、生物、环保、化工、冶金、能源、石油、水处理、电子、仿生等领域，产生了巨大的经济效益和社会效益，已成为当今分离科学中最重要的手段之一。

3. 工作原理

在相同的外压下，当溶液与纯溶剂为半透膜隔开时，纯溶剂会通过半透膜使溶液变淡的现象为渗透。这时溶剂分子在单位时间内进入溶液内的数目要比溶液内的溶剂分子在同一时间内通过半透膜进入纯溶液剂内的数目多。

表面上看来，溶剂通过半透膜渗透到溶液中，使得溶液体积增大，浓度变稀，当单位时间内溶剂分子从相反的方向穿过半透膜的数目彼此相等，即达到渗透平衡。渗透必须通过一种膜来进行，这种膜只能允许溶剂分子通过，而不允许溶质分子通过，因此称之为半透膜。

当半透膜隔开溶液与纯溶剂时，加在原溶液上使其恰好能阻止纯溶剂进入溶液的额外压力称为渗透压，通常溶液愈浓，溶液的渗透压愈大。如果加在溶液上的压力超过了渗透压，则反而使溶液中的溶剂向纯溶剂方向流动，这个过程称为反渗透。反渗透膜分离技术就是利用反渗透原理进行分离的方法。

4. 设备的工艺参数

（1）处理能力

该模块共装填 4 套膜组，按常规污水，根据经验单套膜组处理水量为 $8m^3/h$，总处理量为 $32m^3/h$。若该模块作为后期水质净化，膜通量可适当提高，单套处理量可达到 $20m^3/h$，总处理量可达到 $128\ m^3/h$。膜法水处理需根据实际情况在调试运行中选择合适的膜通量。

（2）主要设备

主要设备如表 5-1-9 所示。

表 5-1-9 主要设备统计表

名称	性能尺寸参数	单位	数量	备注
膜处理池	10.0m×2.0m×2.2m	座	1	
设备间	2.0m×2.0m×2.2m	座	3	
进水离心泵	$Q=48m^3/h$,$H=16m$,$P=3.0kW$	台	2	
膜产水泵	$Q=42m^3/h$,$H=13m$,$P=2.2kW$	台	3	
回转鼓风机	$5.33m^3/min$,24.5kPa,$P=3.0kW$	台	2	
膜架	1.8m×1.5m×1.7m	台	4	
过滤膜	1.5m×0.35m×0.03m	片	160	可实现独立运行
电控柜	0.8m×0.6m×0.02m	个	1	
仪表柜	0.8m×0.6m×0.02m	个	1	
液位浮球		台	3	
溶解氧仪表		台	1	
pH 仪表		台	1	

(3) 管道的选择及连接

图 5-1-8 为高效膜分离模块，设备进出水口均采用法兰式出口连接，进口尺寸 DN150，膜组出水为自吸泵出水，出水母管为 DN80，处理区膜架内部连接管道为 UPVC 管道连接，膜架和预留口之间连接管道采用钢丝软管连接，管径尺寸为 DN40。

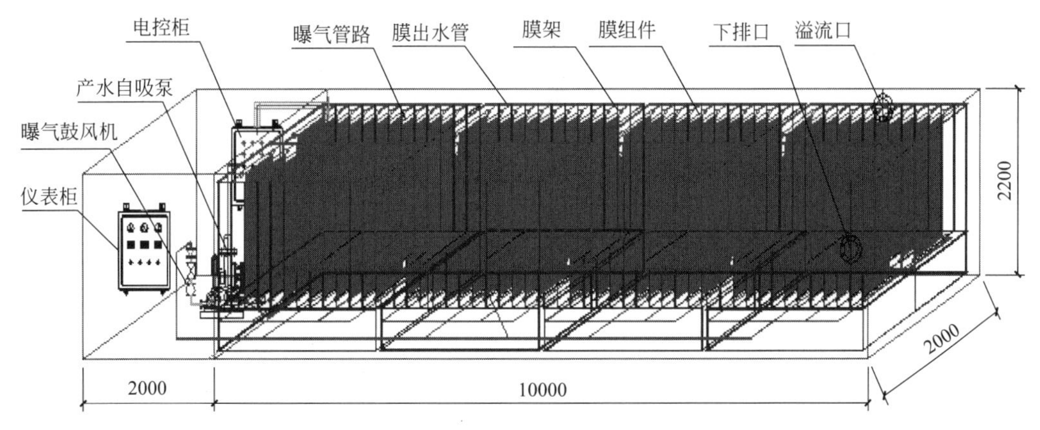

图 5-1-8 高效膜分离模块

曝气管线采用法兰式预留进口，进口口径 DN50，分四支路，每个支路口预留 DN32 的短管活接接头，材质均为 UPVC 硬质塑料管，膜架曝气管与曝气主管连接采用钢丝软管连接，鼓风风机与处理区之间连接管路为碳钢管路。

若处理设备较远，另设输送泵尽可能采用潜水泵，管线可使用无渗漏耐压钢丝软管、消防管以及 UPVC 管或钢制管线。

(4) 设备运输

本单体设备 8～10t（不含膜架）。按照通用集装箱的尺寸，将设备框架和设备整体组合，主骨架上设有吊装挂钩连接处，方便吊装运输。采用集装箱运输车可进行长距离运输。

十二、无动力油水快速分离模块（粗粒化）

1. 模块介绍

粗粒化技术是分离含油废水的一种物理化学方法，粗粒化处理的对象主要是水中的分散油和非表面活性剂稳定的乳化油。粗粒化法又称聚结法，是粗粒化及相应的沉降过程的总称。该法是利用油、水两相对聚结材料亲和力相差悬殊的特性，油粒被材料捕获而滞留于材料表面和空隙内形成油膜，油膜增大到一定厚度时，在水力和浮力等作用下脱落合并聚结成较大的油粒。聚结后粒径较大的油珠易于从水中被分离。经过粗粒化的废水，其含油量及污油性质并无变化，只是更容易用重力分离法将油除去。石化废水种类繁多，组成十分复杂，而且性质变化很大。

堆积填料式聚结分离器是在分离器内堆积一定体积的聚结材料，来水通过分离器时，水中的小油滴和聚结材料碰撞、聚结成大的油滴，并最后从聚结材料上脱离，上浮去除。这种填料式聚结分离器拥有相对较大的流动通道，聚结材料种类较多，较为便宜。本装置克服现有技术的不足而提供了一种具有初步除油、防油积聚、提高装置处理能力等新功能的含油污水初步分离装置，基本解决了普通含油废水处理效率低下、难以兼顾均质和缓冲两种功能等问题。

2.适用范围

粗粒化法作为水处理的一种方法，被广泛应用于含油废水处理系统中。该设备主要适应于：

① 原油泄漏吸附回收后的油水分离。

② 输油管道的泄漏产生的废水。

③ 油库起火时灭火产生的消防含油废水。

④ 金属加工企业事故时产生的含油废水。

⑤ 餐饮行业、食品工业、纺织工业及其他制造业产生的含油废水。

⑥ 日常生活中产生的含油废水。

3.工作原理

(1) 粗粒化除油机理

当含油污水通过一个装有填充物的装置时，污水中的油滴会由小变大，这一过程就称为粗粒化，所用的填充材料称为粗粒化材料。该方法属于物理化学法，通常设在重力除油工艺之前。它是利用油、水两相对粗粒化材料亲和力相差悬殊的特性，油粒被材料捕获而滞留于材料表面和孔隙内形成油膜，油膜增大到一定厚度时，在水力和浮力等作用下油膜脱落合并聚结成较大的油粒。经过粗粒化处理后的污水，其含油量及原油性质并不发生改变，只是更容易用重力分离法将油除去。

在含油污水乳化程度不高的情况下，污水中绝大多数是粒径为 10μm 及以上的油滴，则污水自上而下流动的速度 v 必须小于油滴上浮速度 u，油滴才可上浮至水面去除。由斯托克斯公式可知，油滴上浮速度与油滴粒径平方成正比。如果在污水沉降之前设法使油滴粒径增大，可大大增大油滴上浮速度，进而使污水在分离罐中向下流速的 v 加大，这样便可提高除油罐效率。

关于粗粒化的机理，大体上有两种观点，即“润湿聚结”和“碰撞聚结”。“润湿聚结”理论建立在亲油性粗粒化材料的基础上。当含油污水流经由亲油性材料组成的粗粒化床时，分散油滴便在材料表面湿润附着，这样材料表面几乎全被油包住，再流来的油滴也更容易润湿附着在上面，因而附着的油滴不断聚结扩大并形成油膜。由于浮力和反向水流冲击作用，油膜开始脱落，于是材料表面得到一定更新。脱落的油膜到水相中仍形成油滴，该油滴粒径比聚结前的油滴粒径要大，从而达到粗粒化的目的。例如，用聚丙烯塑料球及无烟煤的聚结反应属于“润湿聚结”。

“碰撞聚结”理论建立在疏油材料基础上。无论由粒状的还是纤维状的粗粒化材料组成的粗粒化床，其空隙均构成互相连续的通道，犹如无数根直径很小、相互交错的微管。当含油废水流经该床时，由于粗粒化材料是疏油的，两个或多个油滴有可能同时与管壁碰撞或相互碰撞，其冲量足可以将它们合并为一个较大的油滴，从而达到粗粒化的目的。例如陶粒的聚结反应就属于“碰撞聚结”。

(2) 堰式撇油器收油机理

堰式撇油器外形似一只漏斗，底部安装排水泵，上部装有吸油口，其吸口深入浮油层中，漏斗固定于浮力箱上来进行浮力调节。工作时排水泵不断地从漏斗内吸水，并从漏斗底部向外排出，使漏斗内的水位下降，海水和浮油连续不断地从上部进入，使漏斗内的浮油层积厚，油泵则将浮油吸入并转送至回收槽中。

其堰缘可以在水的作用下在垂直方向上调整，或整个撇油器可以使用空气压舱来上下(通过将水泵入、泵出一个浮体中)。通过自调节型的堰缘来完成，可以随泵的速度而或高或低。堰式撇油器可以是自由漂浮（固定于浮体上）的，也可以是固定在吊臂或手持的，或与其他的各种撇油器结合起来。

自浮动态堰式撇油器更适宜放置于V形围油栏的顶点，根据堰缘的设计不同，黏度在 $30\sim40000cm^2/s$ 的油都可被有效地回收。附加机械传输后，回收油黏度范围可以达到 $50\sim10^5cm^2/s$。如果漂浮固体油块可以通过堰缘进入适宜的输油泵中，也可以被回收。由于它方便应急处理人员直接将油泥推进或铲进漏斗中，最近几年来它在陆上溢油清除和废油坑清理中的应用也很普遍。

十三、引气气浮油水分离模块（气浮机）

1.模块介绍

气浮处理法就是向废水中通入空气，并以微小气泡形式从水中析出成为载体，使废水中的乳化油、微小悬浮颗粒等污染物质黏附在气泡上，随气泡一起上浮到水面，形成泡沫——气、水、颗粒（油）三相混合体，通过收集泡沫或浮渣达到分离杂质、净化废水的目的。浮选法主要用来处理废水中靠自然沉降或上浮难以去除的乳化油或相对密度接近1的微小悬浮颗粒。

引气气浮法实现油水分离的方式是从饱和的含油污水中析出气泡，在溶气罐中分别加入含油污水和空气并逐步加压，确保空气已经很好地溶解在了污水中，溶解时间约为4min，之后将污水送入上浮池中，空气突然减压时就会出现很多细小的气泡，气泡与油粒一起上浮，此方法最大的优点就是污水和空气之间能够充分融合，可以有效去除含油废水的乳化油分。

2.适用范围

引气气浮作为水处理的一种方法，被广泛应用于污水处理系统中。该设备主要适用于：

① 造纸白水纸浆回收及回用。

② 污水中有用物质的回收。

③ 含油废水、油污分离。

④ 制革废水杂质去除。

⑤ 制药废水悬浮物和色度的去除。

⑥ 各类生物处理后污泥、膜的固液分离。

3.工作原理

(1) 带气絮粒的上浮和气浮表面负荷的关系

黏附气泡的絮粒在水中上浮时，在宏观上将受到重力 G、浮力 F 等外力的影响。带气絮粒上浮时的速度由牛顿第二定律可导出，上浮速度取决于水和带气絮粒的密度差，带气絮粒的直径（或特征直径）以及水的温度、流态。如果带气絮粒中气泡所占比例越大则带气絮粒的密度就越小；而其特征直径则相应增大，两者的这种变化可使上浮速度大大提高。具体上浮速度可按照实验测定。根据测定的上浮速度值可以确定气浮的表面负荷，而上浮速度的确定须根据出水的要求确定。

(2) 水中絮粒向气泡黏附

气浮处理法对水中污染物的主要分离对象，大体有两种类型，即混凝反应的絮凝体和颗粒单体。气浮过程中气泡对混凝絮体和颗粒单体的结合可以有三种方式，即气泡顶托、气泡裹挟和气粒吸附。显然，它们之间的裹挟和黏附力的强弱，即气、粒（包括絮凝体）结合的牢固程度与否，不仅与颗粒、絮凝体的形状有关，更主要受水、气、粒三相界面性质的影响。水中活性剂的含量、水中的硬度、悬浮物的浓度，都和气泡的黏附强度有着密切的联系。气浮运行的好坏与此有根本的关联。

（3）水中气泡的形成及其特性

形成气泡的大小和强度取决于空气释放时各种用途条件和水的表面张力（表面张力是大小相等方向相反，分别作用在表面层相互接触部分的一对力，它的作用方向总是与液面相切）大小。气泡半径越小，泡内所受附加压强越大，泡内空气分子对气泡膜的碰撞概率也越多、越剧烈。因此要获得稳定的微细泡，要保证气泡膜强度。气泡小，浮速快，对水体的扰动小，不会撞碎絮粒，并且可增大气泡和絮粒碰撞概率。但并非气泡越细越好，气泡过细影响上浮速度，因而影响气浮池的大小和工程造价。此外投加一定量的表面活性剂，可有效降低水的表面张力系数，加强气泡膜牢度，半径也变小。向水中投加高溶解性无机盐，可使气泡膜牢度削弱，而使气泡容易破裂或并大。

十四、高效无动力油水过滤分离模块

1. 模块介绍

膜分离技术是一种使用半透膜分离的方法，其分离原理是依据物质分子尺度的大小，借助膜的选择渗透作用，在外界能量或化学位差的推动作用下对混合物中双组分或多组分溶质和溶剂进行分离、分级提纯和富集，从而达到分离、提纯和浓缩的目的。膜分离是一种应用很广泛的技术，为了使工业大生产提高产品质量、降低成本、缩短处理时间，今后的研究趋势将是分离技术的高效集成化。利用膜分离技术对含油污水进行处理，可以实现绿色生态环保以及节能的目标，而且还可以把处理后的污水进行再次回注到地层之中，具有很好的应用前景。但是利用膜分离技术在处理污水时，还应该与多种水处理技术进行高效结合，方可以达到较为理想的效果。

2. 适用范围

① 原油泄漏吸附回收后的油水分离。

② 输油管道的泄漏产生的废水。

③ 油库起火时灭火产生的消防含油废水。

④ 金属加工企业事故时产生的含油废水。

⑤ 餐饮行业、食品工业、纺织工业及其他制造业产生的含油废水。

⑥ 日常生活中产生的含油废水。

3. 工作原理

亲水性的材料具有表面为水分所润湿的性质，是一种界面现象，润湿过程的实质是物质界面发生性质和能量的变化。当水分子之间的内聚力小于水分子与固体材料分子间的相互吸引力时，材料被水润湿，此种材料为亲水性的，称为亲水性材料；而水分子之间的内聚力大于水分子与材料分子间的吸引力时，材料表面不能被水所润湿，此种材料是疏水性的（或称憎水性），称为疏水性材料。

水分子与不同固体材料表面之间的相互作用情况是各不相同的。在水（液相）、材料

（固相）与空气（气相）三相的交点处，沿水滴表面的切线与水和材料接触面所形成的夹角 θ 称为接触角，θ 在 $0^\circ \sim 180^\circ$，由 θ 的大小可估计润湿程度。θ 越小，润湿性越好。如 $\theta = 0^\circ$，材料完全润湿；$\theta < 90^\circ$（如玻璃、混凝土及许多矿物表面），则为亲水性的；$\theta > 90^\circ$（如水滴在石蜡、沥青表面）为疏水性的；$\theta = 180^\circ$时，则为完全不润湿。

超疏水网膜材料进行油水分离的方式主要是将油水混合物通过超疏水网膜材料将压强控制在一定的范围内，使油滴可以渗入网孔滴下，而水滴被截留在网膜表面无法从网孔中透过，进而实现油和水的分离，达到回收油的目的，具有精确度高、易自动化操作的特点。

4.设备的工艺参数

（1）工序说明

高效无动力过滤分离模块用于含油废水的最终处理。根据亲水疏油金属网或者亲油疏水金属网的性能，可以分别用于初分模块回收废油和引气气浮模块回收废油的深度处理过程和含油少量的乳化油的油水深度处理。无动力浮油自过滤装置结构简单，不需要抽吸泵等动力系统，系统仅通过装备末端的油水分离滤网达到油水分离的目的，该装置通量大，不易堵塞，操作简单，运行成本低，后期维护仅需要更换油水分离过滤网膜，适用于应急含油污染的处理。

（2）处理能力

该模块可以根据处理对象的不同，分别设置亲水疏油金属网膜和亲油疏水金属网膜对含油废水进行处理（图 5-1-9）。当采用亲油疏水膜为分离介质时，由于亲油疏水金属网的流通量相对较小，设备日处理能力约为 1500t。当采用亲水疏油金属网为分离介质时，具有较高的流通量，设备的处理能力约为 10000t。

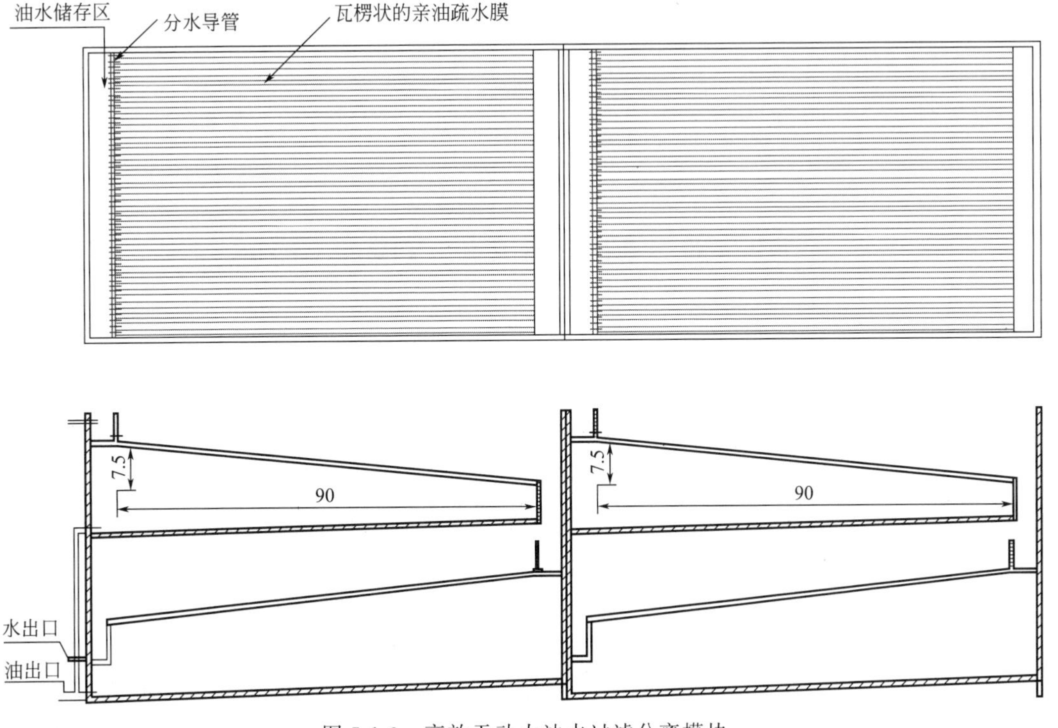

图 5-1-9 高效无动力油水过滤分离模块

（3）进出水方式

需要进一步处理的含水废油或含油废水通过重力自由流流入高效无动力分离过滤模块，通过分水装置将需要处理的含水废油或含油废水引入瓦楞状的金属网材料上进行油水的分离。进水管道为DN800的PVC管材，出水管和出油管分别采用DN800和DN200的PVC管材。为了满足不同的处理要求，可以根据现场实际情况改变进出水的方式和进出水的管路。

（4）管道的选择及连接

设备进出水口均采用法兰式出口连接，进口尺寸DN800、出口尺寸DN800和DN200为PVC管材，内部连接管道为UPVC管道连接。若处理设备较远，另设输送泵尽可能采用潜水泵，管线可使用无渗漏耐压钢丝软管、消防管。

（5）设备尺寸

本模块为箱体式模块，有两个相同的工作部分构成，为一体式结构，可直接进行运输。设备有效工艺尺寸 $L \times B \times H = 12m \times 2.5m \times 2.3m$，单个工作部分有效尺寸 $L \times B \times H = 5.5m \times 2.5m \times 2.3m$。有效容积最高可达 $80m^3$，最大处理能力为10000d/t。主要设备如表5-1-10所示。

表5-1-10　主要设备统计表

名称	规格型号	数量	用途	备注
箱体部分				
板材(A3)	6m×1.5m×6mm	2张	箱体及溶气罐	有
板材(A3)	6m×1.5m×4mm	1张	箱体内部隔板	有
槽钢	$8^{\#}$	5条	箱体加强筋	
分离部分				
收油槽	1m×0.5m×0.5m	2个	废油收集	
亲油疏水金属网	200目	$30m^2$	油水分离	
亲水疏油金属网	200目	$30m^2$	油水分离	

第二节　复杂水质处置技术研究

一、复杂重金属废水处置工艺研究

根据典型重金属废水处理工艺、药剂和设备，结合实际应急中可能遇到的复杂重金属废水处理案例，确定复杂重金属废水处理工艺流程如图5-2-1所示，该工艺应用了调节储存模块、加药混合反应模块、高效固液分离模块和高效吸附过滤模块。

1. 工艺流程说明

重金属废水处理流程以含铬废水为例，首先经过调节池模块，在调节池内将重金属废水的水质水量进行调节，以减少后续处理工艺的复合冲击。之后重金属废水进入到一级加药混合反应处理装置，在该装置内，通过投加硫酸调节pH 2.5～3.0，然后加入配制好的 Na_2SO_3 溶液，使其与含铬废水充分混合，进行Cr(Ⅵ)还原为 Cr^{3+} 的化学反应（由在线

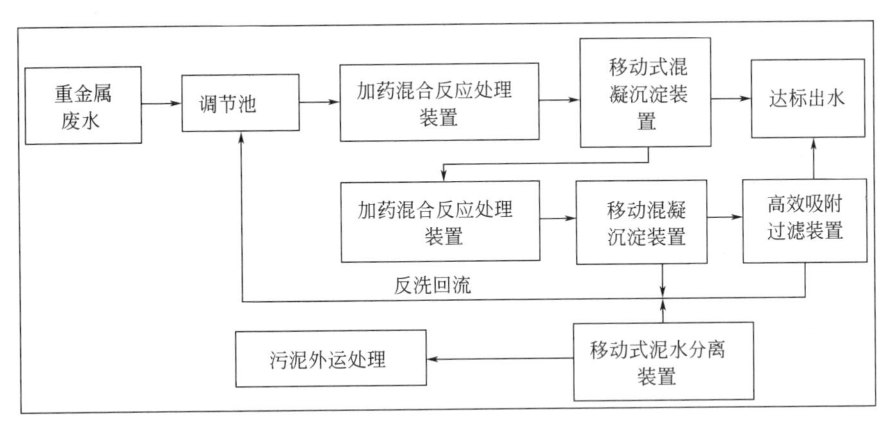

图 5-2-1　重金属废水处理工艺流程图

pH/ORP 仪表控制加药还原过程)。反应完毕后，废水进入后续的移动式混凝沉淀装置内，沉淀后进入二级加药混合反应处理装置，最后加入适量浓度的 NaOH、PAC、PAM，使其与含铬废水充分混合，通过添加 NaOH 溶液，使溶液中的 pH 调节到 8 左右 [$Cr(OH)_3$ 的沉淀呈两性，pH 值过高时 (pH>12)，已生成的 $Cr(OH)_3$ 会再度返溶为 $NaCrO_2$；而 pH 太低 (pH<6.8)，沉淀不能生成]，这是废水中的铬离子充分与 OH^- 结合形成氢氧化物沉淀；再通过添加 PAC、PAM 溶液，使小的悬浮物变成大的可沉降的絮凝团，再通过重力沉淀作用，从而实现泥水分离的目的。二级高效分离池出水自流入高效率吸附过滤池进行过滤截留，出水达到设计出水的水质指标后排放到指定位置；沉淀下来的污泥经过移动式泥水高效分离装置进行脱水，脱水后的污泥委托相关单位进行无害化处理，滤液则回流到前端的调节池内，进行再次处理。

2. 模块化装置组合

(1) 加药混合反应模块

加药混合反应模块装置如图 5-2-2 所示。

加药混合反应模块主体为 12.0m×2.0m×2.4m 加药混合反应池，分加药池和反应、释

图 5-2-2　加药混合反应模块装置图

放池，其中加药池水力停留时间为10～30min，反应、释放池水力停留时间为30～60min。单台模块的具体反应时间由实际进水水质和水量决定，详见加药混合反应模块介绍。反应模块的主要构筑物如表5-2-1所示。

表 5-2-1 主要设备统计表

设备名称	参数	单位	数量	备注
加药混合池	12.0m×2.0m×2.2m	座	1	
进水离心泵	$Q=48m^3/h$，$H=16m$，$P=3.0kW$	台	3	二用一备
加药泵	$Q=2m^3/h$，$H=10m$，$P=0.75kW$	台	2	一用一备
加料泵	NSR125C，$Q=12.5m^3/min$，$P=29.4kPa$，$N=11kW$	台	2	一用一备
搅拌机	1.8m×1.5m×1.7m	套	1	
pH仪表		个	1	
电控柜	0.8m×0.6m×0.02m	个	1	
仪表柜	0.8m×0.6m×0.02m	个	1	
液位浮球		台	2	

加药混合反应模块按照通用集装箱的尺寸40尺设计，因此集装箱运输车可进行长距离运输。并且模块适用于重金属中和沉淀和捕集工艺段，单个模块有效容积为$40m^3$，以常规停留时间0.5～1h计算，该模块日处理量600～$1200m^3$。

管道的选择及连接：设备进、出水口均采用法兰式进、出口连接，进口尺寸DN150，出口尺寸DN200，内部连接管道为UPVC管道连接；若处理设备较远，另设输送泵尽可能采用潜水泵，管线可使用无渗漏耐压钢丝软管、消防管以及UPVC管或钢制管线。设备净重2～8t，因此在主骨架上设有吊装挂钩连接处，方便吊装运输。

(2) 高效固液分离模块

高效固液分离模块装置如图5-2-3所示。

图 5-2-3 高效固液分离模块装置图

高效固液分离模块主体为$L \times B \times H =$ 3.0m×3.0m×5.0m斜板沉淀池，可采用集装箱运输车进行长距离运输。且在主骨架上设有吊装挂钩连接处，方便吊装运输。并且模块能高效固液分离水中非溶解性悬浮物，进行高效固液分离，其水力停留时间约为30min。本装置由7套沉淀池并联组成，每套设备的处理规模为$286m^3/d$。单台模块的具体反应时间由实际进水悬浮物含量，单台套设计处理能力$12m^3/h$，设备进水设置进水提升泵机，出口采用重力自流方式，内部设三角堰板，溢流后汇入溢流渠经重力自流排除，排放口为DN200。反应模块的主要构筑物如表5-2-2所示。

表 5-2-2　设备统计表

名称	性能尺寸参数	单位	数量	备注
沉淀水池	3.0m×3.0m×5.0m,δ=8mm	座	1	碳钢防腐
设备间	1.0m×3.0m×2.2m,δ=3mm	座	1	碳钢防腐
进水离心泵	Q=42m^3/h,H=13m,P=2.2kW	台	2	一用一备
电控柜	0.8m×0.6m×0.2m	个	1	
中心导流管	Φ500mm×3.0m,δ=3mm	个	1	碳钢防腐
溢流水槽	12.0m×0.2m×0.2m,δ=1mm	座	1	碳钢防腐,三角堰板

(3) 高效吸附过滤模块

高效吸附过滤模块装置如图 5-2-4 所示。

图 5-2-4　高效吸附过滤模块装置图

二级加药混合反应模块出水进入活性炭高效吸附过滤单元，为保证最终出水达标，设置此单元进一步去除污水中的 COD 污染物，高效吸附单元的出水由罐车外运至外部市政管网。高效吸附过滤模块采用 40 尺标准集装箱尺寸设计，单体设备 8～12t，所以可采用集装箱运输车进行长距离运输，且在主骨架上设有吊装挂钩连接处，方便吊装运输。

每组包含两套，每套设备的处理规模为 1500m^3/d，单台套设计处理能力 80m^3/h，设计详见移动式活性炭应急吸附过滤分离装置应用报告。设备进水设置进水提升泵机，出口采用重力自流方式，吸附饱和的滤料和填料定期进行反冲洗。反应模块的主要构筑物如表 5-2-3 所示。

表 5-2-3　设备统计表

名称	性能尺寸参数	单位	数量	备注
吸附过滤池	5.0m×2.0m×2.2m	座	2	
设备间	2.0m×2.0m×2.2m	座	1	
进水离心泵	Q=88m^3/h,H=16.0m,P=7.5kW	台	2	一用一备
反洗泵	Q=368m^3/h,H=10.5m,P=18kW	台	2	一用一备
电控柜	0.8m×0.6m×0.02m	个	1	
填料承载池	5.0m×2.0m×1.0m	台	2	内嵌吸附过滤池
进水管帽	不锈钢材质	个	54	
溢流水槽	12.0m×0.2m×0.2m,δ=1mm	座	1	碳钢防腐,三角堰板

3.电气和自动化设计（包含在线监控和信息传输）

（1）调节存储池

液位浮球设置为高液位与低液位两处，当液位低于低液位时，低液位浮球开关信号启动进水泵，水位到达高液位，高液位浮球开关信号停止进水泵，液位浮球开关兼具高低液位报警信号，液位到达高低位时现场具有声光报警功能，同时在集中控制系统上位机上显示报警信息。水质不均匀时手动开启潜水搅拌器。

（2）一级加药混合模块

进水依靠自流由调节存储池进入，当压力不足时，需手动开启进水泵，在水泵到达高液位，由液位浮球开关信号停止进水泵，开启加药泵、搅拌机。

在处理过程中，根据 pH 值，调节加药泵流量，具体对应值根据工艺不同，数值存储在数据块内，选取处理工艺后，自动调取对应参数值程序运行，根据设置其他加药泵自动开始加药。液位浮球开关兼具高低液位报警信号，液位到达高低位时现场具有声光报警功能，同时在集中控制系统上位机上显示报警信息。

（3）一级高效沉淀池

液位浮球设置为高液位与低液位两处，当液位低于低液位时，低液位浮球开关信号启动进水泵，水位到达高液位，高液位浮球开关信号停止进水泵，液位浮球开关兼具高低液位报警信号，液位到达高低位时现场具有声光报警功能，同时在集中控制系统上位机上显示报警信息。

（4）二级加药混合模块

进水依靠自流由一级高效沉淀池进入，当压力不足时，需手动开启进水泵，在水泵到达高液位，由液位浮球开关信号停止进水泵，开启加药泵、搅拌机。

在处理过程中，根据 pH 值，调节加药泵流量，具体对应值根据工艺不同，数值存储在数据块内，选取处理工艺后，自动调取对应参数值程序运行。根据工艺要求可在上位机选取液体加药泵或固体药剂流盘装置向二级加药混合模块加入药剂，具体对应值根据工艺不同，药剂量数值存储在数据块内，选取处理工艺自动调取对应参数值程序运行。液位浮球开关兼具高低液位报警信号，液位到达高低位时现场具有声光报警功能，同时在集中控制系统上位机上显示报警信息。

（5）二级高效沉淀池

液位浮球设置为高液位与低液位两处，当液位低于低液位时，低液位浮球开关信号启动进水泵，水位到达高液位，高液位浮球开关信号停止进水泵，液位浮球开关兼具高低液位报警信号，液位到达高低位时现场具有声光报警功能，同时在集中控制系统上位机上显示报警信息。

（6）高效吸附过滤池

进水依靠自流由二级高效沉淀池进入，开启 A 座和 B 座进水阀门，当 A 座装设压力表差压值到达 0.07MPa 时，停止 A 座进水阀，开启 A 座反洗水阀由清水池引水进行反洗，A 座反洗水阀启动信号开启反洗泵，同时开启 A 座反洗气阀，回转鼓风机设置于储压状态，A 座反洗气阀运行 15min 后，依次停止 A 座反洗气阀、反洗泵、A 座反洗水阀；当 B 座装设压力表差压值到达 0.07MPa 时，停止 B 座进水阀，开启 B 座反洗水阀由清水池引水进行反洗，B 座反洗水阀启动信号开启反洗泵，同时开启 B 座反洗气阀，回转鼓风机设置于储压状态，B 座反洗气阀运行 15min 后，依次停止 B 座反洗气阀、反洗泵、B 座反洗水阀。A 座与 B 座水池通过 A 座反洗水阀和 B 座反洗水阀开启信号互锁设置，使两座水池不同时工作在反洗状态。

（7）清水池

进水依靠自流由高效沉淀进入，同时开启消毒池加药泵，两台加药泵每隔 12h 交替工作。在总排口管道上安装在线重金属检测装置、超声波流量计，检测信号由子站通过网络传输至集中控制系统上位机上显示。

（8）污泥均质池

每天定时启动 2 台污泥螺旋泵 10h，分别抽取一级高效沉淀池和二级高效沉淀池内泥浆，静置计时 5h 后启动上清液水泵运行 1h，上清液抽至调节存储池。

（9）污泥脱水系统

每天定时启动进料泵，抽取污泥均质池内泥浆，工作 12h 后停止，同时具有手动启停进料泵控制功能。

所有泵类负载均采用一用一备方式，在现场和上位机组态画面设置手动切换。

二、复杂难降解有机废水处理工艺研究

根据典型难降解有机废水处理工艺，结合实际应急中可能遇到的复杂难降解有机废水处理案例，确定复杂难降解有机废水处理工艺流程如图 5-2-5 所示，该工艺应用了调节储存模块、高效固液分离模块、加药反应模块和药剂存储及投加模块。

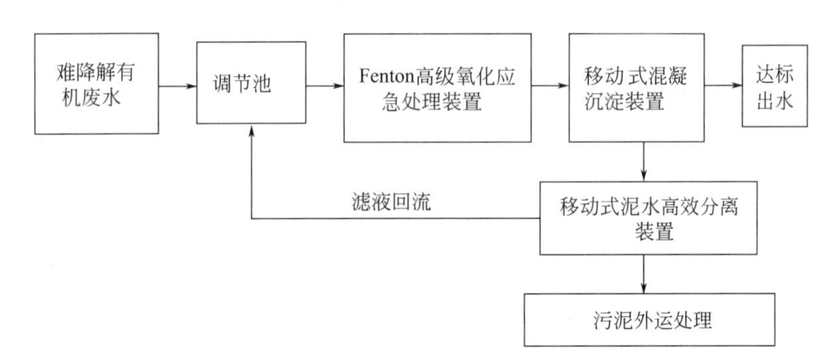

图 5-2-5　难降解有机废水处理工艺流程图

（一）工艺流程说明

难降解有机废水首先经过调节池模块，在调节池内将难降解有机废水的水质水量进行调节，以减少后续处理工艺的复合冲击。之后难降解有机废水进入 Fenton 高级氧化应急处理装置，在该应急装置内，通过投加硫酸调节 pH 到 3 左右，然后加入配制好的硫酸亚铁溶液，使其与难降解有机废水充分混合，最后加入适量浓度的双氧水，使其与含有硫酸亚铁的难降解有机废水充分混合，进行 Fenton 化学反应。反应完毕后，废水进入后续的移动式混凝沉淀装置内，通过添加 NaOH 溶液，使溶液中的 pH 调节到 8 左右，这时废水中的铁离子充分与 OH^- 结合形成氢氧化铁沉淀；再通过添加 PAC、PAM 溶液，使小的悬浮物变成大的可沉降的絮凝团，再通过重力沉淀作用实现泥水分离的目的。最后混凝沉淀的出水达到设计出水的水质指标后排放到指定位置；沉淀下来的污泥经过移动式泥水高效分离装置进行脱水，脱水后的污泥委托相关单位进行无害化处理，滤液则回流到前端的调节池内，进行再次处理。

（二）工艺设备参数设计

1.调节池

调节池采用“事故废水现场应急处置装备及监视设备研发（含应急装备和物资库）”中的调节储存模块，该调节储存模块的主要作用就是对原水缓冲调节，减少污水水质负荷变化，为后续水处理系统提供稳定的水质水量条件。

调节存储模块主要设备清单如表5-2-4所示。

表 5-2-4　调节储存模块设备清单

名称	性能尺寸参数	单位	数量	备注
调节水槽	10.0m×2.0m×2.2m	座	1	共分三区
设备间	2.0m×2.0m×2.2m	座	1	
进水离心泵	$Q=42m^3/h$，$H=13m$，$P=2.2kW$	台	2	可一用一备
电控柜	0.8m×0.6m×0.02m	个	1	
液位浮球		台	2	

调节储存模块配有耐腐蚀内衬和铸造材料，便于运输，经济实用。该模块单台处理能力为40～50m^3/h，水力停留时间为30～60min。

2.Fenton高级氧化设备设计

Fenton高级氧化设备选用移动式组合式高级氧化应急处理装置，处理能力1000m^3/d，主要采用的处理工艺为本装置的高级氧化功能。其主要的设备清单如表5-2-5所示。

表 5-2-5　1000m^3/d移动式组合式高级氧化应急处理装置主要设备清单

名称	性能尺寸参数	单位	数量	备注
加药反应池	12.0m×2.0m×2.2m	座	1	
进水离心泵	$Q=48m^3/h$，$H=16m$，$P=11.0kW$	台	3	二用一备
加药泵	$Q=2m^3/h$，$H=10m$，$P=0.75kW$	台	4	2组分别一用一备
鼓风机	NSR125C，$Q=12.5m^3/min$，$P=29.4kPa$，$N=11kW$	台	2	一用一备
搅拌机	1.8m×1.5m×1.7m	套	2	
pH仪表		个	1	
电控柜	0.8m×0.6m×0.02m	个	1	
仪表柜	0.8m×0.6m×0.02m	个	1	
液位浮球		台	2	

移动式组合式高级氧化应急处理装置主要技术参数如下。

① 设备规格。12.0m×2.0m×2.2m。

② 材质。碳钢＋内衬玻璃钢防腐。

③ 有效容积。40m^3。

④ 水力停留时间。0.5～1h。

⑤ 处理能力。600～1200m^3/d。

3. 混凝沉淀设备设计

移动式混凝沉淀装置处理能力 2000m^3/d，装置采用的主要处理工艺包括混凝反应和沉淀工艺，适用于事故废水应急处理，具有快速安装、混凝沉淀效果稳定可靠的特点。表 5-2-6 显示了装置的主要设备清单。

表 5-2-6　2000m^3/d 移动式混凝沉淀装置主要设备清单

名称	主要参数	单位	数量	备注
污水提升泵	Q=84m^3/h，H=15m，N=11kW，带变频	台	2	化工泵
混凝反应池	6.0m×1.2m×2.2m	套	1	碳钢防腐
搅拌机	功率：0.55kW，搅拌桨长度：1.7m，桨叶长度 0.7m，桨叶宽度 0.15m	套	2	搅拌轴防腐
搅拌机	功率：0.55kW，搅拌桨长度：1.7m，桨叶长度 0.7m，桨叶宽度 0.15m	套	2	搅拌轴防腐
絮凝剂投加系统	3000L，材质 PE，搅拌电机：功率 1.5kW，机械隔膜泵，Q=100L/h，N=90W，压力 0.3MPa	套	2	一用一备
混凝剂投加系统	2000L，材质 PE，搅拌电机功率 1.1kW，机械隔膜泵，Q=55L/h，N=40W，压力 1MPa	套	2	一用一备
沉淀池	6.0m×2.4m×2.2m	套	7	碳钢防腐

主要技术参数如下。

（1）混凝反应池技术参数

① 规格尺寸。6.0m×1.2m×2.2m。

② 数量。1 套。

③ 材质。碳钢防腐。

④ 混凝反应时间。20min。

（2）沉淀池技术参数

① 规格型号。6.0m×2.4m×2.2m。

② 数量。7 套。

③ 材质。碳钢防腐。

④ 表面负荷。0.9 $m^3/(m^2 \cdot h)$。

⑤ 水力停留时间。1.3h。

4. 泥水分离设备设计

在前期项目进场之前进行实验室小试时，本工艺产生的泥量为所处理水量的 25%～30%，因此每小时产生的泥量为 21～25.2m^3/h。因此，本书在编者所在单位研发的 2000m^3/d 的高效泥水分离装置的基础上，做适当的工艺删减，最后决定采用卧式螺旋离心机对本项目所产生的污泥进行泥水分离。

本书采用 1 套处理能力 30m^3/h 卧式螺旋离心机即可满足难降解有机废水处理过程中产生污泥的泥水分离工作需求。具体设备及参数如表 5-2-7 所示。

表 5-2-7　泥水分离装置清单

名称	主要参数	单位	数量	备注
卧式螺旋离心机	3.3m×1.55m×1.1m，N=30kW	套	1	

三、含油废水应急处置技术工艺方案

1. 工艺流程说明

根据本书中含油废水处理工艺比选，确定含油废水应急处理工艺流程如图 5-2-6 所示，根据具体进水水质情况，适当增加或减少处理工艺段，以保证达标出水，该工艺应用了调节储存模块、高效固液分离模块、高效膜分离模块、无动力油水快速分离模块、引气气浮油水分离模块和高效无动力油水过滤分离模块。

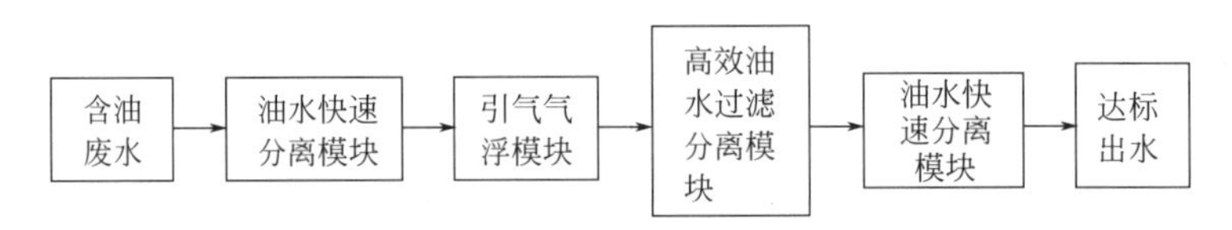

图 5-2-6 含油废水处理工艺流程图

2. 模块化装置的设计

（1）油水快速分离模块设计

油水快速分离模块主要是将目前比较成熟的传统的固定式隔油池的自动隔油技术通过合理的改装和设计改变成撬装式可移动的隔油装置（图 5-2-7），以便应对各种突发性环境污染应急事故。同时通过添加油水分离聚结板填料实现含油废水的快速处理，提高油水分离效率。同时使用改性后的吸油海绵实现废油的快速回收的目的，使含油废水被重复利用。平面隔油池理论设计如表 5-2-8 所示。

表 5-2-8 主要设备统计表

项目	表面面积	水流横断面面积	有效水深	有效池长	总高度	每隔宽	分隔数
数值	$130m^2$	$12.04m^2$	1.52m	12.6m	2.1m	4.5m	2

图 5-2-7 为移动式隔油池，油水快速分离模块实际的外观尺寸为 6.25m×2.13m×2.13m，直接使用无法满足 $250m^3/h$ 的处理量要求，当通过普通平面隔油池的停留时间与波纹板填料的油滴上浮时间、油滴在聚结板表面的聚结时间、油膜的稳定时间以及油滴的分离时间进行关联计算模拟，可有效减少隔油池的实际长度。通过模拟计算该隔油池的有效池长可提高至 14m，实际水流停留时间可缩短至 20min。

图 5-2-7 移动式隔油池

(2) 引气气浮模块

移动式引气气浮模块为一体式加药引气气浮机，含油废水先进入混凝反应池，采用加药设备投加PAM/PAC，在混凝反应池内药剂与污水充分混合破乳后，再进入气浮池去除大量乳化油和悬浮物，气浮浮渣刮进浮渣区，外运处置。该套装置配备有气浮机、曝气机、刮渣机、控制箱、加药系统和油品储存系统，可以实现80m^3/h含油废水处理规模。该装置的曝气系统可根据处理水质的不同选择不同大小的气泡和不同的曝气量，实现设备的低成本运行。药剂投加使用可调节的药剂计量泵进行加药，使药量的投加更加合理精确，有效地降低了药剂的使用成本。

设计选用目前最常用的平流式气浮装置，废水经配水井进入气浮接触区，通过导流板实现降速，稳定水流。然后废水与来自引气开释器释出的水相混合，此时水中的絮粒和微气泡相互碰撞黏附，形成带气絮粒而上浮，并在分离区进行固液分离，浮至水面的泥渣由刮渣机刮至排渣槽排出。净水则由穿孔集水管汇集至集水槽后出流。部分净水经过回流水泵加压后进溶气罐，在罐内与来自空压机的压缩空气相互接触溶解，饱和溶气水从罐底通过管道输向开释器。

本设计采用的引气气浮法在国内外应用最为广泛。与其他方法相比，它具有以下优点：空气的溶解度大，供气浮用的气泡数目多，能够确保气浮效果；溶进的气体经骤然减压开释，产生的气泡不仅微细、粒度均匀、密集度大，而且上浮稳定，对液体扰动微小，因此特别适用于对疏松絮凝体、细小颗粒的固液分离；工艺过程及设备比较简单，便于治理、维护；特别是部分回流式，处理效果明显、稳定，并能较大地节约能耗。设计参数如下。

① 处理水量。100m^3/h。

② 曝气机处理量。100m^3/h。

③ 池体宽度。2300mm。

④ 池体深度。1800mm。

⑤ 反应池尺寸。2000mm×2300mm×1900mm。

⑥ 反应池有效容积。7.1 m^3。

⑦ 反应时间。5.3min(引气气浮反应时间一般取5～8min)。

⑧ 气浮池尺寸。6400mm×2300mm×1900mm。

⑨ 气浮池有效容积。22.8m^3。

⑩ 停留时间。17.1min(引气气浮停留时间一般取15～30min)。

⑪ 表面负荷。5.4m^3/(m^2·h)[引气气浮表面负荷一般取5～8m^3/(m^2·h)]。

⑫ 引气气浮设备总尺寸。9000mm×2300mm×1900mm。

⑬ 接触室水流上升流速U_c=20mm/s，停留时间大于60s。

经过理论计算和设备制作相结合得出表5-2-9所示的设备数据满足设计要求。

表5-2-9　移动式引气气浮模块配置参数

主要部件名称	型号及规格	数量	说明
气浮机主体	絮凝反应池 曝气池 浮上分离池 清水池 浮渣槽	2个 1个 1个 1个 1个	碳钢防腐 6500mm×2500mm×2200mm
曝气机	1.5kW	1套	配套(可调节气泡大小和气量)
刮渣机	GZG-1200	1套	功率0.37kW,不锈钢刮板

续表

主要部件名称	型号及规格	数量	说明
控制箱　、	400mm×500mm×200mm	1套	
巡查扶梯	配套	1套	碳钢
管道阀门及附件	DN15～DN150	1批	配套
PAC加药设备	1000L	1套	配套计量泵搅拌机
PAM加药设备	1000L	1套	配套计量泵搅拌机

移动式引气气浮模块三视图见图5-2-8，移动式引气气浮模块装置见图5-2-9。

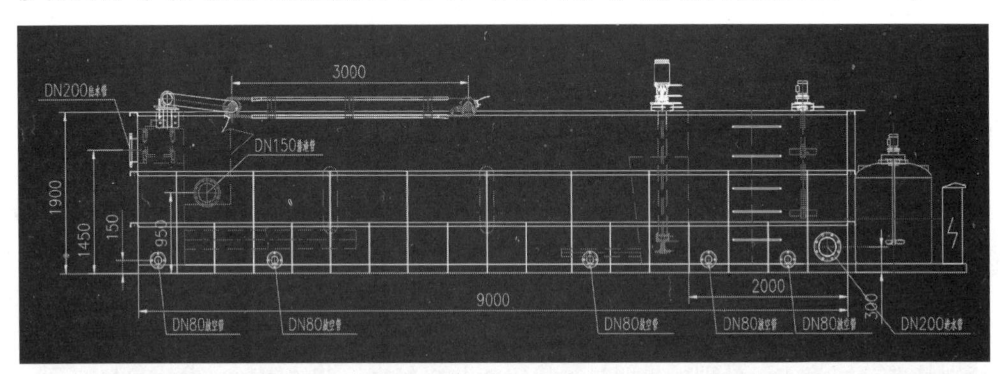

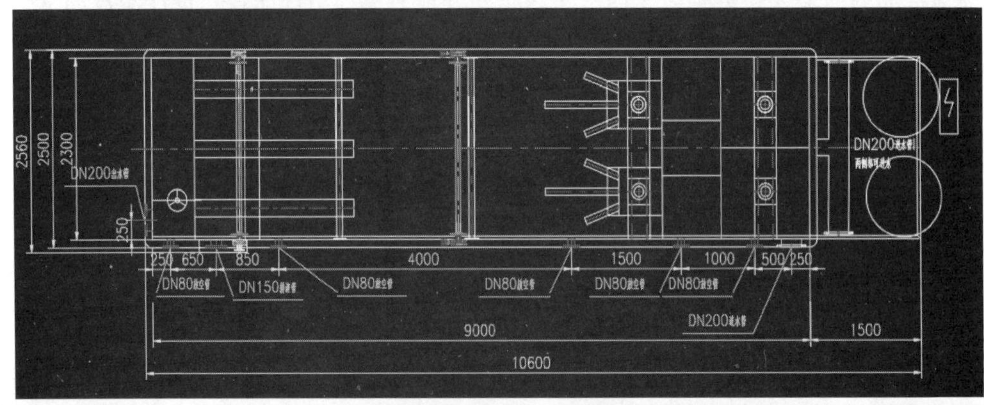

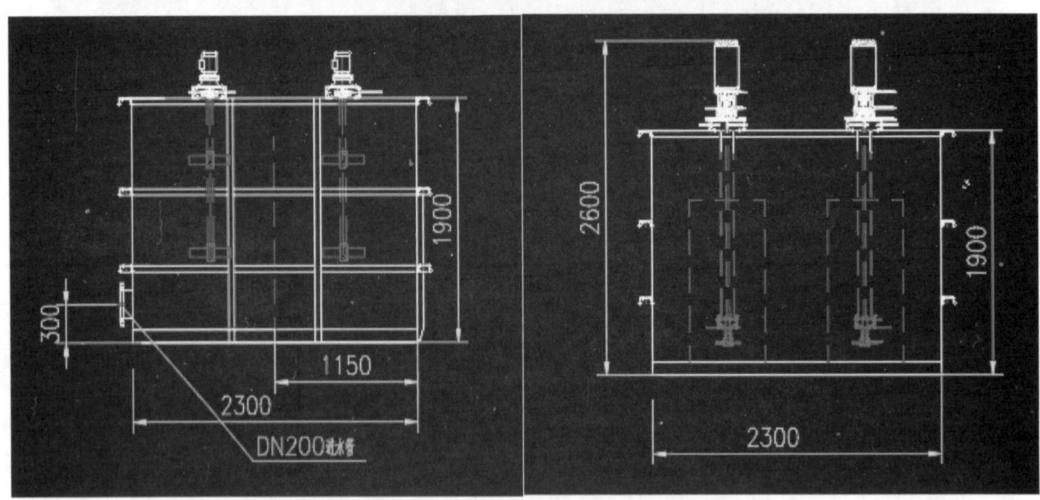

图5-2-8　移动式引气气浮模块三视图

图 5-2-9　移动式引气气浮模块装置图

(3) 高效油水过滤分离模块

高效油水过滤分离模块，主要由进水油水分离区、油水过滤分离区和出水油水分离区组成，进出水油水分离区共同使用一个储油池，分离出来的油脂经过吸油海绵被收集到储油池，达到设备空间的最大化利用，提高空间效率。

① 进出水油水分离区设计参数如下。

a. 有效尺寸。1100mm×2130mm×2180mm。

b. 有效容积。5.1m^3(进水油水分离区 2.5m^3，出水油水分离区 2.5m^3，储油池 0.05m^3)

c. 水力停留时间。进水分离区 50s，出水分离区 50s。

② 油水过滤分离区设计参数如下。

a. 过滤柱尺寸。直径 300mm，高度 800mm。

b. 过滤柱数量。4×12×2=98 根。

每套配备 3 台粤华不锈钢输水泵（两用一备），GZA(S)100-80-160/11，过流部件全部 SU304 不锈钢，电机 YE2，绝缘等级 F 级，防护等级 IP55。装置口配备有流量为 1.8～271m^3/h 的电磁流量计。

设备采用 2 套分别由 48 组过滤器装置并联而成的油水分离过滤系统。两套过滤装置处理能力约为 24h×5m^3/h×48 根×2 套=11520m^3/d，经计算该装置正常运行条件下处理能力可达到 11520m^3/d。由于该装置流量较大，为了减少不必要的资源浪费，计划使用单根过滤装置进行实验，因此在中试实验过程中采用循环流通方式进行。由计算可知该装置的单套处理能力为 5760m^3/d，总处理能力为 11520m^3/d。

过滤器装置效果图见图 5-2-10，油水过滤分离装置效果图见图 5-2-11。

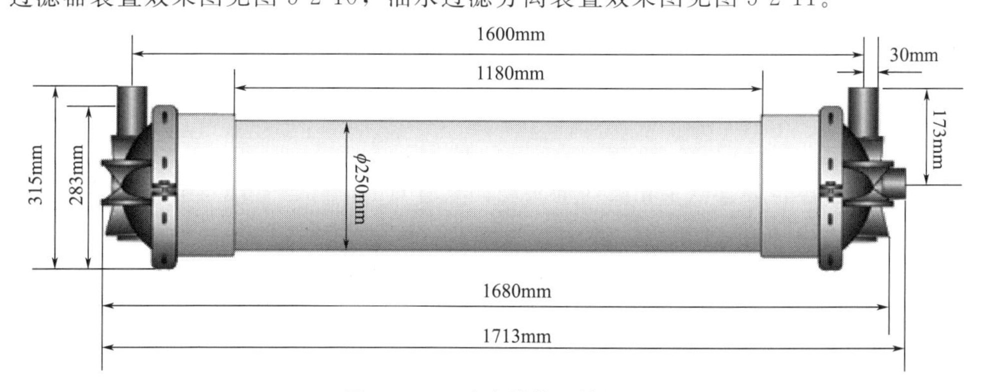

图 5-2-10　过滤器装置效果图

图 5-2-11　油水过滤分离装置效果图

第三节　应急储备管理与调用组合研究

一、环境应急管理体系的概念及组成框架

1. 应急设备物资储备和供应体系的整体构想

近年来，随着我国工业化以及城镇化进程的加快，恶意偷排、生产事故、自然灾害等所引起的突发水环境污染事件时有发生，对人类健康、生态环境、经济发展造成了严重影响。伴随着突发水环境污染事件的发生，我国相关环境应急管理体制呼之而出，应急物资储备和供应体系的科学构建是环境应急管理应对突发水环境污染事件时需要重点关注和解决的问题。其中应急物资库科学地选址和应急设备物资合理地优化储备、布局、管理和调度，作为应急物资储备和供应体系重要组成部分，在突发水环境污染事件发生前的预规划阶段和事件发生后的应急处理阶段均起到十分关键的作用。

典型的水环境污染事故所产生的废水主要涉及高浓度有机废水、高浓度无机废水和有毒有害废水。对于这些污染事故的废水的应急处置方法和工艺现在已经日趋成熟。同时针对应急设备存在的通用性、适用性、移动性、操作性不强问题，编者通过多年研究，开发出可应用于多种事故废水处理现场的模块化应急设备装置攻克了这些问题。但亟须构建应急设备物资储备和供应体系来实现应急设备物资的动态均衡管理和配置，具体的三点问题如下：

①如何保证应急设备装置以及相关药剂能够在突发水环境污染事件发生后可以快速优化地供应与调配？

②如何建立实体的应急设备物资储备库进行应急设备装置以及相关药剂的合理储备及规划？

③如何对应急设备装置以及相关药剂实现科学有效的储存、管理及维护？

2. 环境应急设备物资储备和供应体系的意义

环境污染突发事件具有突发性、多样性、危害性、公共性和急迫性的特点，越来越受到各级政府和全社会的高度关注和重视。在处理环境污染突发事件时，应急设备物资的供给情况对于整个应急事件的处理解决都十分关键。同时，处理环境污染突发事件必须在各个环节都提前做好准备，诸如应急设备物资的储备情况、运送情况、沟通情况等都可能直接影响应

急的效果。但是从之前的环境污染突发事件应急工程的经验教训来看，很多环境应急设备物资生产企业、运输和储备环节都是各司其职，缺乏统一的应急设备物资管理体系，一旦发生环境突发事件，可能发生设备储备缺乏和调运不及时的现象。例如，在2005年吉林松花江水污染事件中，就出现了因找不到活性炭而无法及时进行污水处理的情况。所以在应对环境污染突发事件中，构建区域性应急物资储备和管理体系至关重要。这一储存和管理体系在应对突发事件时，可以起到在最短时间内找到最优的应急设备物资并将设备物资以最快速度调运至应急现场，保证应急措施实现和突发事件的有效有序解决。

3. 环境应急物资的特点和供应管理分析

（1）环境应急设备物资特点

环境应急物资是指为应对严重突发性污染事故应急处置所必需的保障性处理设施和材料。从广义上概括，凡是在突发环境事件应对的过程中所用的设备物资都可以称为应急物资。只有正确认识环境应急设备物资的特点，针对应急物资的特性需求，才能确保在应急事件发生时，快速可靠地将应急物资发送到需要的地方。与普通物资相比，有以下特点。

① 不可确定性。由于环境突发发生的时间、强度和影响范围不可能事前预测，所以就无法确定环境应急设备物资的数量、发放范围、运输机制等。

② 不可替代性。环境应急设备物资的作用非常特殊，只有在特定环境下启用的特殊设备物资。

③ 滞后性。应急设备物资的启用是在事件发生后的，根据受突发事件影响的范围、突发事件本身的强度而确定应急设备物资的适用性。

④ 时效性。应急设备物资本身最重要的价值就是在最短的时间内，送达需求的指定地点，这样才能发生价值，过了时限，就失去了应急的意义。

（2）环境应急设备物资供应管理特点

环境应急设备物资供应管理就是对应急设备物资从流程上实施供应链管理，其最根本目的就是提高应急物资的供应能力，以完成应急处置工作。环境应急设备物资的供应需遵循6 RIGHT原则，即将正确的应急装备物资（right emergency material），按照合适的状态与包装（right condition and packaging），以准确的数量（right quantity）和合理的成本费用（right cost），在恰当的时间（right time）送到在指定地方（right place）。

如图5-3-1所示，环境应急设备物资供应模式可以用如下几个术语简要概括：信息—共享，过程—同步，供应—准时，响应—敏捷。

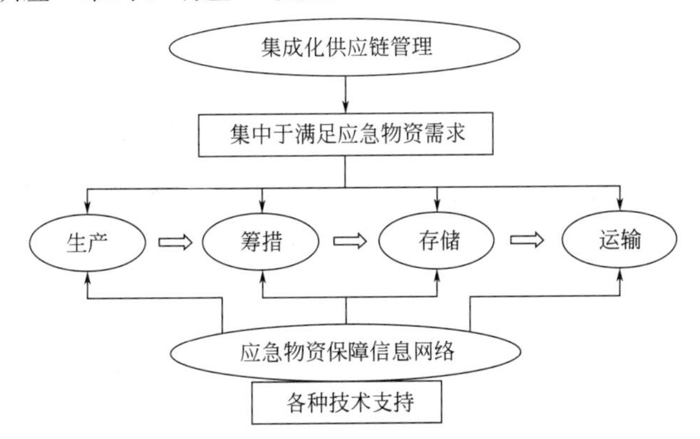

图5-3-1　环境应急设备物资供应模式

制定科学的环境应急设备物资储存、管理、运输体系，可以最大限度地降低突发环境事件的损失，同时又能最大限度地提高效率，科学发展环境应急设备物资供应链是有效预防突发事件的必要方式。同时，采取这种方式，可以保证应急供应在时间上、唯一性上，以及广泛适应性上，更有应用价值。在这种科学的指导基础上，环境应急设备物资库在供应管理的度量尺度上尤为有效。

环境应急设备物资供应管理的实效性：当突发环境事故发生时，判断应急设备物资是否有效，其实就是依据是否能够在最短的时间内，将应急设备物资库中储备的应急设备物资输送到需要该设备物资的地方或区域，这是唯一指标，并非因为储备全面，就认为储备是有效的，而是要看是否能够有效地发挥储备的用途，否则再充分的储存也仅仅是储存，不是有效储存。

环境应急设备物资兼容性：应急物资库储备的物资有时可以保证量，但是储备的设备物资却非常单一，就好比一个消炎药只能消除一种炎症，这是非常不利的，我们需要的是广谱性的应急设备物资储备，而不是一对一的储备，毕竟当应急事件发生时，很大程度上需要弹性的供应链。

4. 环境应急设备物资储备和供应体系的框架与组成

储备应急物资的目的就是通过提前准备应急设备物资，预防环境紧急事件的发生，按照“统筹管理、科学分布、合理储备、统一调配、实时信息”的原则进行环境应急设备物资的模块化储备，建立健全区域的环境应急设备物资储存和保障体系。其工作主要根据应对不同的环境应急事件的不同工艺要求情况采取设备储备、物资储备、动态周转相结合的储备方式。

（1）环境应急设备物资库的设备组成

环境应急设备物资库对环境应急设备物资实现应急设备模块化存储并使其可以应用于包括典型重金属废水、含油废水、难降解有机物废水在内的多种事故废水处理现场。存储的应急设备包括移动式组合式高级氧化还原应急处理装置、移动式混凝沉淀装置、移动式泥水高效分离装置、移动式隔吸油装置、移动式废水应急生化处理装置、拼装式大型生化装置、移动式活性炭应急吸附过滤装置、活性炭应急再生处理系统、河道水体药剂喷撒投加船、移动式速拼大型吸排水装置等。当突发水环境应急事件发生后，可根据对应急处置要求进行不同的模块组合以达到设备要求。主要包括以下 13 种模块设备：调节储存模块、高效固液分离模块、加药反应模块、高效吸附过滤模块、超声波微电解模块、药剂存储投加模块、污泥处理模块、撬装式生化模块、大型组合式生化模块、高效膜过滤分离模块、无动力油水快速分离模块、引气气浮油水分离模块和高效无动力油水过滤分离模块。

（2）环境应急设备物资储存和供应体系的构成

环境应急设备物资储存和供应体系的关键在于储存仓库的布局、容量以及储备物资的合理维护和有效管理、合理订制存储计划，充分利用仓库空间优化内部结构。应急设备物资库的功能分为物流功能和非物流功能。在日常期间，从货物入库的各项作业开始，应急储备仓库就发挥了设备物资入库、设备和药剂的储存、流通加工、包装等物流功能，另外应急设备物资库还有相应的非物流功能作业区，如办公区、展示区等维持其做完仓库的正常运作。在突发环境应急事件发生后，应急设备物资库接到应急任务，立即开始拣货、集货、配货、出库、装货、发货等作业环节将应急设备物资发送至应急现场。在应急任务彻底结束后，应急设备物资仓库还负责将之前发往应急现场的可持续使用设备物资回收、做清洁等处理工作后

清点入库，妥善储备，以供循环使用。

此外，为了保持应急设备物资可以在突发环境事件中得以有效使用，应急设备物资库还应具备应急设备的维护和日常管理的功能。

综上所述，环境应急设备物资储存和供应体系主要包括：

① 应急设备物资库的仓库布局和规划。

② 应急设备物资库的储存规划。

③ 应急设备物资的入库、出库和存储的管理。

④ 应急设备物资的保养和维护的管理。

二、环境应急库设备物资的规范化储存规划

（一）储存总体规划

储存规划的目标包括：空间的最大化使用，人员及设备的有效使用，所有品种都能随时准备存取，物资的有效移动，物资良好的保护，良好的管理等。

1. 储存保管场所的分配

储存保管场所的分配，一般包括存储区的划分，库房、货场的分配，确定存入同一区域的物资品种等。合理分配保管场所可实现物得其所、库尽其用、地尽其用的目的。

应急设备物资库储存设备物资体积大、数量大，为了便于管理，可按照仓库建筑物的布局和储存物资的类别，划定若干储存保管区。划分储存保管区的方法有下述几种。

① 按设备物资的使用方向分区。按照设备物资的使用方向和用途，将物资分成若干大类，如对于处理污泥的设备和吸附装置被分类放置，这种分区方法便于应对某一类型的应急事件进行快速装载和运送。

② 按物资的性质分区。将库存物资按其性质分成若干大类，对每一类物资划定一个储存保管区，如应急处理药剂、电控设备、管材等。这种划分储存保管区的方法，有利于针对某类物资的特性，采取相应的保管措施，便于对某一类物资进行集中统一管理。

③ 混合分区。将上述几种方法结合起来运用，有的按设备物资的性质，有的按设备物资的使用方向进行分区。各种分区方法各有优缺点。通常情况下，多采用混合分区法。

应急设备物资库使用的是第三种混合分区方法，具体的分区如表 5-3-1 所示。

表 5-3-1　应急设备物资库的分区

分区方法	储存区	分区方法	储存区
按使用方向分区	污泥处理设备存放区	按性质分区	应急处理药剂存放区
	拼接装置存放区		管件和零部件储存区
	氧化还原装备存放区		动力及电控设备储存区
	应急吸附装置储存区		通用设备存放区
	隔油和生化应急堆放区		应急撬装设备及船舶停放区
	提升运送设备储存区		测试和维修区域

2. 货位存储方式

货位存储方式有两种基本形式：固定货位和自由货位。目前，设备物资仓库中又常用到

更为科学合理的形式：分类存储、分类随机存储和共同存储。

（1）固定货位存储

固定货位是要事先规定好每一个货位存放设备物资的规格品种，每一种设备物资都有自己固定的货位，即使货位空着也不能存放其他物资。

固定货位的主要优点是，可以使设备物资摆放整齐，便于领导检查；各类物资存放的位置固定不变，保管员容易熟悉货位，并记住货位，收发物资时很容易查找。其缺点是不能充分利用每个货位，因为各类设备物资的最高储备量不是同时达到，各类设备物资时多时少，甚至出现无货的现象。而采取固定货位，货位之间不能调整，更不能互相占用，这样就使一部分货位空闲不用，而需要入库的设备物资又不能入库，这显然是不合理的。

一般情况下，选用固定货位的原因包括：储存区安排需要考虑物资尺寸及重量；储存条件对物资储存非常重要，例如有些物资必须控制温度；药剂必须限制储放于干燥的地方防止失效；由管理或相容性规则指出某些物资品种必须分开储放；保护重要物资；储区能被记忆，容易提取。

（2）自由货位存储

自由货位与固定货位相反，每个货位可以存放任何一种设备物资，只要货位空闲，入库的各种设备物资都可存入。自由货位的主要优点是能充分利用每一个货位，提高仓库的储存能力。其缺点是每个货位的设备物资经常变动，没有固定的位置，收发查点时寻找设备物资较困难，影响工作效率。

（3）分类存储

所有存储的物资按照一定特性加以分类，每一类物资都有固定存放的位置，而同属一类的不同物资又按一定的原则来指派货位。分类存储通常按以下属性来分类：物资相关性、流动性；外形尺寸、重量；物资特性。

分类存储便于常用物资的存取，具有固定存储的各项优点，而且各分类的储存区域可根据物资特性再作设计，有助于物资的储存管理。其缺点是货位必须按各种物资最大在库量设计，因此储区空间的平均使用效率低。分类存储较适用于以下情况：物资相关性大者；周转率差别大者；物资尺寸相差大者。

（4）分类随机存储

每一类物资都有固定存放的储区，但在各类储区内，每个货位的指派是随机的。分类随机存储具备分类储放的部分优点，又可节省货位数量，提高储区利用率。但是其物资出入库管理及盘点工作的难度较高。分类随机存储兼具分类存储及随机存储的特色，需要的储存空间量介于两者之间。

（5）共同存储

在确定知道各种物资的进出库时间，不同的物资可共享相同货位的方式称为共同存储。共同存储在管理上虽然较复杂，所需的储存空间及搬运时间却比较经济。

环境应急设备物资库主要以固定货位存储为主，这是因为应急设备物资库的设备物资数量相对固定，基本不存在需要入库的设备物资不能入库的问题。

（二）货位编码与货物编号

当规划好各储区货位后，这些位置开始经常被使用。为了方便记忆与记录，货位编号、品名、序号、标签记号等用以识别的记录代码就非常重要，如果没有这些可识别、可区分的

符号代码，记忆系统便无法运作。

1.货位编码

货位编码的方法一般有以下四种。

（1）区段方式

把保管区域分割成几个区段，再对每个区段进行编码。这种编码方式是以区段为单位，每个号码标注代表的储位区域将会很大，因此适用于容易单位化的货物，以及大量或保管周期短的货物。在帕累托分析法分类中，A、B类货物很适合这种编码方式。货物以物流量大小来决定其所占的区段大小，以进出货频率次数来决定其配置顺序。

（2）类别方式

这种方法是把一些相关性物资经过集合以后，区分为若干个类别，再对每个类别进行编码。这种编码方式适用于比较容易保管的物资类别及品牌差距大的物资，如药材、枪械等物资。

（3）地址方式

利用保管区域中的现成参考单位，如建筑物第几栋、第几排、第几行、第几层、第几格等，依照其相关顺序来进行编码。这种编码方式由于所标注代表的区域以一个货位为限，且有相对顺序性可遵循，使用起来容易又方便。

（4）坐标方式

利用空间概念来编排货位的方式，这种编排方式由于对每个货位定位切割细小，在管理上比较复杂，用于流通率很小、需要长时间存放的货物。

一般而言，由于储存物资特性不同，所适合采用的储位编码方式也不同，如何选择编码方式就得按照保管货物的储存量、流动率、保管空间布置及所使用的保管设备来做选择。

环境应急设备物资库以类别方式作为货位编码的主要方式。

2.货物编号

生产厂家在物资出库时，大部分都已有物资条码或编号，但有时为了物流管理及存货管制、配合自己物流作业信息系统，而将物资编货物代号及物流条码，方便货位管理系统运作，并能掌握物资的动向。

应急物资编号大致可分为以下四种方法。

（1）数字顺序编号法

这种方法从1开始一直往下编，常用于账号或发票编号，属于延展式的方法，须有编号索引，否则无法直接了解编号意义。

（2）数字分段法

数字分段法是前一方法的改进，即把数字分段，每一段代表一类物资的共同特性。此方法要编交叉索引，但比前一方法易查询。

（3）实际意义的编号法

在编号时，用部分或全部编号代表物资的类别、重量、尺寸、型号等特征。该方法可由编号了解物资的内容，如编号BF86098B01，其中BF表示属于药剂，86098表示箱子尺寸为860mm×98mm，B表示物资的颜色为黑色，01表示第一箱。

（4）暗示编号法

用数字与文字的组合来编号，编号本身暗示物资的内容，这种方法的优点是容易记忆。

环境应急设备物资库的编号采用数字分段法。每一个设备都有独立编码，例如，JY-01-

02（YJ 为应急设备首字母缩写，01 表示模块 1，02 表示模块的第二套设备）。应急设备物资库的具体编号规则如表 5-3-2 所示。

表 5-3-2　物资库编码规则

序号	设备名称	对应编号	序号	设备名称	对应编号
1	调节储存模块	YJ-01	11	无动力油水快速分离模块	YJ-11
2	高效固液分离模块	YJ-02	12	引气气浮油水分离模块	YJ-12
3	加药反应模块	YJ-03	13	高效无动力油水过滤分离模块	YJ-13
4	高效吸附过滤模块	YJ-04	14	大型液压泥浆泵	YJ-14
5	超声波微电解模块	YJ-05	15	电动水泵	YJ-15
6	药剂存储投加模块	YJ-06	16	大型板框压滤机	YJ-16
7	污泥处理模块	YJ-07	17	液压现场杂物清理筛分斗	YJ-17
8	撬装式生化模块	YJ-08	18	液压曝气加药机	YJ-18
9	大型组合式生化模块	YJ-09	19	大型振动筛	YJ-19
10	高效膜过滤分离模块	YJ-10	20	大型篷房(含废气处理系统)	YJ-20

为了便于管理，本物资库对每一件设备都进行了逐一编号，并使用设备铭牌在设备外部将编号进行标示，同时为了避免识别不清等现象的发生，也在设备上使用钢印进行标记。

（三）环境设备物资库机械设备及其选用

环境设备物资库机械设备指的是仓库除主体建筑外，进行仓储业务所需要的一切设备、工具和用品。如何借助于仓储设备来合理组织应急设备物资运转，妥善维护物资和设备的质量，保障人、财、物的安全是本物资库应该考虑的问题。

1. 物资库机械设备的种类

物资库机械设备通常可分为四大类。

（1）装卸搬运设备

装卸搬运设备是用于提升、搬运物资的机械设备，主要包括以下几种。

① 装卸堆垛设备，主要有起重机、叉车等。

② 搬运传送设备，主要有输送机、起重机等。

（2）储存、保管与养护设备

储存、保管设备是用于储存和保管作业的设备，主要包括各种货架等；养护设备是用于养护作业的设备，主要包括烘干机、吸湿器、擦锈机、温湿度控制器、自动喷淋设备等。

（3）通风、照明、保暖设备

常见的这类设备有抽风机、各式电扇、普通加罩电灯、探照灯、防爆式电灯、暖气装置等。

（4）消防设备

为了保证物资库的安全，必须根据储存物资的种类配备相应的消防设备。常见的有消防栓、灭火器等。

2. 物资库机械设备配置的原则

物资库中，仓库设备种类多、数量大，占用的资金比重较大，因而仓库机械设备的配置

尤为重要，既要满足仓储需要，又要考虑经济条件，还要考虑设备的寿命及仓库的发展。所以，应遵循以下原则。

（1）适应性

设备的型号应与仓库的作业量、出入库作业频率相适应。要先明确仓库的类型，存储物资的性质、数量、储运要求，同时还要考虑仓库的最大出入库量，配置符合仓库储存物资、储运业务需要的设备，还要注意各个设备之间配置的平衡，以求最大限度地发挥机械设备的作用。

（2）先进性

随着现代新技术的发展，各种新设备不断出现，这些设备技术上更先进，性能上更适应仓储作业的要求，作业能力和效益上都显示出了较高水平。在物资库设备配置时，要适应现代仓储的需求，尽量配置新技术设备，以提高作业效率。

（3）经济性

仓库设备配置必须严格按照经费预算执行，不可超标准、超预算开支，在满足规模需要的情况下，以最少的资金占用来配置相对比较全面实用的设备，实现仓库最大的经济效益。

在遵循以上原则选用仓库设备时，还应考虑物资的特性、出入库量及库房架构等。例如，储存物资的外形尺寸，直接影响到货架规格的选择；仓库的可用高度、地坪承载力、防火设施等条件，均是仓库设备选择时应考虑的因素。

3.搬运输送设备及其选用

物资库的搬运输送设备主要包括搬运设备和输送设备两大类，完成的主要作业内容包括物资搬运、分类、堆码、上卸货架存取、物资输送。选择搬运及输送设备时，需考虑的主要因素包括应急设备物资的特性、作业流程、储位空间的配置以及仓库自动化水平等，通过对这些因素的分析，来选择合适的搬运及输送设备。另外，在选定设备时还需考虑作业需求以及设备故障保修等问题。在选购安装搬运及输送设备时，必须与厂家签订责任书，以便在设备使用期间，及时派遣技术人员进行安全和维护管理，排除机械可能发生的故障，延长设备使用寿命，并建立设备的健全保养体制。

搬运设备分为水平搬运设备和垂直搬运设备。水平搬运设备包括搬运车和水平输送机两类。搬运车有手推车、电瓶搬运车、托盘搬运车和无人搬运车等。垂直搬运设备，在楼房仓库或多层建筑内是必要的搬运设备，一般有间歇作业的载货电梯和连续作业的垂直输送机两种，如单梁起重机、双梁起重机等。

输送设备物资的特性包括尺寸、重量、表面特性、处理的速率、包装方式及重心等。规划时，应将欲输送的所有物资列出：最小的及最大的，最重的及最轻的，有密封的及无密封的，所有的输送机都应该与现有的作业设备配合。

4.储存设备及其选用

（1）货架

货架，是用支架、隔板或托架组成的立体储存货物的设施，是用来直接保管物资的。在仓库中使用货架具有相当重要的作用。

① 可充分利用空间，提高库容利用率。货架能扩大储存空间，减少“蜂窝率”，有效增加现代仓库的储存能力。

② 可保证物资储存安全，减少物资的损失。由于货架隔板的承托作用，存入货架的物资互不挤压，物资损耗率小。

③ 可提高存取、拣选作业的效率。存入货架的物资，由于有货架层格的分隔，易于定位，作业方便，便于清点。

④ 有利于实现机械化、自动化管理。新型货架系统是进一步实现仓储作业机械化、自动化的基本措施，它为减少人力消耗、降低成本、提高效率奠定了基础。

货架的分类方法还有很多。例如按货架高度，可分为高层（>12m）、中层（5～12m）和低层（<5m）；按货架本身的结构，可分为钢货架和钢筋混凝土货架；按货架本身的结构，可分为焊接式货架和组装式货架等。应急设备物资库的货架以组装式钢货架为主。

（2）储存设备的选择

储存设备选择时要考虑的主要因素包括物资特性、存取性、出入库量、搬运设备、厂房结构等。也就是要根据应急设备物资的功能和特征进行适当的选择。例如存放大型设备模块，则可选用一些驶入式储存方式；存放小型设备物资，则可选用固定式或阁楼式货架。

（3）实际使用情况

应急设备物资通过立体式货架存放可以充分利用机械化运输工具对设备进行搬运和堆放，既降低了搬运作业的劳动强度、提高了作业效率，又通过货架堆放充分利用了存储空间，操作灵活方便。

本应急设备物资库选择三层移动型固定框架式重型货架（长×宽×高为6m×2m×2.6m）来存放水泵、风机等大型设备。这样可极大地减少装卸物资劳动强度和提高装卸速度。实施可移动型固定框架式重型货架主要通过叉车将设备的货架送至货架的位置，同时装车时通过叉车由仓储位直接搬运到运输车斗上，搬运工只需从货架上将箱包物资一次整齐码放在车斗上即完成任务。

同时，对于备品备件的储存，本物资库采用了三层固定型组合框架式轻型货架（长×宽×高为1.5m×0.5m×1.8m）进行存放。对于管材，则使用固定型固定框架型重型货架。

环境应急设备物资库采用包含3辆柴油平衡重式叉车作为主要搬运设备，其中3.5t的叉车1辆，3t的叉车2辆。以货架尺寸和物资载荷数据作为叉车选用的参考依据，采用3t以上平衡重式叉车可满足三层移动型固定框架式重型货架上设备物资的搬运和摆放作业需求。同时为了紧急出库的需要，配备3.5t的叉车可以用于快速装卸设备和物资。

为了便于大型设备模块的装卸车和搬运，本物资库配备了电动门式起重机（4t）和柴油集装箱吊车（40t）来用于完成大型模块和集装箱式设备的水平运输作业和装卸搬运操作。

此外，为了便于运输，本设备物资库还配有1台拖板车，用于小型设备在物资库内部的调运。

三、环境应急库仓储业务管理

1.仓储业务管理的内容与流程

（1）仓储业务管理的内容

仓储业务管理的主要内容通常包括：客户与合同管理；到货与接货；物资验收入库；储存保管，包括物资养护、在库盘点、报废物资处理等；出库受理与验货；退货处理；财务处理；资料保管等。

（2）仓储业务流程

一般设备物资从入库到出库需要经过接运、验收入库、库存保管、复核、交接、装车、

发运等作业环节，各个作业环节之间并不是孤立的，它们既相互联系，又相互制约，如图5-3-2所示。

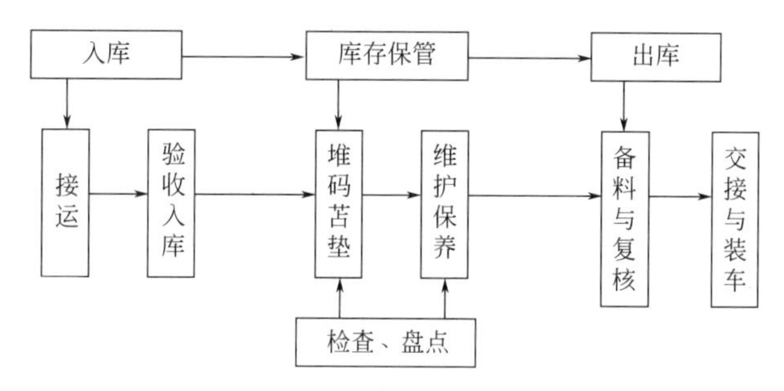

图 5-3-2　物资库业务流程图

2. 应急设备物资入库管理

环境应急设备物资入库业务是应急设备物资仓储业务的开始。应急设备物资入库管理，是根据应急设备物资入库凭证，在接收设备物资时进行的卸货、查点、验收、办理入库手续等各项业务活动的计划和组织。

（1）入库前的准备

应急设备物资入库前，仓库应根据仓储合同或者入库单、入库计划，及时进行库场准备，以便应急设备物资能按时入库，保证入库过程的顺利进行。入库准备需要由仓库的管理部门、技术部门通力合作，共同完成，主要的工作有以下几个方面。

① 熟悉入库设备物资情况。

② 掌握仓库库场情况。

③ 制订设备物资储存计划。

④ 妥善安排仓库库位。

⑤ 准备货位。

⑥ 准备苫垫材料、作业用具。

⑦ 验收准备。

⑧ 装卸搬运工艺设定。

⑨ 准备统计报表。

（2）入库方式

设备物资入库的主要任务是向托运者或承运者办清业务交接手续，及时将应急设备物资安全接运回库。物资接运人员要熟悉各交通运输部门及有关供货单位的制度和要求。入库物资的接运主要有以下两种方式。

① 物流提货。凭提货单到物流基地提货时，应根据运单和有关资料认真核对物资的名称、规格、数量、收货单位等。货到库后，接运人员应及时将运单连同提取回的物资向保管人员当面清点，然后由双方办理交接手续。

② 送货到库。送货到库分为供货单位送货到库和承运单位送货到库两种情况。需要注意的是仓库保管员要办理好交接手续，当面验收并做好记录。

（3）入库作业的基本流程

要对入库作业活动进行合理的安排和组织，就需要掌握入库作业的基本业务流程。入库作业的基本流程如图5-3-3所示。

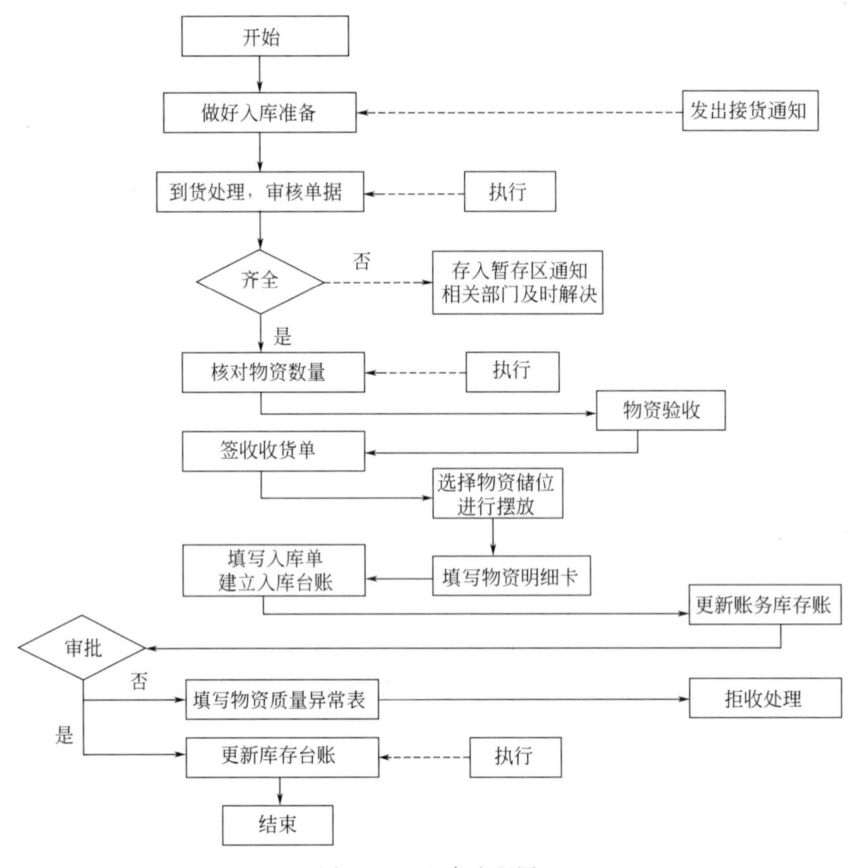

图 5-3-3 入库流程图

3. 应急设备物资储存管理

仓库结构已知，出入库设备确定后，接下来的问题就是确定存货在仓库中放置的位置。货位管理主要是使辅助仓库作业顺利进行，其中最主要的辅助作业对象是拣货作业。货位管理的基本原则如下。

（1）存储位置必须明确

将存储区进行详细规划区分，并标识编号，让每一项准备存放的物资都有位置可以储存。存储位置必须是明确的，并且经过货位编码。

（2）物资能被有效定位

物资有效地被定位是根据物资保管、规划区分的要求，把物资有效配置在先前规划的货位上，货架号、货架层次号和货位号指示物资储存的位置，能够准确查找定位物资并完成仓库作业。

（3）移动或变动要记录

当物资被配置在规划好的货位上后，剩下的工作就是货位的维护，无论物资的位置或数量发生怎样的改变，必须如实把变动情况加以记录，账实相符，如此才能进行管理。

4. 应急设备物资出库管理

应急设备物资出库业务管理，是仓库根据出库凭证，将所储存的物资发放给使用现场而进行的各项出库作业。主要包括两个方面：一是使用现场方面，要有规定的设备物资领取凭

证，如提货单、调拨单等，并且所领设备物资的名称、规格、型号、数量等项目必须书写清楚、准确；二是仓库管理方面，必须核查使用现场提供的凭证的正误，按所列设备物资名称、规格、型号、数量等项目组织组装，并保证把设备物资及时、准确、完好地发放出库。

（1）出库流程

出库程序包括核单备料—复核—组装—点交—登账—清理等过程。一般出库业务流程见图 5-3-4。

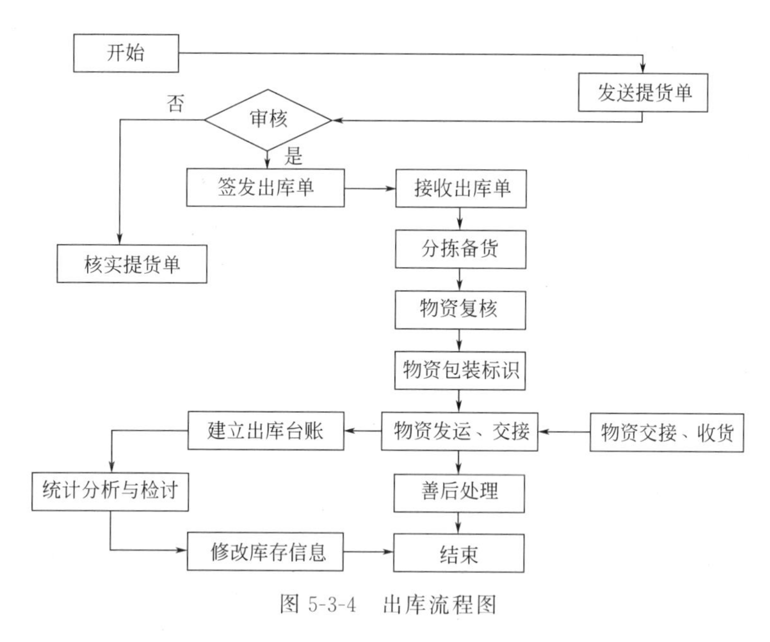

图 5-3-4　出库流程图

（2）出库形式

应急设备物资出库发放的主要任务是：所出库的设备物资必须准确、及时、保质保量地发给突发事件现场，包装必须完整、牢固、标记正确清楚，核对必须仔细。应急设备仓库物资出库形式物流以托运为主。仓库按照相关要求，将发货设备物资打包之后，通过物流公司，签订托运协议后，实行委托式输送和交接。

第四节　应急处置关键技术及环境应急设备物资库设备的工程应用

一、天津某工业污染渗坑应急处理工程

图 5-4-1 为天津某工业污染渗坑应急处理照片，渗坑内水体均呈现酸性且重金属超标。治理过程中采用“移动式野外应急监测监控系统”对治理过程中的污染物变化情况进行监测，同时运用“针对废酸污染类坑塘的应急处理成套技术”“针对重金属污染废水应急处置技术”等技术措施对渗坑内的废水及底泥进行处理。共完成了约 100 万平方米的受污染水体的治理，约 54 万立方米受污染底泥的治理工程。

现场采用“旁路组合式应急处理系统＋原位混合搅拌”的处理方案。在现场实际运行过程中体现了系统处理效率高的特点，出水 pH 值、重金属浓度达到地表水Ⅴ类水体标准，底

泥达到风险评估报告规定的修复限值。

图 5-4-1　天津某工业污染渗坑应急处理现场

二、白洋淀上游某县高浓度难降解有机废水应急处理工程

该县皮革加工企业大部分为小企业或家庭作坊，规模化的企业很少，泡皮和制革废水未经任何处理直接排放到水坑，导致纳污坑塘水体呈红色或暗黑色，色度高、浊度大、生化需氧量大、含盐量高，并且含有重金属铬，对周边地下水造成环境影响问题。图 5-4-2 为白洋淀该县高浓度难降解有机废水应急现场照片。

图 5-4-2　白洋淀上游某县高浓度难降解有机废水应急处理现场

治理工程采用“旁路组合式应急处理系统＋原位混合搅拌”的处理方案以及“高级氧化＋过滤”成套处理技术装置对坑塘存水和污染底泥进行应急处理。治理过程采用“移动式野外应急监测监控系统”对治理过程中的污染物变化情况进行监测。工程处理的污染坑塘总面积约 6.4202 万平方米，处理水量约 7.8025 万立方米，处理污染底泥约 11.3896 万立方米。本工程处理后出水水质达到《地表水环境质量标准》（GB 3838—2002）中Ⅴ类标准，满足农业用水区及一般景观要求。底泥满足《展览会用地土壤环境质量评价标准》（HJ 350—2007）B 级标准，坑塘生态环境得到恢复。

三、天津市某生活垃圾填埋场渗滤液应急达标治理工程

该垃圾填埋场垃圾渗滤液均为老龄渗滤液，主要针对填埋场堆体内积存 3.2 万吨、暂存池积存 8.8 万吨，共计 12 万吨老龄渗滤液进行达标治理。图 5-4-3 为该生活垃圾填埋场渗滤液泄漏应急处理现场。

图 5-4-3　天津市某垃圾填埋场垃圾渗滤液泄漏应急处理现场

渗滤液可生化性较差，主要污染物 COD_{Cr} 浓度 5000～10000mg/L，NH_3-N 浓度 2000～2500mg/L，TN 浓度 2200～2800mg/L，治理后出水水质达到《生活垃圾填埋场污染控制标准》（GB 16889—2008）中表 2 的标准。

经实验，设计采取“原位 pH 调节＋混凝沉淀＋氧化脱氨＋pH 回调＋两级催化氧化＋两级活性炭吸附”的处理工艺，应用撬装式、模块化应急处理设备在现场快速构建 5000m^3/d 的处理设施。处理过程中在终端排放口安装了 COD_{Cr}、氨氮在线监测设备，24h 在线运行，并 2h 监测一次数据。本工程在合同规定的时间内按时完工，出水指标符合排放标准要求，顺利通过了第三方单位的评估验收。

参考文献

［1］ 刘利民，王敏杰. 我国应急物资储备优化问题初探［J］. 物流科技，2009，(2)：45-47.

［2］ 胡平峰. 中小型应急物资储备库功能优化研究［J］. 南京工业大学学报（社会科学版），2010，9（2）：84-87.

［3］ 张鑫，高淑春. 需求不确定下的应急物资储备库选址模型研究［J］. 中国安全科学学报，2017，(2)：6.

［4］ 艾云飞. 我国水陆跨界应急物资储备库选址问题研究［D］. 大连：大连海事大学，2013.

［5］ 陈则辉. 应急物资储备库选址及应急物资配送问题研究［D］. 长沙：中南大学，2013.

·第六章·

滨海工业带水环境风险实时管控与应急指挥系统开发与应用

工业带区域作为我国经济产业链的重要组成部分，区域产品的生产、运输、存储等过程大多涉及有毒有害物质，其中产生的气态、液态污染物会对环境造成巨大的危害，这些环境风险源有潜伏期长、持续危害性大及对环境造成的危害修复难等特点，因此需要加强工业带区域环境风险源监控，从源头减少、遏制环境事故的发生。天津滨海工业带各工业园区所涉及的原材料、中间产物、产品和废弃物种类繁多、数量巨大，从“8·12”爆炸事件中可以看出，工业园区风险源信息不足，因此在环境事故发生后，不能第一时间指导危险事故的应急处置，造成人员的重大伤亡和水环境的严重污染。本章以天津滨海工业带为例，重点介绍了滨海工业带风险源及处置数据库构建、多介质在线监控系统整合技术开发与应用、基于警情分级和阈值报警的监测预警系统研究等方面工作。

第一节　滨海工业带风险源及处置数据库构建

一、应急专家库

应急专家库中录入每位专家的专业领域、联系方式等信息，在环境污染事故发生后，可以第一时间通过应急专家库查询到对应环境污染事故类型的专家，并尽快联系专家参与应急处置工作，根据污染事故实际发展态势，及时提供技术支持和决策建议，并对应急管理体系的建设及环境污染事故提出指导性的建议。

二、应急物资库

应急物资库的建立，将成为整个环境监测应急决策系统的坚实基础，当污染事故发生时，系统平台可以自动搜寻以事故发生点为圆心、一定半径范围内的应急物资存放点，且在GIS上通过特殊标记清晰显示出来，同时可以查询每个应急物资存放点储存的应急物资（含

应急处置设施）种类、型号、数量等基础信息，便于在污染事故发生的第一时间迅速定位最近的应急救援物资地点，大大缩短污染事故从发生到处置的响应时间。

三、风险源数据库

区域内的风险源是指存在一定的火灾、爆炸、泄漏等事故隐患，发生事故时将对环境造成污染危害的单位。风险源数据库包含本地风险源信息，并能在平台界面显示，在后台管理界面能对基本信息进行搜索、新建、修改和删除。

四、应急监测设备库

应急监测设备库作为水污染事故处置的重要基础，对整个应急响应处置过程起着较为重要的作用。应急监测设备库主要包含滨海新区范围内各部门应急采样和监测设备以及相应的设备型号、设备类型、品牌等信息。当污染事故发生时，应急监测指挥人员可立刻根据现场初步调查的污染物种类，通过应急监测设备库筛选出对应的设备。

五、标准方法库

标准方法库是为环境管理及应急监测技术人员在日常工作和应急工作中具体监测方法和管理标准提供指导而建立的，从类别上看，主要包括环境质量标准、污染物排放标准、实验室质量管理标准、常规和应急监测项目监测方法标准及技术规范等。标准方法库根据国家和地方的标准、方法的更新适时更新。为便于分类查询，标准方法库设置为环境标准库和监测方法库两种。

六、应急预案库

应急预案库是发生污染事故后对事故应急响应和科学开展应急处置工作的基础，包括新区范围内涉及应急响应的各级应急预案，分为滨海新区级、园区级、企业级三类，应急响应工作开展后可第一时间查询。

七、应急处置方法库

应急处置方法库是为及时、有效控制污染扩散、进一步消除污染物，实现应急管理决策和预案目标而制定的应急处置方法措施。应急人员通过查询应急处置方法库可以第一时间了解该类污染事故应急处置措施及建议，为后续的处置工作提供重要技术支持。该系统可根据区域实际情况对处置方法及类型进行增删，目前主要包括：油类、农药类、重金属类、苯类等十余种危化品泄漏和废水超标排放等多类应急处置方法。

八、应急案例库

应急案例库选取了滨海新区及国内外应急事故实践中的典型案例并存储管理，可实时调阅、下载。应急案例库可为水污染事故应急响应流程及处置措施提供借鉴，相关数据结果可为应急指挥决策提供参考依据，是决策系统的重要组成部分。

九、应急监测人员库

应急监测人员库录入了滨海新区环境监管部门应急人员信息，指挥人员通过查询相关人员姓名、所属科室、职务、应急职责、相关资质、专业、联系方式等信息，能够及时、准确、直观地选择、抽调相关专业的应急人员完成相应的工作任务。

十、化学品库

化学品库包含常见水和废水监测工作中的化学物质及其分子量、化学式、熔点、沸点、溶解性等物理化学特性、毒性等信息，且包含反向模糊搜索功能，为指挥部门筛选污染物提供了数据支持。

第二节　多介质在线监控系统整合技术开发与应用

一、环境监测预警 GIS 信息系统

环境监测预警 GIS 信息系统能够对特定空间中的有关地理分布数据进行采集、存储、管理、运算、分析和可视化表达，对已有空间和属性信息进行加工处理。这些特点使得它与环境监测结合更为有效，GIS 的引入使各种环境问题和环境过程的描述更加符合实际，友好的界面交互、方便的空间分析操作、直观生动的结果显示等都无疑促进了环境监测技术的发展。

（一）系统原理和意义

系统基于云计算平台，采用 B/S 结构，符合 GIS 集成、数据交换传输等标准规范，同时预留面向外部用户提供服务的系统接口，在实现环境管理数据可视化管理的基础上，通过整合滨海新区各业务系统的基础数据和信息，配合气象水文信息，为滨海新区环境应急管理、环境污染突发事件应急处置、环境污染物扩散分析预警、环境应急预案演练综合管理等提供有力支撑，确保在突发水污染事故发生后各类信息可准确展示并作综合分析，为指挥中心提供准确、直观、及时的决策支持。

（二）系统目标

环境监测预警 GIS 信息系统通过对滨海新区人工监测数据和自动监控数据的实时获取与整合集成，实现为滨海新区环境监测信息提供科学、系统和可视化的分析，消除各子系统内部的业务和数据冗余，为应急预警提供科学、快速的决策依据，实现社会经济发展与环境效益的高度统一。

1. 数据整合

平台采用逐层展开的设计，以 GIS 地图为基础，将自动监测、人工监测、现场调查与实验室分析数据动态整合在平台中，实现各方数据联动、实时在平台服务器端和移动

端访问、查询与更新，确保空间数据与属性数据的时效性，实现组织内部数据与服务的统一。

2. 查询分析

以GIS地图为基础，通过对时间、空间、项目、监测数据等的整合，实现对环境指标体系中地表水和污染源的实时动态数据查询、检索与分析，并以统计直方图、柱形图、圆饼图等形式直观地输出展示，为环境决策提供支持。

3. 监测预警

系统根据已整合的各平台动态数据，结合实时水文气象信息，对滨海新区环境应急管理、环境污染突发事件应急处置、污染物扩散分析及环境应急演练等提供预警信息和科学决策依据。

环境监测预警GIS信息系统总体架构如图6-2-1所示。

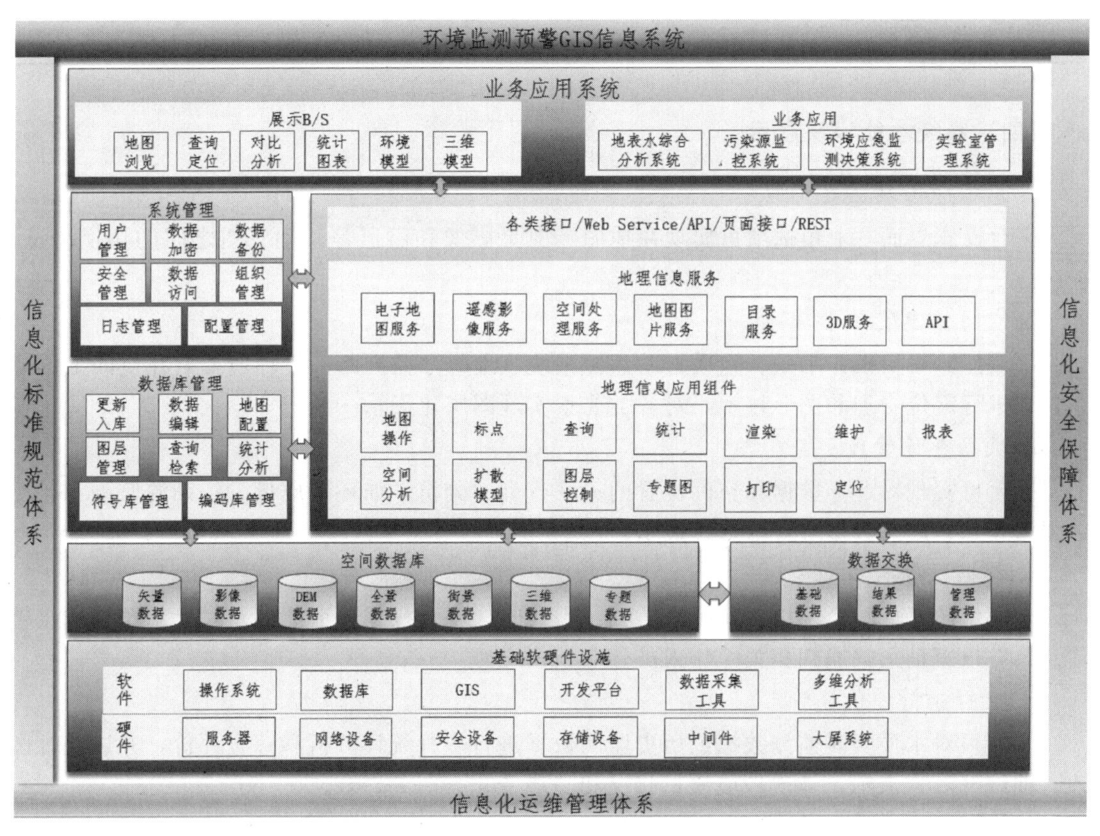

图6-2-1　滨海新区地理信息系统总体架构示意图

（三）系统功能模块及描述

为了更直观地展示环境质量状况，环境监测预警GIS信息系统在统计评价报表分析的基础上，以时间、空间、项目、监测数据等为分析变量，以GIS为基础，以模型和函数为链接，进行图形分析与对比，且可直接输出至Excel编辑图形，对环境质量数据信息进行有序组织，着重于数据的分析、挖掘和更深层次的应用。平台主要功能描述如表6-2-1所示。

表 6-2-1　系统功能模块表

功能类别	功能描述
基础底图数据	基于GIS地图进行环境监测要素和地理要素的管理和数据展示
空间信息定位管理	基于GIS地图对环境监测空间要素进行定位管理，对区域、水系、水质自动监测系统、地表水监测断面等环境要素在空间上的分布特征等进行精确定位管理和图形显示，各类要素可进行图层化展示
数据查询管理	基于GIS地图对空间位置相关的环境监测数据进行查询和分析，使数据和地图相关联，建立拓扑关系，可实现空间分析、查询，包括对环境质量、污染源各要素实时数据
数据预警或报警	当环境质量或污染源出现超标或达到预警值时，在地图上实现预警或报警，并短信通知相关工作人员
空间分析评价	对水质实时监测数据或历史监测数据的多种统计分析和综合评价，以统计图表、曲线等进行表征，说明环境质量状况和趋势变化
环境质量与污染源联动分析	当环境质量出现异常时，在GIS地图上结合水文气象等因素与污染源进行关联分析，实现溯源功能
区域展示	整体动态展示滨海新区水环境质量、功能区水环境质量状况及对区域环境评价结果

（四）系统功能模块展示

1. 基础底图数据查询

平台操作界面右上角选项可实现在地图、卫星影像和街道等基础底图之间的切换浏览、查询。

2. 空间信息定位管理

平台能够对街镇、水系、水质自动监控系统、地表水监测断面等环境要素在空间上的分布特征进行定位管理和图形显示，对各类要素实现图层化展示。

3. 数据查询管理

平台可实现对业务数据和空间位置的关联查询、分析，如环境质量、污染源监测和监控数据（废水、废气数据可自由选择展示）（图 6-2-2）。

4. 数据预警与报警

当环境质量或污染源出现超标或达到预警值时，平台操作界面能够及时显示预警或报警信息，并以短信形式通知相关工作人员。

5. 空间分析评价

平台可对水质实时监测数据或历史监测数据进行多种统计分析和综合评价，并以统计图表、曲线等形式展示，体现环境质量状况和趋势变化（图 6-2-3）。

6. 环境质量与污染源的联动分析

当环境质量出现异常时，平台能够结合气象水文等因素与污染源进行关联分析，实现溯源功能。

7. 区域展示

平台地图可展示滨海新区生态功能区分布情况和生态评价结果，可通过插值实现滨海新区整体水环境质量的动态展示。

二、污染源监测预警系统

污染源监测预警系统是以在线自动监控系统为核心、移动通信为传输媒介，运用现代传

图 6-2-2　数据查询管理图

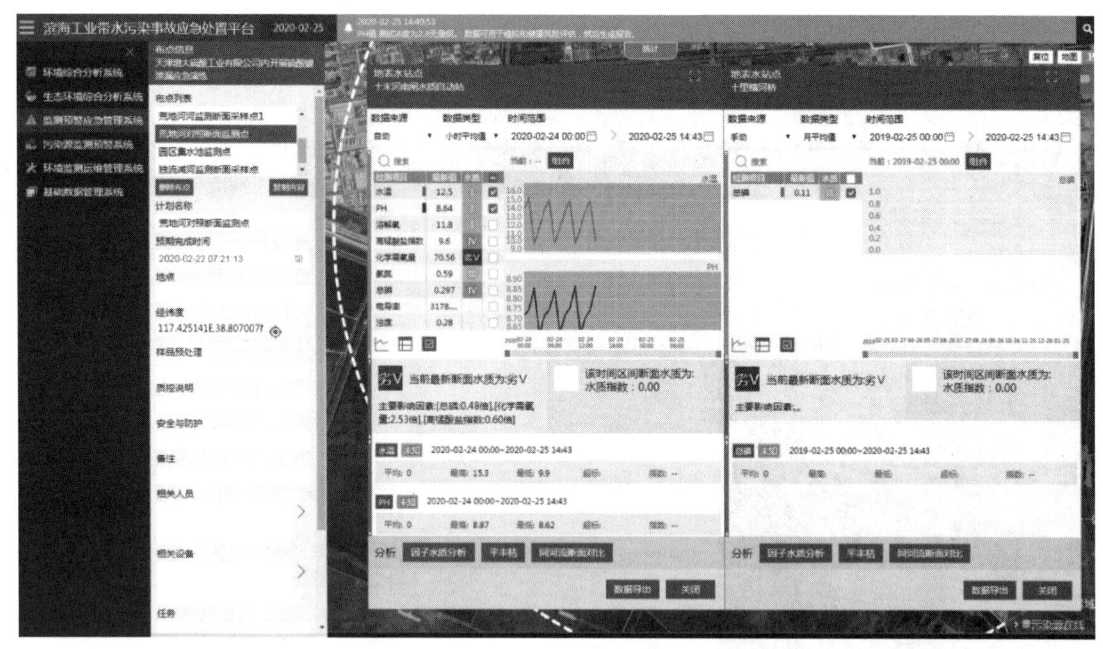

图 6-2-3　空间分析图

感技术、自动测量技术、自动控制技术、信息技术、相关监控分析软件和通信网络构建而成，是突发环境事件应急响应处置以及污染源监控信息化建设需求的重要组成部分。

（一）系统工作原理

该系统是基于电化学、红外紫外激光和其他先进检测方法，对污染源进行实时监测分析。系统根据污染物种类配置对应的传感器，可实现对大部分污染源的监测，其采用物联网集成模块，能同时监测多个监测点位，并将数据统一上传平台，便于查询、管理、预警，进而达到对污染源的实时监控。

（二）系统目标

该系统在底层框架基础上开发，涵盖水污染源多项污染因子在线监测应用技术，可满足滨海新区环境监管部门环境信息网络的建设要求，支持突发水污染事故应急监测、预警与处置工作。

（三）系统功能

该系统将各种统计分析报表和图表分类汇总，得到每种污染物的排放状况，并进行直观对比分析；可跟踪污染物排放变化趋势曲线，得出是否超标的结论；能汇总区域内污染源排放状况，为区域内污染物排放管控提供技术支持。具体功能如表 6-2-2 所示。

表 6-2-2　污染源监测预警系统功能表

功能类别	功能描述
实时监控	支持污染源监控视频接入，直观展示污染排放状况
实时数据	可查询企业排口的实时、分钟、小时数据信息，以图表的形式展示；可根据地区、级别、排口名称进行快速查询

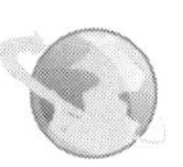

续表

功能类别	功能描述
数据查询	支持按数据类型、时间段查询污染物历史排放数据，包括小时数据、日数据、超标数据、原始数据，可配置要显示的监测因子，查询结果可导出为Excel文件，可通过曲线展示站点多个因子的历史变化趋势
报警管理	支持在排放口出现数据超标状况或预警值时，及时在GIS图上闪烁报警，并推送消息通知监控人员
	根据选择的企业类别和时间范围以及报警类型等条件，显示各个企业的报警次数，点击进去可查看报警时间、报警原因。如是超标报警，可显示超标次数并详细展示超标的时间、超标因子、标准值和超标数值
数据管理	数据审核：可提供数据审核日历，直观查看所有排口的数据审核状况，根据国家相关标准和自定义规则对监测数据进行自动审核，对异常数据、报警数据、重复数据、接近检出限数据、缺失数据进行智能标记，可人工复核。所有审核操作记录均可在审核日志中查询
	数据补遗：可对监控中缺失的数据采取远程补采或手工补录的方式对缺失数据进行补录。所有补遗操作记录均可在补遗日志中查询，同时支持数据恢复
数据查询及报表管理	在选定的时间范围内，查询所有企业设备在线情况，显示企业名称、排口名称、控制类别、数据有效率和超标率
	根据选择的时间范围，显示该时间段内的小时数据信息，并可打印、导出报表信息
系统管理	管理员可对企业、排口等基础信息进行管理，可添加新的企业、排口信息，修改或删除已有的企业、排口信息。可对各排口污染因子设置报警标准值等
	管理员可对企业监测因子信息进行管理，可添加新的监测因子、更新或删除已有的因子
基础信息库	按照数据管理规范进行自动校验的数据库：①监测数据有效性判定（从逻辑性角度检验监测项目浓度是否处于有效范围）；②数据逻辑性判断；③低于检出限判定；④低于检出限数据标识
	化学品库：包含常见污染物监测方法、理化性质等
	重点污染源库：包含本地重点污染源信息，可在GIS平台界面显示。后台管理界面能对基本信息进行搜索、新建、修改和删除
反向查询功能	重点污染源查询：区域重点污染源可通过“搜索”进行查询，并在GIS地图上显示位置、实时相关信息（包括企业联系人、可能产生的污染物等）
	化学品查询：具有搜索、添加、修改功能，可对化学品信息进行更新
	评价标准查询
	监测方法查询：包含各种污染物的方法以及检出限。可详细查询、增加、修改、删除具体监测方法
	点位信息查询：可对点位信息进行单独管理，包括经纬度、名称、监测项目等
综合统计分析功能	污染物变化趋势分析：可选择任意时段、任意周期统计并显示污染物变化趋势，显示污染物评价标准；可形成企业监测数据报表，包括日报、月报、季报、年报，可进行均值统计分析和浓度变化分析
	污染物类别分析：按照数据库分类统计各类污染物的占比，并以图表直观展现

（四）系统主要功能详解

1.污染源排放数据查询

通过数据来源、年份、污染物等条件对污染源的排放数据进行查询，并关联到该企业（图6-2-4）。

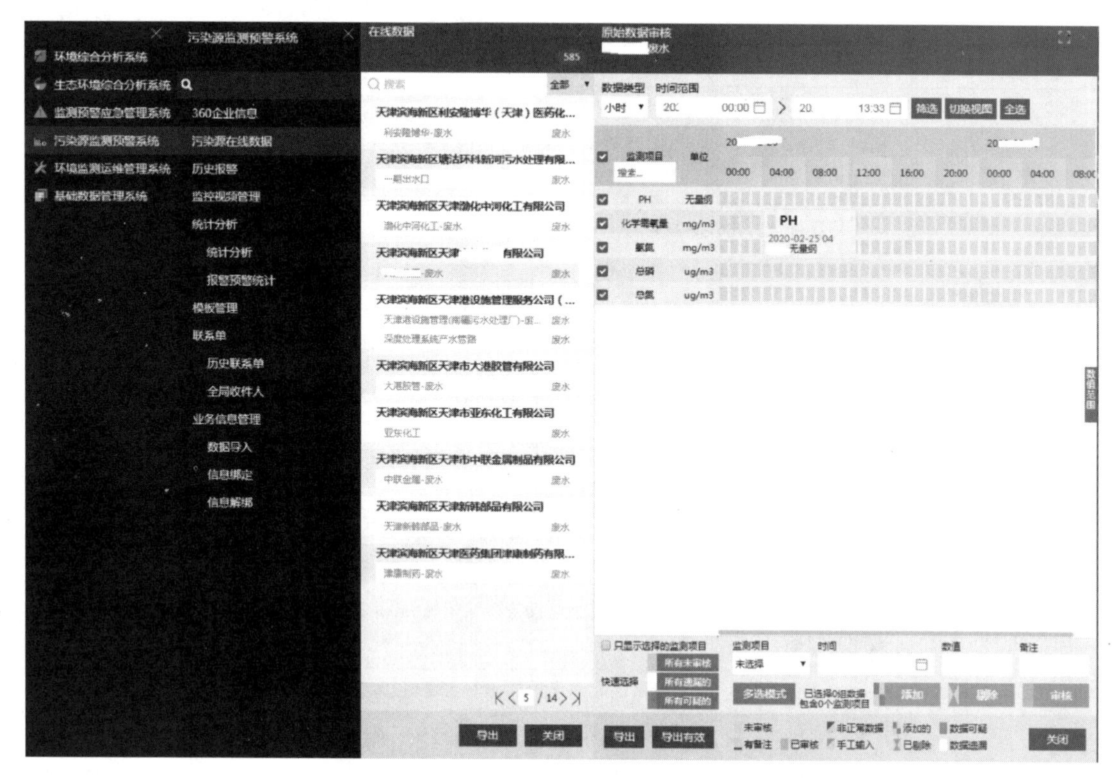

图 6-2-4　污染源排放数据查看展示图

2. 各污染源排放情况分析

可对水污染物排放量进行详细统计和报表查询，完成包括污染源类型分析、区域分析、变化趋势分析等分析汇总。数据查询条件包括区域、行业、数据来源、年份等。

3. 污染源排放总体情况

对自动监控系统的数据进行收集、统计，以图表的形式展示区域水污染物排放的特征，对水污染物排放量的区域分布情况、行业分布等情况进行总体分析。查询条件包括行政区、行业等。

三、地表水监测预警系统

地表水监测预警系统是以地表水断面水环境质量状况预警管理为目标，以自动分析仪器为核心，运用传感技术和测量技术等组成的自动在线监控系统。

（一）系统工作原理

在底层框架基础上，对地表水环境监测信息进行收集、整理、加工和数据处理，并将统计分析结果在 GIS 图上实时显示，达到快速反应和综合分析的目标。

（二）系统功能

1. 查询

对水质监测断面、监测项目、功能类别、各种污染物标准和点位限值、在线监测设备管

理信息及状况、水质评价标准、监测方法、点位信息进行查询；

2. 时空分析

实时展现单点或多点实时数据，以及单点或多点各污染物的时空分布并在地图实时展现；

3. 统计分析

能对河流、湖泊、饮用水源等监测断面、河段、水系、区域进行类别判定、达标情况判定、主要污染物分析、类别分布统计、对比统计、行政区交界断面考核统计、趋势统计等，统计结果能直接在地图上展示；

4. 污染溯源功能

结合污染源的状况，实现污染溯源辅助功能。

地表水自动监测系统常见软件功能如表 6-2-3 所示。

表 6-2-3　地表水自动监测系统常见软件功能

功能类别	功能描述
数据库	标准库：包括国家、地方、行业执行的水污染物限值标准和监测方法标准等
	点位信息库：根据相关规范确定的监测点位信息汇总，建立点位信息库，基本监测点位信息包括行政区域代码、河流代码、湖库代码、断面代码、断面名称、经纬度
	数据接入：自动站数据、人工数据可通过对接、导入及手工录入的操作方式，全部接入到数据库中，经过处理后形成统一的有效数据
数据处理	按照水环境质量数据管理审核规范进行自动校验、人工审核的水环境质量数据库：①监测数据有效性判定；②监测数据间逻辑性判定；③低于检出限判定；④低于检出限数据处理
查询功能	自定义查询：可查询到任何时间单点、河段、区域等不同范围的数据
	监测因子查询：根据选定的监测因子、监测点位进行查询
	功能类别查询：选定监测点位，可查询该点位所属类别，同时选择功能类别，满足条件的监测点会展现出来
	水环境污染物标准及点位限值查询：对于监测点位出现的典型和常见的污染物有限值，点击污染物查询列表，对应的限值可展现出来
	水质类别查询
	监测方法查询：包含各污染物的监测方法，可点开详细查询
	点位信息查询：对每一个点位的信息进行单独管理，包括经纬度、功能区、污染物指标等
统计分析功能	水质类别判定分析：对河流、湖泊、饮用水源等断面水质类别进行判定分析
	水质主要污染物分析：对河流、湖泊、饮用水源等断面水质主要污染物进行分析
	水质达标情况分析：对河流、湖泊、饮用水源等断面水质达标情况进行分析
	监测因子走势分析：对河流、湖泊、饮用水源等断面监测因子走势进行分析
	考核统计：包括交接断面、河长制、水十条等设有考核指标的断面，能给出水质达标率、超标率、超标倍数和改善率等重要管理数据，并进行单指标或者多指标综合排名、同比和环比比较
超标/异常报警功能	根据标准限值或者考核要求，对超标情况自动进行报警并短信推送。对设置多个监控断面的河流，当中间断面出现的监测结果偏高（大于 20%）时系统自动进行提示和报警
统计报表	根据基础数据的各种统计结果生成 Excel 报表，根据工作要求选择模板生成报告

（三）系统主要统计功能详解

1. 水环境质量分析

水环境质量分析模块可实现对水环境质量的综合统计分析，包括对河流、湖库、饮用水质等水环境质量的监测因子进行统计分析。主要分析功能有水质总体现状、河流监测指标变化分析、河流综合污染指数计算、湖库监测指标变化分析、水源地监测指标变化分析等，提供水环境质量监测数据和评价结果数据的报表查询、下载。

2. 水质总体现状

主要包含行政区内所有被监测河流及湖库断面的水质现状情况，具体功能包括水质达标情况统计、水质状况查询、水质级别情况等。

3. 河流质量

主要包括对河流水质监测数据及变化、综合污染指数的统计。

4. 河流水质监测数据查询

设定查询条件，可对一定时间段、不同地区、河流、断面的监测数据查询，结果可导出（图 6-2-5）。

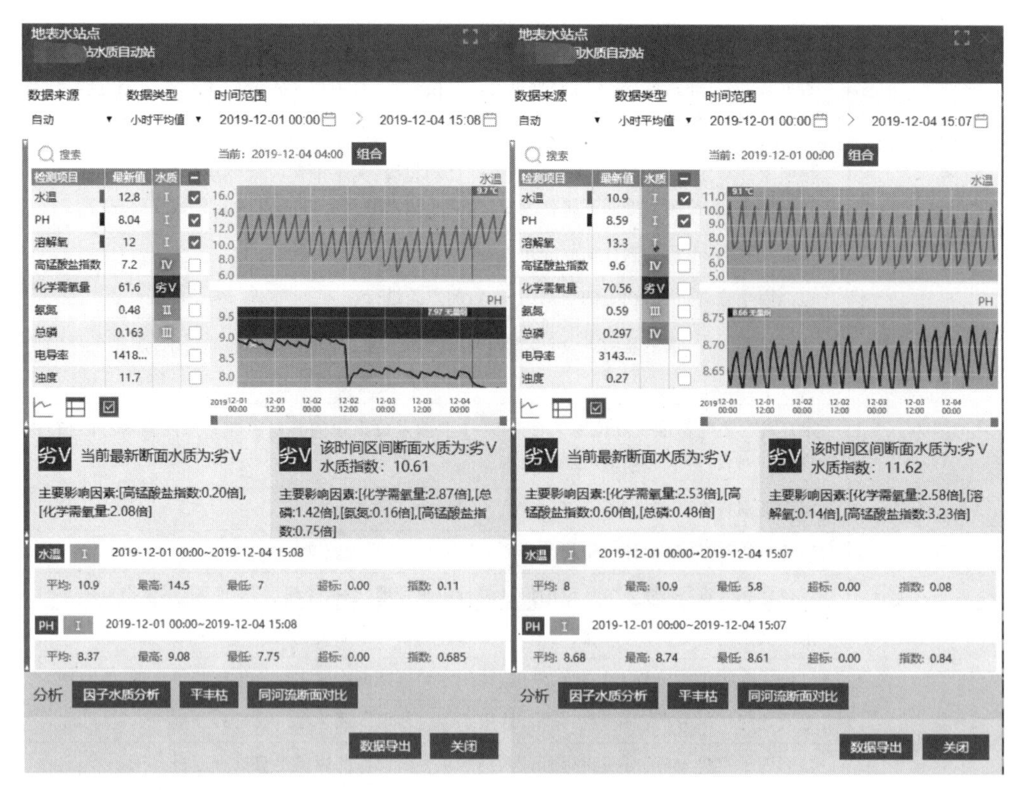

图 6-2-5　河流水质自动监测数据查询展示图

5. 监测指标变化

（1）年度监测指标变化

分析不同断面某一年份的年度监测因子变化，并通过折线图展示分析结果。

（2）历史同期监测因子变化

分析不同断面某一月份的历史同期监测因子变化，并根据需要进行图形展示（图 6-2-6）。

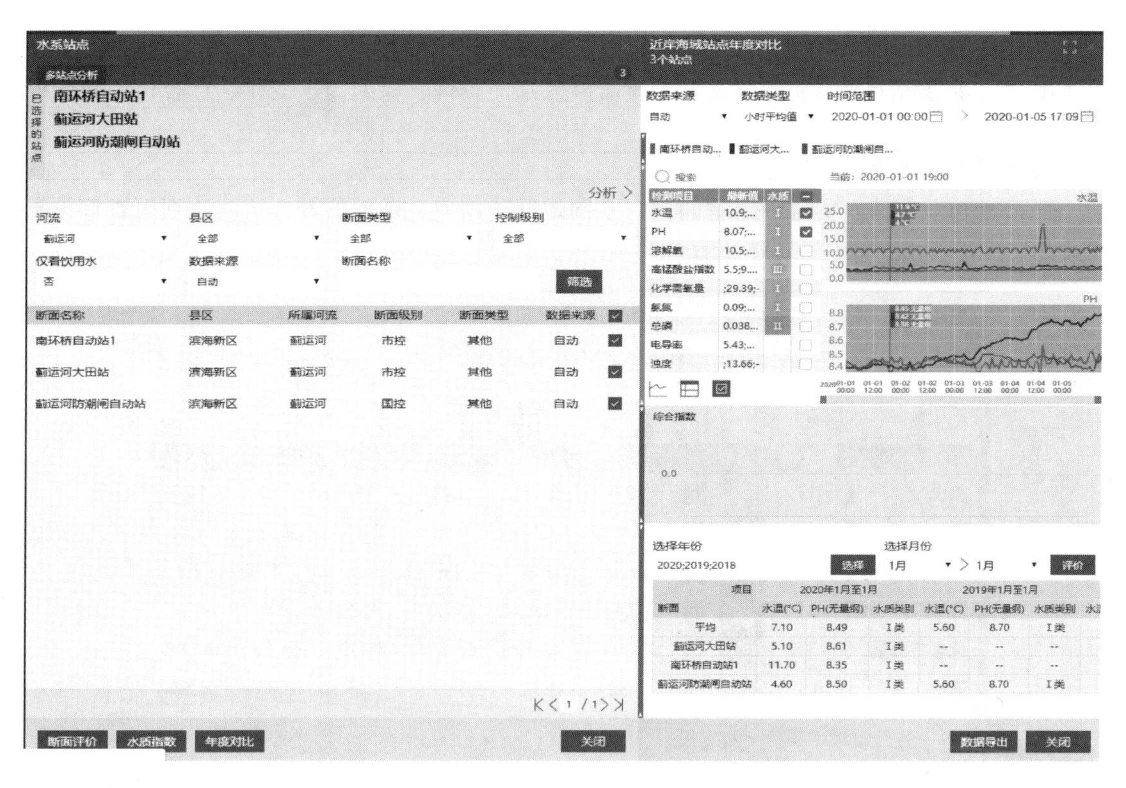

图 6-2-6　河流水质自动监测数据查询展示图

6. 综合污染指数分析

分析一定时间段、不同水系河流的污染指数，并根据需要进行图形展示（图 6-2-7）。

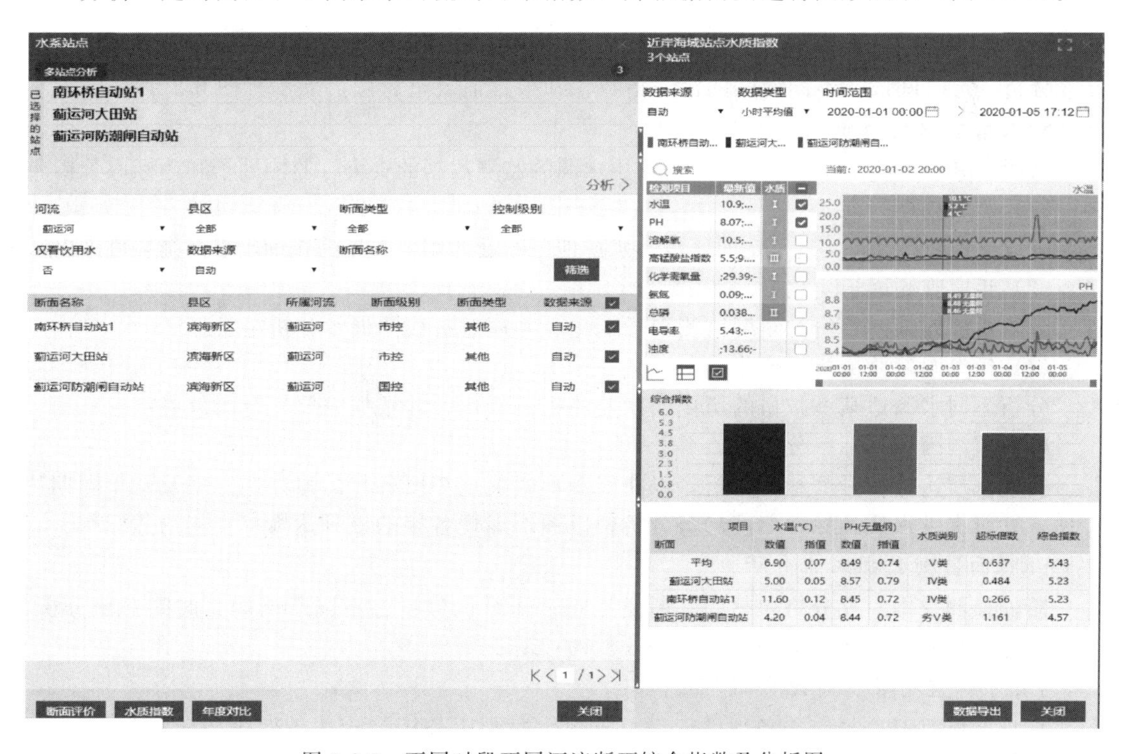

图 6-2-7　不同时段不同河流断面综合指数及分析图

7. 湖库质量

湖库质量分析主要实现了对湖库水质监测数据的查询、监测因子变化、综合污染指数的分析。

（1）湖库水质监测数据查询

可设定查询条件，实现一定时间段、不同地区、湖库、断面的例行监测数据，查询结果可导出（图 6-2-8）。

数据来源 自动 ▼　数据类型 日平均值 ▼　时间范围 2020-02-14 00:00 ＞ 2020-02-24 15:29

搜索

检测项目	最新值	水质	—	2020 02-14	2020 02-15	2020 02-16	2020 02-17	2020 02-18	2020 02-19
水温	12	Ⅰ	✓	12.5	11.5	11.2	11	11.1	11.6
PH	8.62	Ⅰ	✓	8.45	8.47	8.47	8.49	8.53	8.52
溶解氧	12.5	Ⅰ	✓	3.8	3.8	3.8	4	4	4.4
高锰酸盐指数	9.6	Ⅳ	✓	8.1	1.8	8.3	8.2	8.4	8.6
化学需氧量	70.56	劣Ⅴ	✓	59.93	60.66	61.39	61.39	61.68	63.08
氨氮	0.59	Ⅲ	✓	1.32	1.32	0.93	0.69	0.66	0.63

图 6-2-8　湖库水质监测数据查询图

（2）监测因子变化

① 年度监测因子变化。分析湖库某一年份的监测因子变化，并根据需要进行图形展示。

② 历史同期监测因子变化。分析湖库某一月份的历史同期监测指标变化，并根据需要进行图形展示。

（3）综合污染指数分析

分析一定时间段、不同湖库的污染指数，并根据需要进行图形展示（图 6-2-9）。

8. 饮用水源地质量

饮用水源地质量分析主要实现了对饮用水源的监测数据的查询、监测因子和达标率分析。

（1）监测数据查询

可设定查询条件，实现一定时间段、水源地、断面的监测数据的查询，查询结果可导出。

（2）年度监测因子变化

分析水源地某一年份的年度监测因子变化、并通过折线图展示分析结果。

（3）历史同期监测指标变化

分析不同水源地某一月份的历史同期监测指标变化，并根据需要进行图形展示。

（4）监测因子达标率分析

实现水质达标率月度趋势分析，以曲线图形式展现年度各月的累计达标率及上年同期达标率，并可提供水质达标率年度趋势分析，以图形展现各年的该月达标率、年均达标率。

9. 断面监测数据对比分析

断面监测数据对比分析包括同一断面不同时间对比分析、不同断面同一时间对比分析、水质趋势分析和断面水质分类分析（图 6-2-10）。

10. 手工监测数据对比分析

根据实际需要选择筛选条件进行手工监测数据对比分析。筛选条件包括任意起止日期、断面、饮用水源地等。

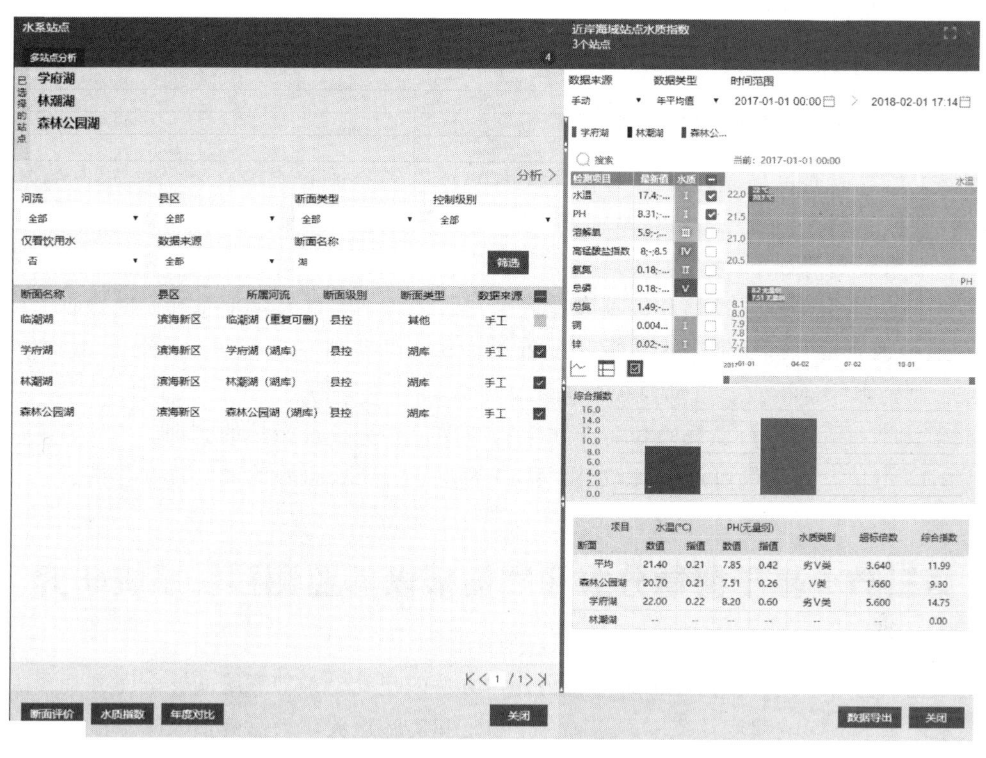

图 6-2-9　湖库综合指数分析及展示图

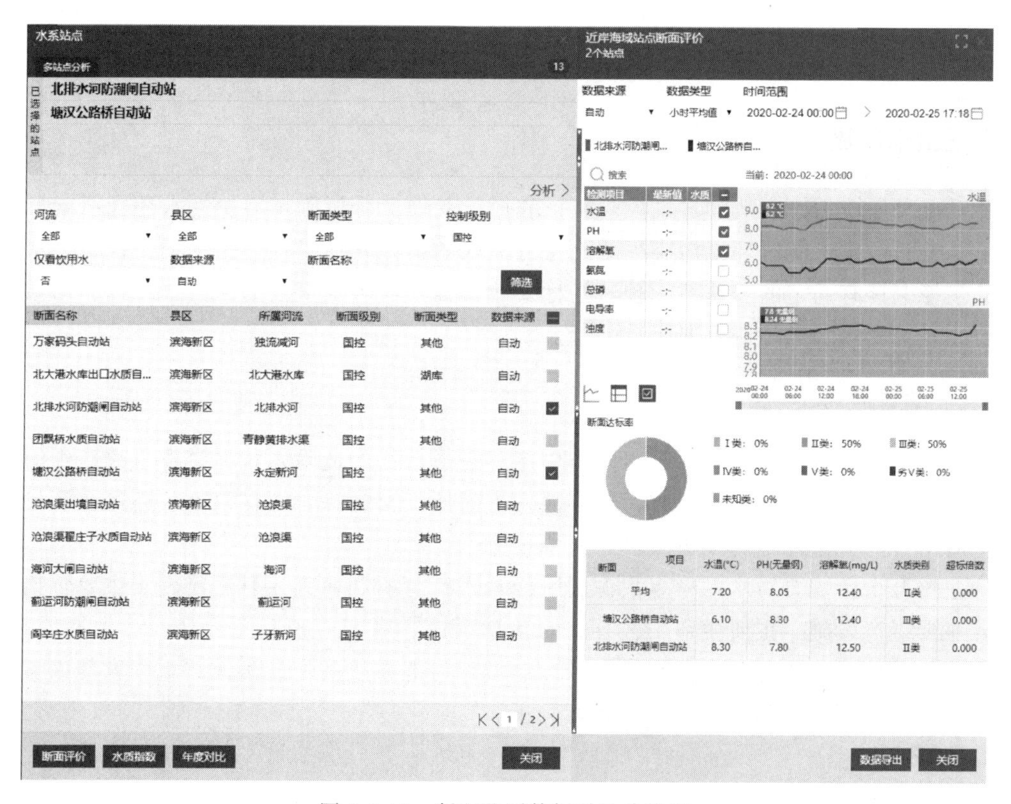

图 6-2-10　断面监测数据对比分析图

对比内容包括监测样品数、最大值、最小值、平均值、最大值超标倍数、水质类别及所占比例、主要污染指标、超标倍数、超标率、达标率、污染指数等。

（四）移动端信息的查询和预警预报

监测人员可以通过移动端实时查看区域内的污染源、地表水等自动监控站点的基本概况、监控数据、超标报警数据等，从而实现实时监管，使水环境质量得到有效持续改善。

移动端系统功能如下。

① 站点信息。可以通过移动端查询地表水和污染源站点的基本信息和实时数据。

② 地表水质量。区域地表水质量状况查询，输入所需查询区域可显示该区域地表水质量状况、地表水综合指数、自动监控和人工监测实时数据等信息。

③ 监测数据。可进行监测点位各类污染物浓度及相关统计指标的查询。

④ GIS 定位。移动端可定位各站点，获取各人工监测断面的地理位置及详情。

第三节　基于警情分级和阈值报警的监测预警系统研究

突发性水污染事故预警指标体系与警情评估方法的建立是预警系统能够全面准确预报、合理评估水环境事故影响程度及范围的基础，是制定和实施重大环境污染事故应急预案的基础。

突发性重大水环境污染事故预警指标选择时关注的环境要素主要为水体，并重点突出“突发性”事故预警的特征。预警指标筛选分为 3 个步骤，分别为突发性水污染事故预警指标集构建、预警指标筛选以及预警指标体系构建。

一、预警指标概述

针对重大环境污染事故的环境风险特征和风险受体，分析确定突发性水环境污染事故影响因子，全面包含可能对环境污染事故预警有关联的指标，构建预警指标集，在各类水污染事故的预警中具有一定的普适性。预警指标要能够描述或反映事故的起因、经过和结果，警源、警兆是构成预警指标的重要组成部分。

（一）警源指标

警源是指发生警情的根源，是水环境中已存在或潜伏的危险，包括诱发事故产生的自然因素或人为因素。警源指标除了在污染事故发生时用于警情综合评估以外，还可在污染事故未发生时对可能发生环境污染事故进行监控预警。

确定警源指标需要对水污染事故源影响因素进行分析和研究，其影响因子主要包括企业类型、主要生产设施、主要生产工艺、主要化学反应、生产规模、主要产品、主要原辅料、风险源位置、危险物质种类、储存设备、存储量、可能事故类型、事故严重程度等因素。下面选择事故源类型与污染物性质进行重点分析。

1. 事故源类型

事故源类型的分析可以通过实地调查并结合以往资料实现。一般可以从两个方面开展工作：一是进行化工企业风险信息调查，全面收集工厂内风险物质种类、储量、设施及安全性

管理、应急措施的信息，形成研究区企业风险源名录；二是对区域环境信息进行调查，尽可能多地收集水源水质相关历史资料，掌握曾经出现过的水质恶化事件及其原因、影响大小及危害程度。总体来说，事故源类型及影响因子见表6-3-1。

表6-3-1　突发水污染事故源类型及影响因子

事故源	类型	影响因子	预警指标
人为过失	违章操作事故排污	意识淡薄，无视环保法律、法规，违规向江河水体中大量偷排、暗排企业超标生产废水	违章操作次数、违规排污口数量、排污量、排污频率、排污位置
	作业失误事故排污	机械、设备或系统的事故排污，缺乏对突发性事故的应急技能和经验	作业失误次数、工作人员技术水平、应急人员技能水平
	跨界河流事故排污	上中游突发性的大量污水集中排放，严重影响下游水质安全	跨界河流事故次数、污水排放量、排放位置
	交通运输事故（河道运输事故和道路运输事故）	水上交通运输工具的碰撞、触损、浪损、火灾、爆炸、泄漏和排放等交通事故引起船舶结构的破坏或设备的毁损，进而导致有毒有害或油类运输货物的泄漏、倾翻或沉没进江河水体而形成的事故排污；道路交通事故在瞬时或短时间内把污染物（主要指油罐车或有毒有害化学品运输车辆）倾倒路面后随地表径流进入水体，或直接翻车把污染物倾倒入水体	水上交通运输事故次数、泄漏量；道路交通事故频率、泄漏量
	布局风险事故排污	沿岸设置码头和有毒有害危险品仓库及堆栈等	分布密度、规模、数量
自然因素	气象灾害	包括暴雨灾害环境风险和干旱灾害环境风险。其中暴雨灾害环境风险是指突降暴雨将非点源污染、河道蓄积的废污水和面源污染物冲入江河水体，污染物随流扩散进入水体而造成水质安全威胁。干旱灾害环境风险是指干旱季节时，江河进入枯水期，自净能力下降，各种污染物质的泄漏或排放易于造成江河水体的突发性水质污染	暴雨灾害次数、暴雨灾害规模、干旱灾害次数、干旱程度
	洪涝灾害	洪灾风险引起的大面积非点源污染，洪水冲毁沿岸有污染物的工厂、仓库等，造成污染物向河流排放	洪涝灾害次数、洪涝灾害规模
	地质灾害	地震造成近岸的有毒有害化学品储罐区和油品罐区的地基开裂、下沉，地区地下管道折断破裂，使有毒有害化学品储罐和油罐开焊泄漏甚至破裂进入水体	地质灾害次数、地质灾害强度
	雷击灾害	雷击灾害引起的沿岸危险品储罐、仓库突发性爆炸燃烧，导致有毒有害物质的事故泄漏进入水体	雷击次数
	潮汐运动	潮汐河段污染物会随水流回荡，延长了污染带下泄时间，拉长污染带	潮汐运动次数、潮汐运动影响范围
机械失效	磨损失效	机械、设备或储罐在运行或使用过程中，出现了包括腐蚀磨损、磨粒磨损、疲劳磨损接触疲劳等磨损失效，致使机械、设备或储罐发生泄漏而事故排污	机械、设备或储罐的使用年限、折损率
	腐蚀失效	机械、设备或储罐在运行或使用过程中，由于高温氧化、电化学腐蚀，而使机械、设备或储罐出现了腐蚀失效，致使机械、设备或储罐发生泄漏而事故排污	机械、设备或储罐的使用年限、保养频率、储存物质特性
	管线泄漏	长距离化学品、油品输送管线长期室外侵蚀，管线破裂而发生泄漏，有毒有害化学品或油品大量溢出而发生事故排污	使用年限、输送物质特性、防控措施、管线泄漏发生次数

2. 污染物性质

污染物是水污染事故的焦点，不同类型企业和不同生产设施、主要生产工艺会使水污染事故的特征污染物类型不同，其物化毒性的差异对水环境造成的影响程度、范围及持续时间也是不同的。表 6-3-2 总结了水体潜在污染物分类。

表 6-3-2　水污染事故潜在污染物类型

污染物分类	类别划分	表征指标
固体污染物	溶解性固体、悬浮性固体	浊度、色度等
需氧污染物	能被微生物降解的有机物	BOD、COD、TOC、TOD 等
有毒污染物	无机化学毒物	重金属、氰化物、氟化物和亚硝酸盐
	有机化学毒物	农药(DDT、有机氯、有机磷等)、酚类化合物、聚氯联苯、稠环芳烃和芳香族有机化合物等
	营养污染物	氮和磷等
生物污染物	致病微生物和其他有机体	细菌总数、大肠菌数等

污染物性质预警指标包括事故源的排放特征、污染物释放量、污染物浓度、污染物溶解性、毒性、衰减性等。污染物进入水体后，受到区域水文因素和水动力条件影响，因此，预警指标还主要包括蒸散发量、降雨、地面径流、透水面积、土壤侵蚀模数、植被覆盖情况、地形地势、源距水体的距离、河流流量、河流流速、河流横断面积、河流弥散系数等。

（二）警兆指标

警兆是警情发生前所表现出来的先导现象，即发生环境污染事故后的反应，反映警兆的基本指标即为警兆指标。突发性水污染事故使水环境质量恶化、水资源功能降低，进而影响社会经济活动、人群健康及水生态平衡。因此，预警警兆指标的识别主要从以下五个层面来考虑。

1. 水环境影响指标

突发水污染事故影响水环境的警兆指标主要包括水环境质量退化程度、污染事故影响范围、事故影响时间等。

2. 人群健康影响指标

突发水污染事故影响人群健康的警兆指标包括事故伤亡人数、中毒（重伤）人数、取水中断时间、人体健康风险（致癌风险和非致癌风险）、生态环境风险等。

3. 水生态影响指标

突发水污染事故影响水生态的警兆指标包括陆生生物受影响程度、水生生物受影响程度、鱼类受影响程度、水生生态系统破坏程度等。

4. 社会经济活动指标

研究突发性水污染事故与社会经济的相互影响，一方面要了解社会经济水平对于突发性水污染事故的影响程度，如区域的突发性水事故预防、应急及控制设备、人员水平，对于污染事故的资金投入力度等。另一方面要了解突发性水污染事故的发生对于社会经济的影响程度、范围及时段，如某次突发性水污染事故所造成的经济损失、社会安全问题及人群负面心理影响等。

社会经济对突发性水污染事故的影响因素，包括生活用水量、工业用水量、人均用水量、生态环境用水量、回用水量、工业废水排放量、生活污水排放量、面源污染耕地面积、COD排放系数、氨氮排放系数、COD排放量、氨氮排放量、水污染治理投资、污水达标率、污水达标量等，这些指标对确定突发性水污染事故的影响水平具有重要意义。

突发性水污染事故对社会经济的影响因素，包括水污染影响人口数量、受影响人口密度、人员转移数量、经济损失量、污染事故影响地区类别等，这些指标对预测突发性水污染事故的影响程度具有重要意义。

5.应急响应与处理处置指标

应急响应与处置突发水污染事故的警兆指标包括环境风险应急措施执行情况、应急人员素质、水污染应急预案、应急资金投入情况、受影响人员饮用水保障情况、给水设施运行情况、污水处理设施运行情况、流域管理水平、事故控制程度等。

二、预警指标筛选

（一）原则

突发水环境事故预警指标体系构建研究中，选择预警指标是其中极为关键的一步，此过程要求遵循一般指标选定的原则。

1.科学性原则

所选择的预警指标能够比较客观真实地反映水环境污染事故过程中出现的各种问题以及变化和发展的趋势，即要保证预警的时效。同时有准确的数据来源、合理的数据处理防范和严密的结构层次，能够实现对事故快速准确的预警目标。

2.系统性原则

突发性水污染事故预警指标体系的选取要兼顾到外延指标和内生指标、历史指标和预测指标，必须全面地反映影响事故评估结果的主要方面，能够从不同角度反映环境安全状况。

3.可操作性原则

筛选的预警指标应是可操作的，要充分考虑到数据及其指标量化的难易程度，应多从实用和资料容易获取的角度来考虑，同时要保证能全面地反映水环境污染事故中的各种内涵。要尽量利用现有的统计指标及有关规范标准。

4.动态性原则

随着时间的推移和条件的变化，区域水资源系统和水环境会发生变化，个别预警指标可能不再具有预测的作用。因此需要选择一些能够反映变化、趋势的指标，并把静态的状态和动态的进展相结合，以保证预警指标具有充分的代表性。

5.相对独立性原则

选取指标必须明确含义，资料易得，各指标含义不重叠。在较多备选指标的初选及其后的复选中，相关性考察和独立性分析都是进行指标筛选的重要手段。

6.特殊性原则

由于突发水环境污染事故发生区域、事故原因和污染物性质等情况的差异性，筛选的预警指标会有所不同。因此预警指标筛选应该突出突发水环境污染事故研究对象的特殊性，保证预警结果的准确性。

（二）方法

结合研究区污染源排放特征和水环境特征，对初步研究得到的突发水污染事故预警指标集进行筛选，主要方法包括理论分析法、专家咨询法、主成分分析法、灰色关联分析法、层次分析法和神经网络法等，表 6-3-3 总结了各方法的特点及适用范围。

表 6-3-3　预警指标筛选方法比较

筛选方法	优点	缺点
理论分析法	只需进行理论分析和定性比较	筛选程度较粗略，精准度不高，理论分析能力要求较高
专家咨询法	借助专家学识和经验所得，结果具有权威性	主观性较强
主成分分析法	量化、可分析程度高	计算过程复杂，需要足够大的分析样本数
灰色关联分析法	所得关联度矩阵反映指标间相关性程度，易于剔除等价指标	需要指标数据样本，剔除临界值难确定
层次分析法	定性分析与定量计算相结合，结果层次关系明确，指标差异数量化	需结合专家判断，主观性较强
神经网络法	人为因素影响较弱，适应指标影响程度变化的要求	构建及调试神经网络模型较烦琐，计算复杂

三、天津滨海工业带突发水环境事故预警指标体系

综合考虑突发水污染事故预警指标集以及滨海工业园区污染源排放特征和水环境特征，秉承预警指标筛选原则，采用理论分析法构建了突发水污染事故预警指标体系，主要包括警源指标和警兆指标两方面，具体预警体系框架见图 6-3-1。其中警源指标主要考虑风险源识

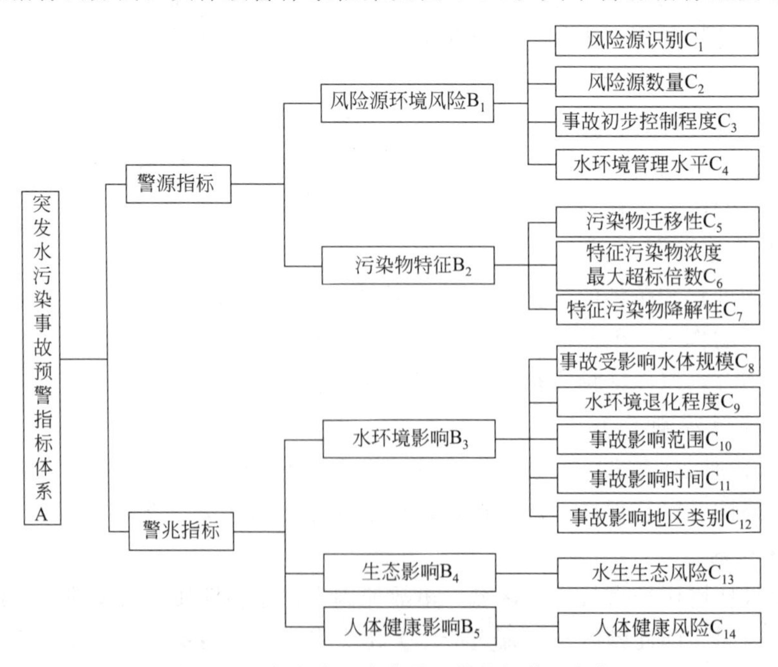

图 6-3-1　突发水污染事故预警指标体系框架

别、风险源数量、事故初步控制程度、水环境管理水平、污染物迁移性、最大超标倍数和降解性。警兆指标主要包括水环境影响、生态影响、人体健康影响 3 类。

总的来说，突发水污染事故预警指标体系共包括 14 个具体指标，从表征方法上分，所构建的指标体系可划分为定性指标与定量指标两大类。定量指标主要是风险源数量、特征污染物迁移性、特征污染物浓度最大超标倍数、特征污染物降解性、人体健康风险、水生生态风险、事故影响时间和范围共 8 项，定性指标主要包括风险源识别、事故受影响水体规模、水环境退化程度、事故影响地区类别、事故初步控制程度和水环境管理水平共 6 项。

（一）风险源环境风险

1. 风险源识别 C_1

滨海新区涉及环境风险物质生产、加工、使用、储存和运输的企业，向环境排放污染物的企业，加油站加气站，污水处理厂等共 531 家企业。企业风险源环境风险大小与环境风险物质的存量和临界量有关，根据《企业突发环境事件风险评估指南（试行）》，计算出环境风险物质的 Q 值。

计算所涉及的每种环境风险物质在厂界内的最大存在总量与其在《企业突发环境事件风险评估指南（试行）》附录 B 中对应的临界量的比值 Q。

（1）当企业只涉及一种环境风险物质时，计算该物质的总数量与其临界量比值，即为 Q。

（2）当企业存在多种环境风险物质时，则按式（6-3-1）计算物质数量与其临界量比值 Q。

$$Q=\frac{q_1}{Q_1}+\frac{q_2}{Q_2}+\cdots+\frac{q_n}{Q_n} \tag{6-3-1}$$

式中　q_1，q_2，…，q_n——每种环境风险物质的最大储存量，t；

Q_1，Q_2，…，Q_n——每种环境风险物质的临界量，t。

当 $Q<1$ 时，企业直接评为一般环境风险等级，以 Q 表示；当 $Q\geqslant1$ 时，将 Q 值划分为 $1\leqslant Q<10$、$10\leqslant Q<100$ 和 $Q\geqslant100$，分别以 Q_1、Q_2 和 Q_3 表示。

2. 风险源数量 C_2

滨海新区存在的风险源主要有企业风险源、危化品输送管网和危化品运输道路。区域内风险源数量越多，风险源风险级别越高，发生水环境污染事故的概率越大。

参照《企业突发环境事件风险评估指南（试行）》，风险等级为较大、重大的涉水环境风险企业与区域所有环境风险企业数量的百分数越高，用 D 表示；区域内危化品运输道路或危化品输送管网每年运输的危险化学品质量越多；警情级别越高，用 M 表示。

3. 事故初步控制程度 C_3

事故初步控制的程度指标主要考虑的是当突发性事故发生后，风险物质进入水体的可能性和进入水体后的响应程度。企业风险源的应急设施和应急预案越完善，风险物质进入水体的可能性越小，事故风险越低。企业风险源的应急设施和应急预案包括企业的工艺设备保障设施、风险源监控预警设施、风险减缓和控制设施、突发环境事件应急预案制度、人员的管理和培训及应急救援物资储备等因素，风险物质进入水体后的响应主要考虑的是导致的二次事故风险，比如运输危化品的货轮因事故倾覆，被打捞的危化品储罐越多事故控制程度越高，事故风险越低。本指标以百分比的形式来划分等级。

4. 水环境管理水平 C_4

流域环境管理水平高，应急响应的能力越强，环境事故潜在的风险越小；反之，流域环境管理水平低，信息沟通不畅，应急响应能力越低，环境事故潜在的风险越大。流域环境管理水平取决于流域环境监控水平、预警平台建设情况、应急设施投资、应急技术水平、上下游联合应急能力、事故应急预案、应急人员素质、公民对水污染事故关注度等因素，将其分为低、一般、较高和高四类。

（二）污染物特征

1. 污染物迁移性 C_5

滨海工业带最主要的污染物类型为有毒有害液体和油类。根据滨海工业带环境风险源种类，滨海工业带可能突发水环境事故包括有毒有害液体储存泄漏、油类（原油、成品油）储存泄漏、火灾爆炸次生水污染、有毒有害液体管道泄漏和有毒有害液体车辆运输泄漏五类。其中有毒有害液体主要的特征污染物包括硫酸、硝酸、盐酸、氢氟酸、氟化氢、高锰酸钾、三氯甲烷、氯仿、1,1-二氯乙烷、苯、二氯乙烷、三氯烷烃、四氯烷烃、甲苯、二甲苯、对二甲苯、氯苯、苯乙烯、苯胺、丙烯腈、液氨、丙酮、混合芳烃、氯乙烯、三氯乙烯、环氧丙烷、环氧氯丙烷、甲醇、四氯化碳、苯酚等。油类主要特征污染物包括原油、柴油、汽油、润滑油、煤油、溶剂油、石脑油等。总的来说，特征污染物主要为有机物，无机物主要包括硫酸、硝酸、盐酸、氢氟酸、高锰酸钾和液氨等。一般来说，地下水环境中无机组分的迁移性强于有机组分，但也因地下水环境不同而不同。有机特征污染物在迁移过程中主要受吸附作用的控制，有机碳分配系数 $\lg K_{oc}$ 表征有机特征污染物被固相有机碳吸附的重要参数，因此作为有机特征污染物迁移性的表征指标。$\lg K_{oc}$ 越大，代表该物质越难迁移，危害越小。$\lg K_{oc}$ 可采用 EPI Suite 软件计算。

2. 特征污染物浓度最大超标倍数 C_6

污染物最大超标倍数是结合控制断面水质要求提出的预警指标，污染超标倍数越大，突发污染预警级别越高。参考水环境现状评价方法中推荐采用的污染指数法，特征污染物最大超标倍数计算如下：

$$p_i=\frac{c_i}{s_i} \tag{6-3-2}$$

式中 p_i——污染物浓度最大超标倍数；

c_i——事故发生处下游 50m 处特征污染物 i 最大实测浓度，mg/L；

s_i——特征污染物 i 标准浓度值，mg/L，根据水域功能类别选取相应的地表水环境标准。

根据水质综合污染指数来判别污染程度是相对的，即对应于水体功能要求评判其污染程度。假如不同类别水体的水质相同，则要求越高的水体，其对应的污染程度越严重，警情级别越高。对于相同水域功能类别的水体，污染程度越高，预警级别越高。根据将水体分为合格（$p_i \leqslant 0.8$）、基本合格（$0.8< p_i \leqslant 1.0$）、污染（$1.0< p_i \leqslant 2.0$）和重污染（$p_i >2.0$）四类。

3. 特征污染物降解性 C_7

特征污染物降解性的量化主要参考水环境中发生的生物降解作用，采用 T_{50} 作为表征

有机物降解性的参数，T_{50} 为有机物浓度在水中由原始值下降到50%所需要的时间（d）。T_{50} 值越小，降解性越高，警情级别越小。可采用 EPI Suite 软件计算 T_{50}。

（三）水环境影响

1. 事故受影响水体规模 C_8

滨海工业带的水环境风险受体主要有河流、湖泊、海洋、水库、自来水厂取水口、饮用水水源保护区、自然保护区等类型。受影响的水体规模越大，往往其使用功能就丰富，警情级别越高。

2. 水环境退化程度 C_9

水质退化得越多，警情级别越高。参考《地表水环境质量标准》（GB 3838—2002）对地表水环境质量分为Ⅰ、Ⅱ、Ⅲ、Ⅳ、Ⅴ类及劣Ⅴ类共6个级别，以污染前后水质相差的级别来表征水环境质量退化程度。当特征污染物为单一物质时，采用单因子评价法评价水质级别，当出现多种污染物时，采用内梅罗综合指数法评价，即按式(6-3-3)、式(6-3-4) 计算综合评价分值 F，参照表6-3-4和表6-3-5划分地下水质量综合类别。

$$F=\sqrt{(\overline{F}^2+F_{max}^2)/2} \tag{6-3-3}$$

$$\overline{F}=\frac{1}{n}\sum F_i \tag{6-3-4}$$

式中　$\overline{F}$——各单项组分评分值 F_i 的平均值；

F_{max}——单项组分评分值 F_i 的最大值；

n——污染物的种类数目。

表6-3-4　各类别单因子评分值

类别	Ⅰ	Ⅱ	Ⅲ	Ⅳ	Ⅴ	劣Ⅴ
F_i	0	1	3	6	9	12

表6-3-5　地下水质量综合类别评分结果

类别	优良	良好	较好	较差	极差
F	$F<0.8$	$0.8\leqslant F<2.5$	$2.5\leqslant F<4.25$	$4.25\leqslant F<7.20$	$F\geqslant 7.20$

3. 事故影响范围 C_{10}

根据河道水流情况，根据《环境影响评价技术导则　地表水环境》（HJ 2.3—2018）中混合过程段长度估算公式［式(6-3-5)］计算特征污染物横向均匀混合距离用于表征事故影响范围。受到突发性水污染事故影响范围越大，警情级别越高。

$$L=\left\{0.11+0.7\left[0.5-\frac{a}{B}-1.1\left(0.5-\frac{a}{B}\right)^2\right]^{1/2}\right\}\frac{uB^2}{E_y} \tag{6-3-5}$$

式中　L——污染物横向均匀混合距离，m；

a——排放口到岸边的距离，m；

u——河流平均流速，m/s；

B——河流平均宽度，m；

E_y——水流横向扩散系数，m^2/s。

4. 事故影响时间 C_{11}

事故影响时间指受到突发性水污染事故影响持续的时间，持续时间越长，警情级别越高。从水质安全角度出发，假设特征污染物不发生物理化学生物等作用，只考虑其对流弥散作用，参照《环境影响评价技术导则　地表水环境》（HJ 2.3—2018）采用一维或二维非稳定流水质模型进行模拟，计算事故发生下游某处特征污染物超标维持时间作为事故影响时间。假设预警可提前 1/3 时间进行，每隔 10min 预测一次，通过绘制河流下游某位置浓度穿透曲线，即可确定污染物超标维持时间。

一维模型：

$$c(x,t)=\frac{M}{A\sqrt{4\pi tE_x}}\exp\left[\frac{-(x-ut)^2}{4E_xt}\right]+C_h \tag{6-3-6}$$

二维模型：

$$C(x,y,t)=C_h+\frac{M}{2\pi ht\sqrt{E_xE_y}}\exp\left[-\frac{(x-ut)^2}{4E_xt}-\frac{y^2}{4E_yt}\right]\exp(-kt) \tag{6-3-7}$$

式中　C_h——特征污染物在该水体中的背景浓度值，mg/L；

E_x——水流纵向扩散系数，m^2/s；

E_y——水流横向扩散系数，m^2/s；

M——污染物质量，g；

h——河流平均水深，m；

k——降解系数；

x——排污点距取水口纵向距离，m；

y——排污点距取水口横向距离，m；

u——河流平均流速，m/s。

5. 事故影响地区类别 C_{12}

水环境功能级别越高，警情级别越高。其中水环境功能区划主要包括国家自然保护区饮用水一级保护区、珍稀水生生物保护区、水源涵养区、海洋特别保护区、饮用水二级保护区、渔业用水区、重要湿地、海水浴场、工业用水区、旅游区、富营养化水域等。

（四）生态影响

突发水污染事故产生的生态影响（C_{13}）采用水生生态风险指数表征，该指数采用通用的熵值法确定，指数越高，预警级别越高。其计算公式如下：

$$Q=\mathrm{EEC}/\mathrm{LC}_{50} \tag{6-3-8}$$

式中　EEC——污染物的暴露浓度，mg/L；

LC_{50}——毒性物质的半致死浓度，mg/L。

当有多种污染物排放时，生态风险指数计算公式为：

$$Q=\sum_{i=1}^{n}Q_i=\sum_{i=1}^{n}\frac{\mathrm{EEC}_i}{\mathrm{LC}_{50i}} \tag{6-3-9}$$

式中　Q——总生态风险指数；

Q_i——第 i 种污染物的生态风险指数；

EEC_i——第 i 种污染物质暴露浓度，mg/L；

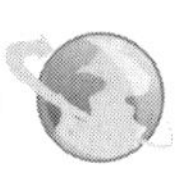

LC_{50i}——第 i 种毒性污染物半致死浓度，mg/L；

n——排入水中污染物质种类数。

（五）人类健康影响

突发水污染事故对人体产生的健康影响（C_{14}）分别采用致癌风险的风险值（A_{risk}）以及非致癌风险的风险值（B_{hi}）表征，风险值越高，预警级别越高。致癌风险的风险值（A_{risk}）以及非致癌风险的风险值（B_{hi}）分别由下式计算：

$$A_{risk}=1-\exp(-CDI\times SF) \tag{6-3-10}$$

$$B_{hi}=CDI/RfD \tag{6-3-11}$$

式中　SF——污染物的致癌斜率因子，kg·d/mg，IRIS 数据库获取；

RfD——污染物的参考剂量，mg/(kg·d)，IRIS 数据库获取；

CDI——长期日摄入剂量，mg/(kg·d)，经由饮水途径暴露的长期日摄入剂量 CDI 为：

$$CDI=\frac{C\times IR\times EF\times ED}{BW\times AT} \tag{6-3-12}$$

式中　C——介质中致癌物质的浓度，mg/L；

IR——成人每日饮用水量，L/d；

EF——暴露频率，d/a；

ED——暴露延时，a；

BW——人均体重，kg；

AT——平均暴露时间，d。

四、预警指标权重

由于各指标在指标体系中的作用不同，对水环境的影响程度有差异，为了区分其差异性，要采用一定数学方法来确定各评价指标的权重值。指标权重确定的合理与否直接关系到评价结果的正确性和科学性。本预警指标体系采用层次分析法（AHP）对各预警指标赋权重，具体计算过程包括以下四个步骤。

（一）建立递阶层次结构模型

首先根据预警指标之间的相互关系建立递阶层次结构模型，一般呈树状结构分布，为了计算方便，模型结构通常不超过 3 层，且上一层的预警指标对下一层所支配的预警指标一般不超过 9 个，第一层为目标层，表示需要解决的问题；第二层为准则层，表示要实现目标层需要满足的中间环节；第三层为指标层，表示要实现目标层所选取的指标或者措施等，如图 6-3-2 所示。

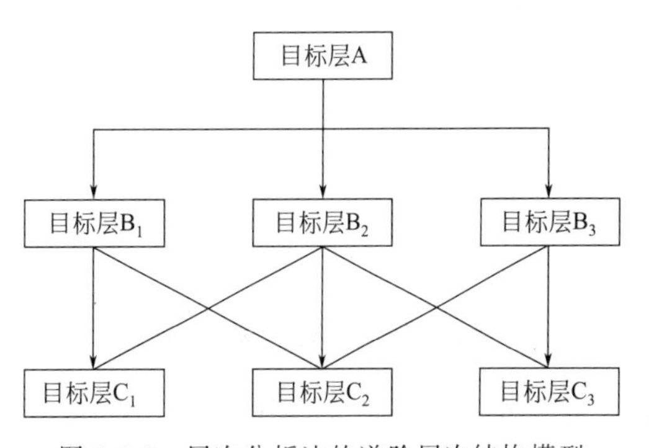

图 6-3-2　层次分析法的递阶层次结构模型

（二）构造判断矩阵

根据建立的递阶层次结构模型构造判断矩阵，任取同一层次上两个预警指标对上一层次的相应预警指标的相对重要性进行比较，采用1～9标度法来量化比较的结果，利用量化比较的结果构造判断矩阵（表6-3-6）。

表6-3-6　1～9数量标度取值及含义

标度	定义(比较预警指标a与b)
1	因素a与b同等重要
3	因素a与b稍微重要
5	因素a与b较强重要
7	因素a与b强烈重要
9	因素a与b绝对重要
2,4,6,8	两相邻判断的中间值
倒数	当比较因素b与a时,得到的判断值为$C_{ba}=1/C_{ab}$,$C_{aa}=1$

判断矩阵常用的求解方法主要有和积法、方根法和特征根法三种，本体系使用和积法对判断矩阵进行求解，计算出判断矩阵的最大特征值和特征向量。

首先，假设构造的判断矩阵为$\mathbf{A}=\begin{bmatrix} a_{11} & a_{12} & \cdots & a_{1n} \\ a_{21} & a_{22} & \cdots & a_{2n} \\ \vdots & \vdots & \vdots & \vdots \\ a_{n1} & a_{n2} & \cdots & a_{nn} \end{bmatrix}$，将判断矩阵$\mathbf{A}$按照每一列规范化：

$$b_{ij}=\frac{a_{ij}}{\sum_{i=1}^{n} a_{ij}}(i,j=1,2,3,\cdots,n) \tag{6-3-13}$$

其次，把按照每一列规范化的矩阵，按照每一行求和：

$$V_i=\sum_{j=1}^{n} b_{ij} \tag{6-3-14}$$

将向量$\mathbf{V}^{\mathrm{T}}=[V_1 \quad V_2 \quad \cdots \quad V_i]^{\mathrm{T}}$进行规范化：

$$\omega_i=\frac{V_i}{\sum_{j=1}^{n} V_j} \tag{6-3-15}$$

则$\boldsymbol{\omega}^{\mathrm{T}}=[\omega_1 \quad \omega_2 \quad \cdots \quad \omega_i]^{\mathrm{T}}$即为判断矩阵$\mathbf{A}$的特征向量，也就是预警指标A的各个预警指标的权重值。

最后，假设判断矩阵$\mathbf{A}$的最大特征值为$\lambda_{\max}$，则：

$$\lambda_{\max}=\sum_{i=1}^{n} \frac{(A\omega)_i}{n\omega_i} \tag{6-3-16}$$

式中　$(A\omega)_i$——向量$\mathbf{A}$与向量$\boldsymbol{\omega}$积的第i个元素。

（三）层次单排序的一致性检验

层次单排序是指计算对于上一层某些预警指标而言该层次与之有联系的所有预警指标的权重值，通过检验层次单排序的一致性来判断其权重值是否合理。

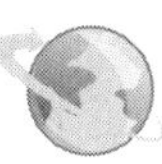

首先，计算一致性指标 CI 的值：

$$CI=\frac{\lambda_{max}-n}{n-1} \tag{6-3-17}$$

其次，根据判断矩阵的阶数确定随机一致性指标 RI 的值，见表 6-3-7。

表 6-3-7　平均随机一致性指标 RI

矩阵阶数	1	2	3	4	5	6	7	8	9
RI	0	0	0.58	0.90	1.12	1.24	1.32	1.41	1.45

最后，计算判断矩阵的一致性比率 CR 的值：

$$CR=\frac{CI}{RI} \tag{6-3-18}$$

当且仅当 CR<0.10，说明判断矩阵层次单排序的一致性是可以接受的，否则，应按照 1～9 标度法重新构造判断矩阵，直到具有可以接受的一致性为止。

（四）层次总排序的一致性检验

层次总排序是指计算同一层次上的所有预警指标对于总目标而言相对重要的权重值。假设某一层次（A）层共包含 m 个预警指标，分别是 $A_1,A_2,\cdots,A_m$，其层次单排序权重值分别是 $a_1,a_2,\cdots,a_m$；A 层的下一层（B 层）共包含 n 个因素，分别是 $B_1,B_2,\cdots,B_n$，B 层所有预警指标对于 A 层某一预警指标 A_j 的层次单排序权重值分别是 $b_{1j},b_{2j},\cdots,b_{nj}$（且当 B_i 与 A_j 无关时，$b_{ij}=0$）。则 B 层各预警指标的层次总排序权重值计算公式为：

$$b_i=\sum_{j=1}^{n}b_{ij}\times a_j(i,j=1,2,3,\cdots,n) \tag{6-3-19}$$

同样，各预警指标的层次总排序权值也需要进行一致性检验，检验顺序是由高层次向低层次逐层进行检验。假设 B 层次各预警指标对于上一层次某预警指标 A_j 的层次单排序一致性指标为 CI_j，根据构造判断矩阵的阶数可查找其平均随机一致性指标为 RI_j，则 B 层次各预警指标的层次总排序一致性比率为：

$$CR=\frac{\sum_{j=1}^{n}CI_j\times\omega_j}{\sum_{j=1}^{n}RI_j\times\omega_j} \tag{6-3-20}$$

当且仅当 CR<0.10，说明判断矩阵层次总排序的一致性是可以接受的，否则，应按照 1～9 标度法重新构造判断矩阵，直到具有可以接受的一致性为止。

五、警情综合评估与分级方法

（一）污染物未进入水体警情综合评估与分级

突发环境污染事故中污染物未进入水体时，根据《国家突发环境事故应急预案》(2014) 和环境污染事故警情综合指数（W）进行综合评估。

当污染事故人员伤亡数量、疏散转移人数、直接经济损失、取水影响、影响范围行政界线等社会经济预警指标满足以上警级描述的分级要求，先判定水污染事故警情级别。

同时采用突发环境污染事故警情综合指数评价法判断警级。然后对比由《国家突发环境事故应急预案》和警情综合指数确定的事故级别，选取较高事故级别作为本次事故的预警级别，并以相应颜色向政府和公众发布警情级别信息，采取相应的应急响应和处置措施。

当污染事故人员伤亡数量、疏散转移人数、直接经济损失、取水影响、影响范围行政界线等社会经济预警指标不能直接获取时，直接采用综合指数法判定水污染事故警情级别。

突发环境污染事故警情综合指数由风险源识别、风险源数量、事故初步控制程度和水环境管理水平四个预警指标计算得到，综合指数（W）分级标准见表 6-3-8，采用加权平均模型计算 W，其表达式为：

$$W(t)=\sum_{i=1}^{n}\omega_i E_i(t) \tag{6-3-21}$$

式中　n——预警指标体系中指标数量；

ω_i——第 i 个预警指标的权重；

$E_i(t)$——第 i 个预警指标在 t 时刻的警情评分值。

风险源识别、风险源数量、事故初步控制程度和水环境管理水平四个预警指标分级及阈值标准值如表 6-3-8 所示，其中定性指标的分级阈值打分按照事故的性质描述，按照评分标准直接打分，定量指标则根据定量计算结果，进行线性内插法打分，超过Ⅰ级的按照 100 分打分。

表 6-3-8　污染物未进入水体预警指标分级及阈值标准

预警指标分级	Ⅰ级	Ⅱ级	Ⅲ级	Ⅳ级	单位
$E_i(t)$	100	80	60	40	—
风险源识别 C_1	Q_3	Q_2	Q_1	Q	—
风险源数量 C_2	$D\geqslant 50$	$20\leqslant D<50$	$10\leqslant D<20$	$D<10$	%
	$M>300$	$30<M\leqslant 300$	$3<M\leqslant 30$	$M\leqslant 3$	万吨
事故初步控制程度 C_3	10	50	70	90	%
水环境管理水平 C_4	低	一般	较高	高	—

参考《国家突发环境事故应急预案》(2014)，对突发环境事故四个警级制定了标准，具体描述如下。

1.特别重大突发环境事件（Ⅰ级）

凡符合下列情形之一的，为特别重大突发环境事件：①发生 30 人以上死亡，或中毒（重伤）100 人以上；②疏散、转移群众 5 万人以上；③直接经济损失 1 亿元以上；④造成区域生态环境丧失或该区域国家重点保护物种灭绝；⑤造成设区的市级以上城市集中式饮用水水源地取水中断；⑥Ⅰ、Ⅱ类放射源丢失、被盗、失控并造成大范围严重辐射污染后果或放射性同位素和射线装置失控导致 3 人以上急性死亡或放射性物质泄漏，造成大范围辐射污染后果；⑦造成重大跨国境影响的境内突发环境事件。

2.重大突发环境事件（Ⅱ级）

凡符合下列情形之一的，为重大突发环境事件：①发生 10 人以上 30 人以下死亡，或中毒（重伤）50 人以上 100 人以下；②须疏散、转移群众 1 万人以上 5 万人以下；③直接经

济损失 2000 万元以上 1 亿元以下；④造成区域生态功能部分丧失或该区域国家重点保护野生动植物种群大批死亡；⑤造成县级城市集中式饮用水水源地取水中断；⑥Ⅰ、Ⅱ类放射源丢失、被盗或放射性同位素和射线装置失控导致 3 人以下急性死亡或者 10 人以上急性重度放射病、局部器官残疾或放射性物质泄漏，造成较大范围辐射污染后果；⑦造成跨省级行政区域影响的突发环境事件。

3. 较大突发环境事件（Ⅲ级）

凡符合下列情形之一的，为较大突发环境事件：①发生 3 人以上 10 人以下死亡或中毒（重伤）50 人以下；②须疏散、转移群众 5000 人以上 1 万人以下；③直接经济损失 500 万元以上 2000 万元以下；④造成国家重点保护的动植物物种受到破坏；⑤造成乡镇集中式饮用水水源地取水中断；⑥Ⅲ类放射源丢失、被盗或放射性同位素和射线装置失控导致 10 人以下急性重度放射病、局部器官残疾或放射性物质泄漏，造成小范围辐射污染后果；⑦造成跨设区的市级行政区域影响的突发环境事件。

4. 一般突发环境事件（Ⅳ级）

凡符合下列情形之一的，为一般突发环境事件：①发生 3 人以下死亡或中毒（重伤）10 人以下；②须疏散、转移群众 5000 人以下；③直接经济损失 500 万元以下；④造成跨县级行政区域纠纷，引起一般性群体影响；⑤Ⅳ、Ⅴ类放射源丢失、被盗或放射性同位素和射线装置失控导致人员受到超过年剂量限值的照射或放射性物质泄漏，造成厂区内或设施内局部辐射污染后果或铀矿冶、伴生矿超标排放，造成环境辐射污染后果；⑥对环境造成一定影响，尚未达到较大突发环境事件级别。

（二）污染物进入水体警情综合评估与分级

当突发水环境污染事故中污染物进入水体时，采用突发水环境污染事故警情综合指数（W）进行警情综合评估。采用加权平均模型计算 W 的表达式见式(6-3-21)。14 个预警指标分级及阈值标准值见表 6-3-9，其中定性指标的分级阈值打分按照事故的性质描述，按照评分标准直接打分，定量指标则根据定量计算结果，进行线性内插法打分，超过Ⅰ级的按照 100 分打分。

表 6-3-9　污染物进入水体预警指标分级及阈值标准

预警指标分级	Ⅰ级	Ⅱ级	Ⅲ级	Ⅳ级	单位
$E_i(t)$	100	80	60	40	—
风险源识别 C_1	Q_3	Q_2	Q_1	Q	—
风险源数量 C_2	$D \geqslant 50$	$20 \leqslant D < 50$	$10 \leqslant D < 20$	$D < 10$	%
	$M > 300$	$30 < M \leqslant 300$	$3 < M \leqslant 30$	$M \leqslant 3$	万吨
事故初步控制程度 C_3	10	50	70	90	%
水环境管理水平 C_4	低	一般	较高	高	—
污染物迁移性 C_5	$\lg K_{oc} \leqslant 1$	$1 < \lg K_{oc} \leqslant 2.5$	$2.5 < \lg K_{oc} \leqslant 4$	$\lg K_{oc} > 4$	—
污染物浓度最大超标倍数 C_6	$p_i > 2.0$	$1.0 < p_i \leqslant 2.0$	$0.8 < p_i \leqslant 1.0$	$p_i \leqslant 0.8$	—

续表

预警指标分级	Ⅰ级	Ⅱ级	Ⅲ级	Ⅳ级	单位
污染物降解性 C_7	$T_{50}>60$	$37.5<T_{50}\leqslant 60$	$15<T_{50}\leqslant 37.5$	$T_{50}\leqslant 15$	d
事故受影响水体规模 C_8	海湾、重要河道干流、饮用水水源和自然保护区	一级河道、大型水库	二级河道、中型水库	排涝、景观及主要骨干河道、小型水库	—
水环境退化程度 C_9	水质退化3级及3级以上，水质达到劣Ⅴ类	水质退化2级以内，水质达到劣Ⅴ类	水质退化2级以内，水质未达到劣Ⅴ类	水质退化1级以内，水质未达到劣Ⅴ类	—
事故影响范围 C_{10}	$L>50$	$10<L\leqslant 50$	$1<L\leqslant 10$	$L\leqslant 1$	km
事故影响时间 C_{11}	$t>48$	$24<t\leqslant 48$	$8<t\leqslant 24$	$t\leqslant 8$	h
事故影响地区类别 C_{12}	国家自然保护区饮用水一级保护区，珍稀水生生物保护区，水源涵养区，海洋特别保护区	饮用水二级保护区，渔业用水区，重要湿地，海水浴场	工业用水区，旅游区，富营养化水域	其他	—
生态风险 C_{13}	0.1	0.01	0.001	0.0001	—
人体健康风险 C_{14}	致癌性污染物 $R=10^{-5}$	非致癌性污染物 $R=10^{-5}$	致癌性污染物 $R=10^{-6}$	非致癌性污染物 $R=10^{-6}$	—

参考《国家突发环境事故应急预案》(2014) 中所规定的环境污染事故危害等级划分标准，将水环境污染事故警情综合指数 (W) 划分为四个等级，分级标准见表6-3-10，即轻警、中警、重警和巨警，由低到高依次用蓝色、黄色、橙色和红色表示，分别对应《国家突发环境事故应急预案》中的一般突发环境事件 (Ⅳ级)、较大突发环境事件 (Ⅲ级)、重大突发环境事件 (Ⅱ级) 和特别重大突发环境事件 (Ⅰ级)。

表6-3-10　突发水环境污染事故警情分级标准

W	(80,100]	(60,80]	(40,60]	(0,40]
事故分级	特别重大突发环境污染事件(Ⅰ级)	重大突发环境事件(Ⅱ级)	较大突发环境事件(Ⅲ级)	一般突发环境事件(Ⅳ级)
警情分级	巨警	重警	中警	轻警
表征颜色	红色	橙色	黄色	蓝色
警情描述	造成海洋、重要河道干流水环境严重污染，使重要饮用水源地取水中断，造成人员伤亡、危及多人生命安全或大量群众转移，区域生态功能严重丧失或濒危物种生存环境遭到严重污染的突发环境事故	导致重要河流、水库大面积污染，造成区县级饮用水源地取水中断，并可能造成人员严重伤亡、生态破坏、渔业损失，使当地经济、社会活动受到较大影响的突发环境事故	水环境污染影响范围较大，后果较严重，可能会引起跨流域或跨界污染，影响乡镇饮用水源，可能对人民生活和生态造成伤害，使当地经济、社会活动受到影响的突发环境事故	水环境污染影响范围较小，水环境污染有扩散趋势，可能会引起跨区县污染，会影响乡镇以下饮用水源，污染可在短时间内自我净化或由有关部门控制处理的突发环境事故

参考文献

[1] 杨帆.突发性水污染事故预警指标筛选及体系构建研究 [D].北京：北京林业大学，2009.

[2] 叶晓枫，王志良.主成分分析法在水资源评价中的应用 [J].河南大学学报（自然科学版），2007，37（3）：276-280.

[3] 张志明.美国城市水源地突发污染事件应急机制及其启示 [J].净水技术，2006，25（5）：12-15.

[4] 吕连宏，罗宏，路超君.突发性水污染事故预警指标体系实证研究 [J].安全科学学报，2010，20（4）：148-154.

[5] 黄晓容.重庆三峡库区水环境污染事故预警指标体系研究 [D].重庆：西南大学，2009.

[6] 汪明娜，汀达.长江水污染事故成因及处理对策探讨 [J].水资源保护，2004，（1）：57-59.

[7] 何进朝.突发性水污染事故预警应急系统构思 [D].成都：四川大学，2005.

[8] 计红，韩龙喜，刘军英，等.水质预警研究发展探讨 [J].水资源保护，2011，27（5）：39-42.

[9] 顾海兵，刘玮，周智高，等.中国经济安全预警的指标系统 [J].国家行政学院学报，2007，（1）：49-53.

[10] 杨洁，毕军，周鲸波.长江（江苏段）沿江开发环境风险监控预警系统 [J].长江流域资源与环境，2006，15（6）：745-750.

·第七章·

“查-控-处”一体化风险管控技术系统化整合方案

第一节　突发水污染事故“查-控-处”一体化风险管控技术介绍

突发水污染事故“查-控-处”一体化风险管控技术突破了事故危险水域样品采集高危、高难，废水污染特征识别难度大，事故废水应急处置技术体系性不强、设备集成度不高、应急处置方案不完善的瓶颈问题。

“查”方面，对现有的无人监测平台和车载检测平台进行深度研发和适应性调整，将无人化应急监测设备、车载现场应急监测指挥中心和滨海工业带园区水环境风险应急监管平台应用于突发环境应急监测体系中。其中风险水域移动式水陆两栖全自动取样监测设备具有水陆两栖、自动避障、极端环境高通过性、污染底泥采样等功能，能够在陆地及滩涂泥泞环境下正常行驶，实现危险事故水域自动采样和监测，第一时间掌握事故现场情况；车载现场应急监测指挥中心集成车载电源系统、车载实验平台、数据采集及传输系统、供电及照明系统、空调及通风系统、便携应急监测仪器、车载大型仪器和应急防护设施等设备和功能，能够为现场应急监测与指挥提供野外实验及指挥场所，满足水环境突发污染事故应急监测快速响应；水污染事故应急指挥平台在基于搭建区域应急数据库的基础上对无人化应急监测设备与车载现场应急监测指挥中心数字化集成，能够实现现场人员、监测设备、实验室、远端指挥中心的及时沟通与联系，形成完善的机动化、信息化的“天-地-水”一体化环境风险应急侦测系统，提升应急响应能力和科学决策水平。

“控”方面，在构建滨海工业带园区水环境风险应急监管平台的基础上形成了突发性事故的水环境污染事故应急管控体系。滨海工业带园区水环境风险应急监管平台包含了基于预警指标体系和警情分级标准的突发水污染事故的预警方法体系，以及包含了风险源基础信息

数据库、应急装备库、专家库、应急预案、处置方法和案例库的数据库管理系统；集成了滨海新区地表水自动监测系统、重点排污单位自动监控系统、环境综合应用支撑平台、环境监测预警数据中心、监测环境生态指数评价、环境监测预警GIS信息系统、监测预警应急管理系统、水污染应急处置系统等模块，最终形成了区域预警-应急-处置联动响应长效机制，实现水污染应急事故平台化管控。系统内置的事故处置“前出”系统能够通过生态环境、安全生产等多部门统筹协作，完成在三维与二维交互基础上的人机互动，实现了现场态势推演、多人远程标图、BIM即时导入、数据库交互调用，为水环境污染事故应急防控提供管理支持，有效地提升了水污染事故应急处置能力。

“处”方面，在调研掌握滨海工业带有机物、重金属和含油类物质种类及储量的基础上形成了滨海工业带典型事故废水应急处置关键技术和设备，构建了环境应急设备物资库并开发了应急物资库设备物资管理系统。其中，滨海工业带典型事故废水应急处置关键技术对处置技术进行了系统筛选，确定了能够快速处理含重金属、难降解有机物、油类废水的工艺方案，并且通过对氧化过程中自由基的跟踪研究等手段，探索目标污染物在诸如氯离子、硝酸根离子等共存离子存在下的去除效果，确定了最佳运行参数。同时，对应急设备进行了撬装化、模块化开发并预制多套设备组合模式，可以在事故情况下通过污染物匹配工艺设备，实现了利用模块化的事故废水应急处理工艺及装备快速处理难降解有机废水、重金属、含油废水的目标；环境应急设备物资库存放系列化事故废水处理设备、药剂及配套设备，物资库管理体系将处置关键技术及工艺植入信息化系统，能够对应急物资进行数字化管控，及时了解物资位置、性能参数、数量状态等信息，还可以配合应急监管平台完成应急物资调度及应急演练，实现信息化组合调度，目前通过多次应急处置实践，验证了应急处置装备的适用性及高效性。

突发水污染事故“查-控-处”一体化风险管控技术如图7-1-1所示。

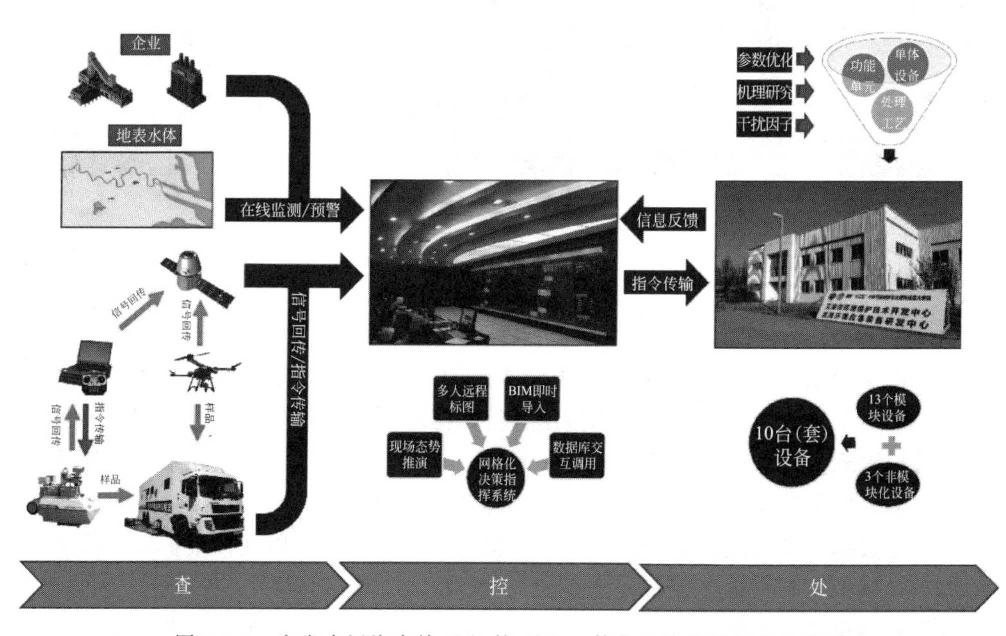

图7-1-1　突发水污染事故“查-控-处”一体化风险管控技术示意图

第二节　突发水污染事故现场大数据集成与传输体系构建

突发水污染事故现场大数据集成与传输体系是突发水污染事故“查-控-处”一体化风险管控技术系统化整合的基础。为了实现数据的统一存储、统一管理维护、统一检索、统一应用以及统一展示，需要建立覆盖所有环境监测管理业务的环境中心数据库，集成和整合基础信息、业务信息、分析主题信息等环境信息数据，按照“一数一源、一源多用”的原则，充分提升环境监控信息资源的利用效率，形成完整的突发水污染事故现场大数据资源体系，为后续的环境信息化建设奠定基础。提高对环境监测监控信息相关资源的掌控力度，把分散的环境监测监控信息数据与基本信息相整合，形成“逻辑上集中、物理上分散”的环境监控数据中心。

采用开放式设计思路，与框架结合。框架提供基础底层基础数据，如用户信息、基础化学品库等，其他框架的注册用户可通过接口直接调用，对于业务数据，在框架上的各个业务系统也可遵循框架的规则统一发布业务数据接口，同一框架内用户可直接通过接口调用相关业务数据，从而达到数据共享的目的（图 7-2-1）。

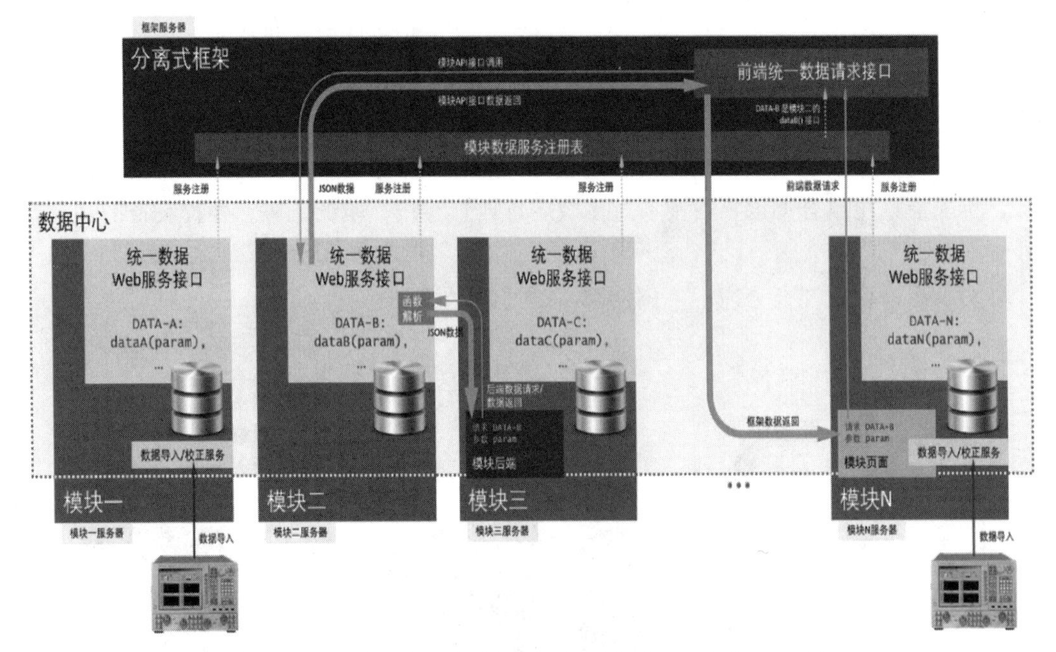

图 7-2-1　突发水污染事故现场大数据集成与传输体系示意图

突发水污染事故现场大数据集成与传输体系的主要功能是从其他子系统中提取共享数据，并对多来源渠道的、相互不一致的数据进行数据融合处理；基于数据字典对实时数据和历史数据进行组织，以保证数据间关系的正确性、可理解性并避免数据冗余；以各种形式提供数据服务，采用分层次的方法对各类用户设置权限，使不同用户既能获得各自需要的数据，又能确保数据传输过程的安全性及共享数据的互操作性和互用性；维护基础信息、动态业务数据以及系统管理配置参数；支撑系统的网络构架、信息安全、网络管理、流程管理、数据库维护和备份等运维能力。大数据集成与传输体系据功能可分为以下两个部分：

第一部分，基础数据和共享数据的交换服务和路由流程管理，该部分是大数据集成与传输

体系的基础，包括静态交换数据、动态交换数据、图形数据及表格、统计资料等属性数据。

第二部分，各子系统之间的接口实现，根据事先制定好的规范、标准，实现各子系统之间的数据共享和传输操作。在接入大数据集成与传输体系时，应按系统集成要求设计系统结构，各类数据接口遵循系统集成规范。

第三节 滨海工业带物联网平台构建与集成研究

物联网（internet of things，IoT）是指通过各种信息传感器、射频识别技术、全球定位系统、红外感应器、激光扫描器等各种装置与技术，实时采集任何需要监控、连接、互动的物体或过程，采集其声、光、热、电、力学、化学、生物、位置等各种需要的信息，通过各类可能的网络接入，实现物与物、物与人的泛在连接，实现对物品和过程的智能化感知、识别和管理。物联网是一个基于互联网、传统电信网等的信息承载体，它让所有能够被独立寻址的普通物理对象形成互联互通的网络，在环保领域充分发挥 IoT 的优势，将促进我国环境信息化发展水平更上一层楼，有利于改善环境管理方式，提高环保工作效率。

滨海工业带物联网平台构建方案为基于现场设备硬件设施，利用传输网络形成 IoT 设备管理平台，如图 7-3-1 所示。

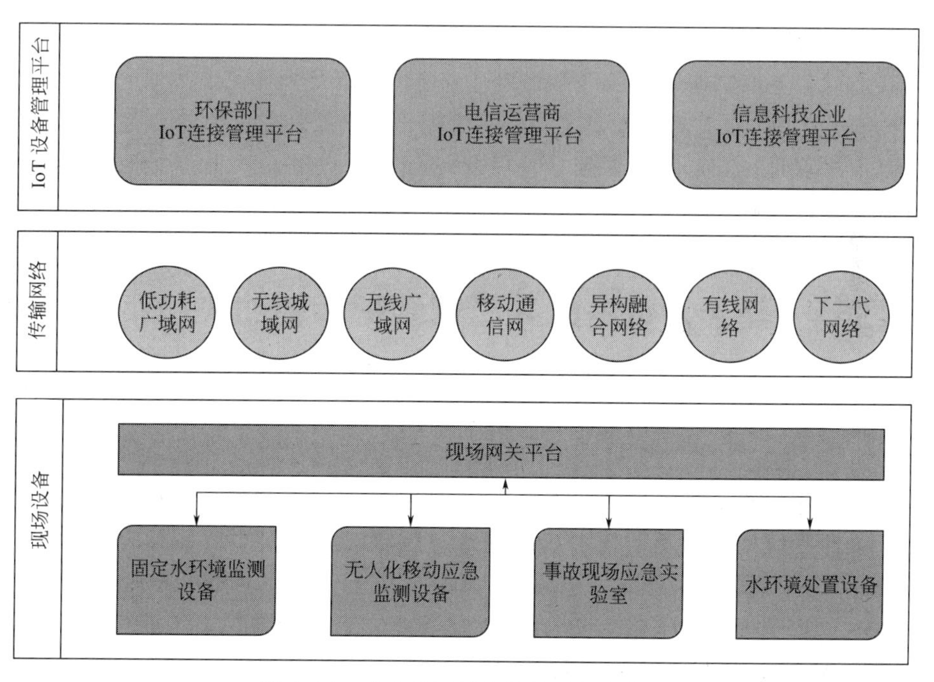

图 7-3-1 应急处置信息数据库包含内容

一、物联网设备集成

现场设备处于面向环境保护的智慧物联网总体架构的最底层，包括各种类型环保设备及仪器仪表、视频监控设备、传感器件及提供网络支撑的环保网关设备。现场设备主要实现环保数据、传感器数据及监控视频数据的采集、处理和传输。常见的环保设备类型有污水处理设备、有毒气体检测设备、大气污染监测设备、土壤监测设备等。传感器件通常包括温湿度传感器、地理位置信息传感器、风向风力传感器等。在实际应用中，通常将根据系统业务需求研发的网关设备嵌入环保监测设备中，作为一个整体统一在作业现场进行安装部署。

二、搭建传输网络

在面向环保的智慧物联网总体架构中，传输网络主要实现现场设备与IoT设备管理平台的远程信息交互。传输网络层根据不同的应用场景及业务需求可以选择相应的数据传输方式，例如对于一些低功耗、广覆盖且数据传输量比较小的业务场景，被称为低功耗广域网的NB-IoT、基于LTE空口优化的e MTC以及致力于打造以产业联盟为核心的开放式生态系统的LoRa等都可以提供有效的解决方案。而对于音视频等一些数据量大或实时性要求比较高的业务场景，则需要使用3G、4G LTE或WiFi等网络带宽比较大的传输方式来满足应用需求。对于一些特殊的应用场景需要搭建无线传感网络，一些近距离无线传输技术如Zig-Bee、Z-Wave、BLE等便脱颖而出，随着物联网和嵌入式技术的快速发展，无线传感器网络在环境监控、智能交通等领域得到广泛应用。

三、 IoT设备管理平台

在面向环保的智慧物联网总体架构中，IoT设备管理平台主要实现对现场设备的智能化管理、对现场设备上报数据的持久化存储与直观展示，以及为环保大数据分析及应用平台提供数据支撑服务。IoT设备管理平台主要包括大型信息科技企业主导的IoT设备连接管理平台、大型电信运营商的IoT服务管理平台以及经营物联网相关产业的企业所构建的物联网设备管理服务平台。

第四节 基于大数据的人工智能指挥辅助决策系统构建

近年来，人工智能（AI）技术的飞速发展，为水与环境领域从传统的经验型、定性决策为主向精准型、定量智能决策转变提供了颠覆性发展的新机遇，为面向未来的健康、可持续、高弹性、智慧化水系统重构创造了可能。AI技术的迅速进步，为水环境风险防控、水质安全保障及水系统优化管理等技术从微观到中观和宏观尺度的发展与应用注入了新的活力。AI是计算机科学的一个分支，它是研究和开发用于模拟、延伸和拓展人类智能的理论、方法、技术及应用系统的一门新的技术科学。近年来，随着计算机算力的大规模发展及算法的不断突破，AI得到了快速发展，这为水环境污染防控、水质安全保障、涉水设施优化重构及流域生态系统管理等技术的研发和创新提供了强大的工具。

一、面向水污染事故类型的滨海工业带典型事故废水应急处置技术选择

为了实现能够快速处理典型重金属废水、含油废水、难降解有机物废水污染事故的目标，基于区域风险特点以及事故水量、处置目标、出水指标等要求，结合滨海工业带典型事故废水应急处置技术，系统预制并验证了多项处理工艺，能够根据应急要求组合工艺单元，

应用于多种事故废水处理现场（图 7-4-1）。

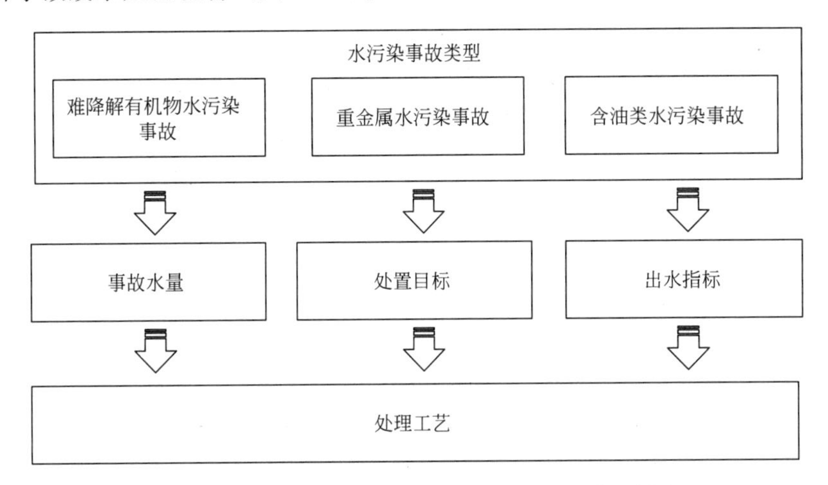

图 7-4-1 突发水污染事故类型的废水处置工艺选择流程

1. 突发水污染事故类型的废水处置工艺选择

以难降解有机物废水处置工艺选择为例，在实际废水的处理过程中，往往会存在单一药剂难以满足排放要求、其他污染物竞争吸附/氧化、无机离子抑制自由基生成的问题，可能会严重影响废水中目标有机物的降解效果。为此我们进行了多组实际有机物的废水的工艺实验，结合各工艺的优点，最终得到了 15 种难降解有机物处理工艺（图 7-4-2）。

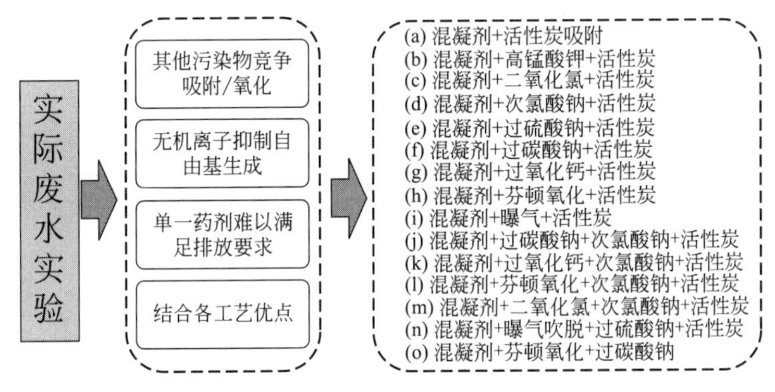

图 7-4-2 难降解有机物处理工艺筛选

2. 应急模块化设备及辅助物资选择

依据系统预制的多项处理工艺，研究制作了多个“标准化、集成化”的废水处理模块，能够通过各模块之间的组合形成特定工艺流程，实现对应急事故不同废水处理的易管可控，满足大型水污染事件现场应急处置，解决由于设备通用性、可适用性、可移动性、易于操作等方面因素对现场应急处置的响应速度和处理效率的制约（图 7-4-3）。

3. 应急物资调度方案

在对事故发生地完成精确定位后，平台 GIS 地图上可以显示在事故发生地一定范围内企业应急物资和环境应急设备物资库物资信息。手机端和电脑端均可通过平台“应急设备库”“应急物资库”设备名称查询应急监测设备信息、应急处置设备及物资库信息，便于应急物资调度，保障应急处置工作顺利开展（图 7-4-4）。

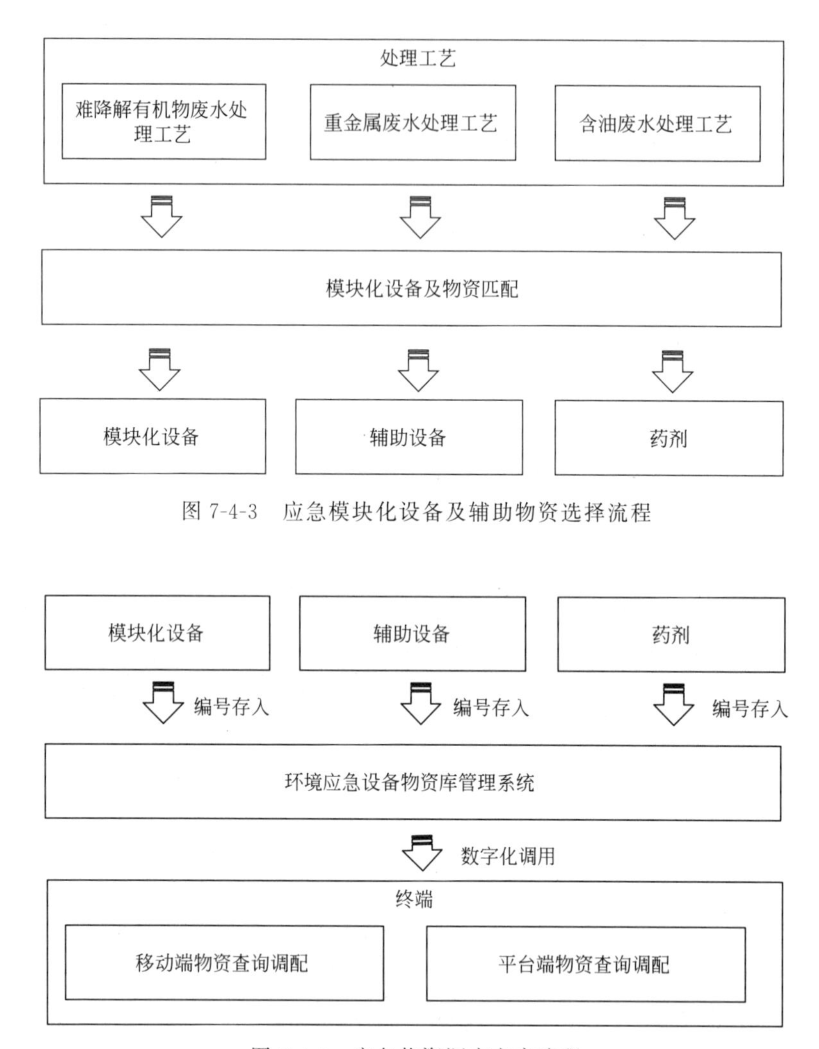

图 7-4-3　应急模块化设备及辅助物资选择流程

图 7-4-4　应急物资调度方案流程

二、指挥辅助决策系统应用

1. 目标区域应急信息框选展示

当污染事故发生时，利用应急处置信息数据库可以框选任意范围内的企业应急物资信息，且在 GIS 上通过特殊标记清晰显示出来，同时可以查询区域环境应急设备物资库储存的应急物资（含应急处置设施和药剂）的种类、型号、数量等基础信息，便于在污染事故发生的第一时间迅速定位最近的应急救援物资地点，大大缩短污染事故从发生到处置的响应时间。

2. 基于滨海工业带典型事故废水应急处置技术的应急处置应用

为及时有效控制污染扩散、进一步消除污染物，水污染应急处置系统包含了实验确定的应急处理工艺，实现了根据污染物推荐应急处置工艺的功能。在选定应急处置工艺后，能够自动匹配到相关设备及药剂，最终系统可以进行设备的数字化摆放并能够接收移动端上传的应急处理模块化设备处理数据。同时，应急人员还可以通过查询应急处置工艺库第一时间了解相关污染事故应急处置措施及建议，为后续的处置工作提供重要技术支持（图 7-4-5～图 7-4-7）。

图 7-4-5　水污染事故废水处置工艺推荐及选择

图 7-4-6　水污染事故废水处置设备推荐及选择

图 7-4-7　水污染事故废水处置模块化设备布放

3. 应急物资调度及管理

应急物资调度及管理基于物资库管理运行平台进行，平台包含了物资及设备的采购、报修、调运、外借等功能。在确定好应急物资后，将通过物资库管理运行平台进行出库调配(图 7-4-8)。

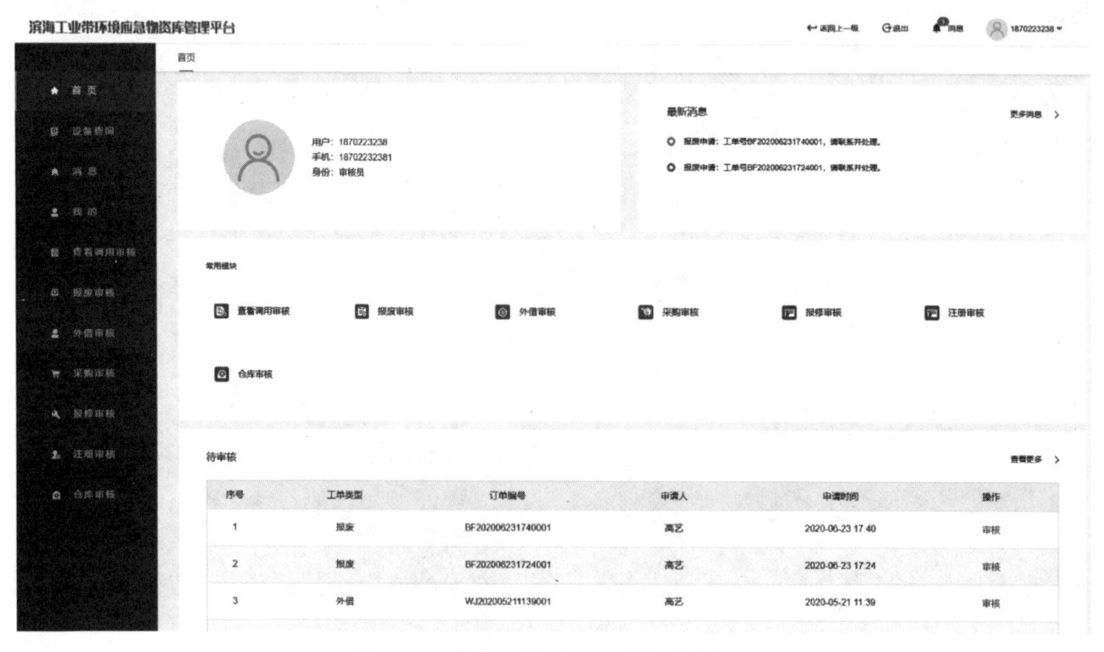

图 7-4-8　物资库管理运行平台后台管理

参考文献

［1］ 李宣谕. 基于人工智能对地表水的水质预测与评价研究［D］. 吉林：东北电力大学，2017.

［2］ 廖兵，魏康霞. 基于5G、IoT、AI与天地一体化大数据的鄱阳湖生态环境监控预警体系及业务化运行技术框架研究［J］. 环境生态学，2019，1（7）：23-31.

［3］ 王旭，王钊越，潘艺蓉，等. 人工智能在21世纪水与环境领域应用的问题及对策［J］. 中国科学院院刊，2020，35（9）：1163-1176.

［4］ 刘萍. 基于物联网的农村区域水环境智能监测及预测方法研究［D］. 扬州：扬州大学，2020.

［5］ 宋凯. 面向环境保护的智慧物联网关及平台设计与实现［D］. 北京：北京工业大学，2018.

［6］ 冯鹏程. 基于信息系统的军交运输保障决策理论与方法研究［D］. 西安：西北工业大学，2016.

［7］ 余亮华. 城市水源地污染应急处置技术筛选与评估研究［D］. 哈尔滨：哈尔滨工业大学，2013.

［8］ 聂长鑫. 地表水突发污染应急处置决策支持系统构建与应用研究［D］. 哈尔滨：哈尔滨工业大学，2015.

·第八章·

总结与展望

本书重点介绍了“十三五”国家水体污染控制与治理专项“水环境风险应急监管体系与应急设备研发与示范”课题研究成果，包括一系列环境突发事故危险水域的采样、快速检测技术及设备；一批事故废水应急处理工艺与处置设备和区域环境应急设备物资库建设情况；涵盖应急监控预警-响应-处置机制水环境风险应急监管平台和“查-控-处”一体化水环境风险管控技术体系等。以上研究成果已经转化应用并服务于全国水污染事件应急处理及管理工作，为突发水污染事故监管、处理、处置提供了重要技术支撑，提升了区域应急能力。然而，由于我国目前产业结构布局特点所带来环境风险防控的压力仍然巨大，重大突发环境事件仍时有发生，我国水环境风险及管控形势依然严峻。

2021年全国生态环境保护工作会议明确了“十四五”生态环境保护工作的总体思路，其中包含有效防范化解生态环境风险；遏制重点区域突发环境事件高发频发态势；完善国家环境应急指挥平台建设，加强环境应急信息化决策支持能力等工作内容。为了实现这一目标，国家层面和地方层面应从以下两个方面开展相关工作，有效应对当前生态环境保护面临的新挑战。

一、高度重视源头防控，加大风险源排查及管控力度

进一步摸清查实化工园区（企业）、尾矿库、化学品运输与船舶流动源、油气管道等风险源底数，评估风险管控能力及其对周边敏感目标的影响，加快推动风险隐患问题排查整治，强化有毒有害物质全过程监管。立足全流域，推动化工产业布局优化与产业升级，科学量化生态环境约束下的航运（尤其油品、危化品运输）承载力，强化尾矿库环境风险分类分级管理。优化沿江、沿河城市取水结构、取水布局、取水方式等，提升应急条件下的水源保障能力。建立健全流域上下游联防联控机制，以饮用水安全保障为核心，提升源头风险防控水平，减少风险事故发生概率，降低应急管理成本。

二、深化强化风险管理关键技术研究，保障科技创新的高效供给

围绕风险管控与应急管理的实际需求，以实战管用、快速有效为目标，客观评估已有技

术的成熟度与短板，继续强化新技术的探索运用，深化核心技术研究、破除瓶颈障碍，持续推动科技创新的高效供给。应重点关注无人船、无人机等无人化应急监测平台，快速、便携的应急监测仪器设备，有毒有害物质快速精准应急监测技术，应急物资库选址技术与调配系统，全局式预警与应急决策支持系统等研发，进一步提升我国对突发环境事件的应对能力。加快与风险管理配套的有关标准、基准研究，为处理处置提供依据。重视环境污染应急处置技术库和案例库的补充、更新，加大信息共享，为技术研发、技术培训、应急机构处理处置提供参考。